建筑水系统规范设计原理

著 周自坚
编委 陆燕勤 姚 毅 黄海涛 陈功宁
魏明蓉 魏彩春 盘星佐

吉林大学出版社
·长春·

图书在版编目（CIP）数据

建筑水系统规范设计原理/周自坚著. --长春：吉林大学出版社，2024.11. --ISBN 978-7-5768-4604-1

I. TU82

中国国家版本馆 CIP 数据核字第 20259JA025 号

书　　名：	建筑水系统规范设计原理
	JIANZHU SHUIXITONG GUIFAN SHEJI YUANLI

作　　者：	周自坚
策划编辑：	黄国彬
责任编辑：	刘　丹
责任校对：	赵　莹
装帧设计：	卓　群
出版发行：	吉林大学出版社
社　　址：	长春市人民大街 4059 号
邮政编码：	130021
发行电话：	0431-89580028/29/21
网　　址：	http://www.jlup.com.cn
电子邮箱：	jdcbs@jlu.edu.cn
印　　刷：	天津和萱印刷有限公司
开　　本：	787mm×1092mm　　1/16
印　　张：	16.5
字　　数：	369 千字
版　　次：	2025 年 3 月第 1 版
印　　次：	2025 年 3 月第 1 次
书　　号：	ISBN 978-7-5768-4604-1
定　　价：	88.00 元

版权所有　翻印必究

前　言

　　建筑给水排水工程内容多且繁杂，刚接触总有前辈师长提醒"多看规范"，来到工作岗位发现：一本本、一条条，有原则、有细节，又是图，又是数。为帮助在校学生和初入建筑给排水领域的青年设计人员快速掌握建筑给水排水设计方法，本书以设计原理为线索，就给水、排水、雨水、热水、建筑消防、消火栓和自喷系统等七部分内容，依据设计步骤，挑选重点，重新编排规范条文，补充释读，以期使本专业学生及新进设计人员通过本书的阅读，快速理解规范重点，构建出各系统的设计思路。

　　本书所引规范和标准包括现行《建筑给水排水设计标准》GB 50015－2019、《建筑防火通用规范》GB 55037－2022、《建筑与小区雨水控制及利用工程技术规范》GB 50400－2016、《海绵城市雨水控制利用工程设计规范》DB13J8457－2022、《建筑节能与可再生能源利用通用规范》GB 55015－2021、《民用建筑太阳能热水系统应用技术标准》GB 50364－2018、《空气源热泵热水系统技术规程》T/CECS985－2021、《建筑设计防火规范》GB 50016－2014（2018年版）、《消防给水及消火栓系统技术规范》GB 50974－2014、《自动喷水灭火设计规范》GB 50084－2017、《屋面工程技术规范》GB 50345－2012 和《建筑屋面雨水排水系统技术规程》CJJ 142－2014，释读中参考了《"消防给水及消火栓系统技术规范"GB50974－2014 实施指南》、《"建筑给水排水设计标准"GB 50015－2019 实施指南》及《建筑给水排水设计统一技术指南 2021》，一并致以感谢。

　　本书的完成离不开桂林理工大学环境学院给水排水工程教研室诸位老师们的全力帮助，陆燕勤副教授主持并完善第 1 章给水部分的主要内容，魏明蓉副教授主持并完善了第 2 章排水部分的主要内容，魏彩春副教授主持并完善了第 3 章雨水部分的主要内容，周自坚副教授主持并完善了第 4 章热水部分的主要内容，姚毅副教授主持并完善了第 5 章建筑消防部分的主要内容，陈功宁副教授主持并完善了第 6 章消火栓水灭火系统部分的主要内容，黄海涛副教授主持并完善了第 7 章自动喷水灭火系统部分的主要内容。全书成稿也得到了广西交科基团有限公司盘星佐注册给水排水工程师的热情支持，他为本书成稿及最终定稿提供了很多有益的建议，使本书的编写更加贴近设计人员的需求，也使本书成为了校企合作，发挥各自优势的一个现实典范。

目 录

第1章 建筑及小区给水设计 1
    第1节 小区给水系统 2
    第2节 建筑给水系统 7

第2章 建筑及小区排水设计 38
    第1节 小区排水系统 40
    第2节 建筑排水系统 44

第3章 建筑雨水设计 66
    第1节 海绵城市基础 66
    第2节 小区雨水系统 70
    第3节 建筑雨水系统 76

第4章 建筑热水设计 95
    第1节 热水系统类型确定 99
    第2节 水加热设备类型及主要参数 106
    第3节 热水管网布置与计算 115
    第4节 热水系统加热、贮热设备布置 125
    第5节 热水系统附件设置 129
    第6节 太阳能热水系统 131
    第7节 热泵热水系统 142

第5章 建筑防火设计 151
    第1节 建筑的火灾危险性判断 151
    第2节 民用建筑的分类与对应的防火措施 157

第6章 建筑消防给水及消火栓系统设计 ································ 174
第1节 市政消火栓系统 ································ 175
第2节 建筑室外消火栓系统 ································ 178
第3节 室内消火栓系统 ································ 183
第4节 消防排水系统 ································ 216

第7章 自动喷水灭火系统设计 ································ 218
第1节 自动喷水灭火系统的设置条件 ································ 221
第2节 自动喷水灭火系统设计基础 ································ 225
第3节 自动喷水灭火系统管网与报警阀设置基础 ································ 244
第4节 自动喷水灭水系统管网及加压、稳压 ································ 249
第5节 高位水箱及稳压设备 ································ 256

第1章 建筑及小区给水设计

建筑给水设计需要将目标建筑周边位置明确且具有一定压力的市政给水，通过引入管、给水横干管、给水立管、给水横管及必需的供水设施（水池、水箱、水泵等）连接至用水设备，并满足相应的水量、水压要求，同时为所在用水系统的运行维护创造安全、绿色和节能的条件。

建筑给水系统设计内容包括供水方案选择、给水管道布置、给水管材选择等。其中管道布置，包括确定引入管、给水横干管、给水立管、给水横管的位置和安装高度。确定管径是建筑给水设计中费时费力最多的部分，但选定正确的供水方案（选择直供、无负压变频供水还是高位水箱调节供水），则是保证供水安全和供水效能的最重要环节。

建筑给水的设计步骤可参考如下：

（1）确定市政供水管接管位置和供水保证压力等市政供水条件；

（2）据市政供水条件估算市政可直接供水的最高楼层，并确定建筑内其他市政无法直供楼层的供水方式（无负压变频供水、高位水箱调节供水、水泵-高位水箱供水、水泵-气压罐供水）；

（3）确定（2）中非直接供水方式中水池、水箱和水泵房的平面及楼层位置；

（4）依据建筑功能分区情况，确定需要单独计量的用水区域，为后续单独设置干管和水表作准备。随后分析建筑一层（和地下层）平面布局，确定市政引入管进入建筑的平面位置和高度，明确总引入管进入建筑后的分支要求并确定总水表及分水表的安装位置；

（5）分析各楼层用水点分布情况，确定给水立管的位置（该步骤通常在卫生间卫生器具布置后进行。给水立管及横支管布置方法要求具体见本章第2节第3部分。卫生间布置通常是建筑专业的工作，故本书未提及卫生间布局及卫生器具布置）；

（6）结合直供、非直供，以及总、分水表设置情况，通过埋地或吊顶方式将给水横干管从总引入管连接到水池、水箱或泵房；完成非直接供水系统中从泵房出水管经横干管到给水立管，以及直接供水中总供水管（引入管）到给水立管的管道敷设设计。

（7）计算确定各管段的给水设计流量，并在确定管材后，按经济流速确定管道管径；

（8）复核直接供水系统的市政供水压力，计算加压供水系统的水泵设计压力；

（9）布置系统中必要的水质和水量控制附件。

本章条文主要来自《建筑给水排水设计标准》GB 50015-2019，不是来自此规范的条文增加了下划线提示，同时在释读中标明了出处。

第1节 小区给水系统

小区给水设计可按管网布置形式确定、管道铺设位置计算、管径、贮水设施容积计算、加压设备参数计算的顺序开展。基于该顺序，设计的基本及重点条文释读如下。

1 小区内管网布置形式

【条文】

3.13.15 由城镇管网直接供水的小区，室外给水管网应布置成环状网或与城镇给水管网连接成环状，环状的给水管网与城镇给水管网的连接管不少于两条。

【释读】

本条强调"直接供水的小区"应采用环状管网，环状管网布置形式"应"选择本条两种环状形式中的一种。保证环状的方法则是"连接管不少于两条"。

2 室外给水管道设计流量计算

【条文】

3.13.6 小区的给水引入管的设计流量应符合下列规定：

1. 小区给水引入管的设计流量应按本标准第 3.13.4 条、第 3.13.5 条的规定计算，并应考虑未预计水量和管网漏失量；2. 不少于 2 条引入管的小区室外环状给水管网，当其中 1 条发生故障时，其余的引入管应能保证不小于 70% 的流量；3.（略）；4.（略）

【释读】

本条第1款规定引入管按 3.13.4 条、第 3.13.5 条计算，即按连接不同类型建筑时的流量累计后加未预计水量和管网漏失量；计算流量时需要关注本条第2款，引入管管径应按小区设计流量的70%计算，另外结合3.13.7，还需考虑火灾发生时，管网叠加消防用水量后，小区所需室内、室外的消防用水量和消防消火栓的最低压力（0.1MPa）是否满足要求，否则应增加保证措施。本条第3、4款与引入管无关，此处略，3.13.7见本节3部分。

【条文】

3.13.4 居住小区的室外给水管道的设计流量应根据管段服务人数、用水定额及卫生器具设置标准等因素确定，并应符合下列规定：

1. 住宅应按本标准第3.7.4条、第3.7.5条计算管段流量；2. 居住小区内配套的文体、餐饮娱乐、商铺及市场等设施应按本标准第3.7.6条、第3.7.8条的规定计算节点流量；3. 居住小区内配套的文教、医疗保健、社区管理等设施，以及绿化和景观用水、道路及广场洒水、公共设施用水等，均以平均时用水量计算节点流量；4. 设在居住小区范围内，不属于居住小区配套的公共建筑节点流量应另计。

3.13.5 小区室外直供给水管道管段流量应按本标准第3.7.6条、第3.7.8条、第3.13.4条计算。当建筑设有水箱（池）时，应以建筑引入管设计流量作为室外计算给水管段节点流量。

3.13.7 小区的室外生活、消防合用给水管道设计流量，应按本标准第3.13.4条或第3.13.5条规定计算，再叠加区内火灾的最大消防设计流量，并应对管道进行水力计算校核，其结果应符合现行的国家标准《消防给水及消火栓系统技术规范》GB 50974的规定。

【释读】

小区内除住宅建筑外，还可能分布用水时段不同的其他配套建筑，小区室外管网应考虑不同建筑的最大设计流量是否同时出现的情况，3.13.4给出了计算方法：室外某管段供水的所有建筑，其中住宅及一天内长时间经营的配套建筑按设计秒流量计算（3.7.4、3.7.5、3.7.6和3.7.8）；配套建筑如每天只工作8小时（3.13.4第3款用水类型），与绿化景观用水按高日时均流量考虑。这个计算思路也可用在建筑内部某些既要负担全日供水又要阶段性供水的干管流量计算中，如向消防水箱供水的给水生活总干管的流量计算。

对设有贮水池的小区，按3.13.5要求，负责引水进池的室外管段流量需按引入管计算流量。第3.7.6、第3.7.8条、第3.13.4条要求室外直供管的引入管流量按设计秒流量计算；对设储水池的建筑，水池引入管流量按3.7.4第2款计算，为供水区最高日最大时量和最高日平均量之间取值。水池后加压管段按加压泵设计流量计算。

小区室外给水管道设计还需复核消防工况的供水要求，3.13.7即说明生活和消防合用室外管时，室外管道的流量计算原则：在据3.13.4区分流量类型和水量计算后，补充说明室外管网流量设计时如何考虑消防流量问题（叠加后核算），注意3.13.7所说叠加后核算是指流量叠加后校核最大流速和消火栓水压是否满足消防要求，水压据现行《消防给水及消火栓系统技术规范》7.2.8条应不小于10米。流量叠加方法还需考虑消防水池的设置与否：当小区内未设消防贮水池时，消防用水直接从室外合用给水管上抽取，那么应在最大用水时，生活用水设计流量基础上叠加最大消防设计流量（即采用最大用水时生活用水设计流量叠加，但上述最大用水时流量可以扣除绿化道路及广场交叉用水，小区如有集中浴室，浴室用水量可按15%计）。如果小区有消防贮水池，消防水从消防贮水池抽取，那么校核时叠加的最大消防设计流量为消防贮水时的补给流量。

3.13.6 要求小区引入管设计时应考虑漏损和未预计水量，注意不是建筑引入管，原因是小区内埋地管多，存在漏损危险，但对一栋建筑，用水明确，管道埋地长度有限，如有漏损也容易发现，故不用计上述两项。

3 贮水调节池的设置与容积

【条文】

3.13.2 由城镇管网直接供水的小区给水系统，应充分利用城镇给水管网的水压直接供水。当城镇给水管网的水压、水量不足时，应设置贮水调节和加压装置。

【释读】

本条承接3.13.1说明小区给水系统设置贮水和加压装置的条件，即水压或水量任何一个不满足用户要求，系统需设贮水及加压装置。城市市政供水压力视城区供水区域面积、地形高度差会有差异，但一般能满足住宅5~6层楼层供水。当小区楼层高，所需供水压力超过城市市政供水压力，应设贮水调节和加压装置。

本条前半句要求系统应充分利用市政水压，因此小区内建筑低层及绿化等应采用市政直供，即考虑低压力供水需求的用水点采用市政直供，减小能量浪费。

【条文】

3.13.9 小区生活用水贮水池有效容积，应根据生活用水调节量和安全贮水量确定。调节量应经变化曲线计算确定。资料不足时可按小区加压供水系统最高日生活用水量的15%~20%确定。

【释读】

注意本条计算值为水池有效容积,计算贮水池容积时还应考虑无效水位及超高等因素。

对比建筑生活贮水池容积估算条文3.8.3,建筑的储水池有效容积为最高日用水量的20%~25%。由于小区用水总量大,储水量比单个建筑所需水池的储水比例可略小5%。

【条文】

3.13.10 当小区的生活用水量大于消防贮水量时,生活用水水池与消防用水时可合并设置。合并的有效容积的贮水设计更新周期不得大于48小时。

【释读】

为保障生活用水水质,本条规定生活水池和消防水池分设,同时规定生活水池和消防水池合建的特别条件:生活贮水量>消防贮水量;更新周期=有效容积贮水容积计算/日均时流量。单个建筑内两类水池不允许合建,须分开设置,详见条文3.3.15:。

4 小区给水加压泵流量及集水井容积

【条文】

3.13.14 小区的给水加压泵站,当给水管网无调节设施时,宜采用调速泵组和额定转速泵编组运行供水,泵组的最大出水量不应小于小区生活给水设计流量。生活与消防合用给水管道系统还应按本标准3.13.17条以消防工况校核。

【释读】

3.13.14 涉及小区加压泵流量的计算,同时还要求校核消防叠加流量。3.13.14规定了无调节设施的加压泵流量计算方式,注意条文给出的最大出水量要求。与消防共用的系统,需在叠加流量的条件下满足消防压力要求。

一般小区不会专设高位水箱(水塔),但各建筑屋顶可设高位水箱,此时可按高位水箱总调节容积大小,确定泵出水量——总容积越大,泵出水量越小。

变频泵不考虑调节容量,因此按供水建筑的生活给水设计流量供水。

小区生活给水设计流量方法见3.13.7。该设计流量不是设计秒流量的简单累加,据3.13.4,可以是建筑的设计秒流量或最大日时均流量的叠加。

【条文】

3.8.2 无调节要求的加压给水系统可设置吸水井,吸水井的有效体积不小于水泵3 min的设计流量。

【释读】

水泵吸水管设在贮水池中,贮水池存有小区内日用水量的15%~20%,通常不存在水泵安装高度问题,按最低水位和允许吸上真空高度安装即可。但在小区建设空间受限条件时,考虑不设贮水池或缺少贮水空间,可单独设置吸水井满足吸水泵吸水高度,此时吸水井的最小有效容积可按3.8.2确定,另外,还应注意3.8.2使用的前提条件是系统为无调节要求系统,而"无调节要求"系统一般应满足两个条件,①小区供水必须是环状管网;②吸水井必须两路以上进水且水量必须足够,这样配置的吸水井才能按最小容积设置。也可以认为3.8.2规定了小区内生活给水水泵吸水设施采用两路供水的必要条件——即如果吸水井只是为水泵吸水服务,没有调节容积,就必须在环网的基础上加两路供水。

3.8.2 条也给出了最小吸水井体积的计算方法。

5 小区给水管网布置的其他要求

【条文】

3.13.22 小区室外埋地给水管道管材,应具有耐腐蚀和能承受相应地面荷载的能力,可采用塑料给水管、有衬里的铸铁给水管、经可靠防腐处理的钢管等管材。

3.13.16 小区的室外给水管道应沿区内道路敷设,宜平行于建筑物敷设在人行道、慢车道或草地下。管道外壁距建筑物外墙的净距不宜小于1m,且不得影响建筑物的基础。

3.13.19 室外给水管道的覆土深度,应根据土壤冰冻深度、车辆荷载、管道材质及管道交叉等因素确定。管顶最小覆土深度不得小于土壤冰冻线以下0.15m,行车道下的管线覆土深度不宜小于0.70m。

3.13.23 室外给水管道的下列部位应设置阀门:1. 小区给水管道从城镇给水管道的引入管段上;2. 小区室外环状管网的节点处,应按分隔要求设置;环状管宜设置分段阀门;3. 从小区给水干管上接出的支管起端或接户管起端。

3.13.24 室外给水管道阀门宜采用暗杆型的阀门,并宜设置阀门井或阀门套筒。

3.13.6 小区的给水引入管的设计流量应符合下列规定:1.(略);2.(略);3. 小区引入管的管径不宜小于室外给水干管的管径;4. 小区环状管道应管径相同。

【释读】

以上几条要求涉及管材选择、平面布置位置、埋设深度、阀门设置点及设置类型(暗杆型、设在阀门井或阀门套筒内)。

3.13.6 第3、4款给出了小区引入管和小区环状管道管径要求。

第 2 节　建筑给水系统

建筑内部给水系统设计首先应保证正确选择系统，再确定管道走向，随后通过计算确定管径，最后布置系统管道附件和设备。设计最终目标为保障安全、可靠的供水要求。

管道平面布置方面，由于给水管道具有压力管性质，且大部分建筑生活给水管水量不大、流速大，管径较小，布置安装相对方便，因此规范未就给水管道布置给出具体位置要求，而是就不应安装的位置进行列举，要求设计时排除这些不能铺设的位置，实践中，管道布置还应考虑给水系统经济成本、运营维护及安全和美观的因素，另外布置后的管道不应妨碍建筑使用功能的发挥。

1. 给水管道布置的经济性。经济性可以简单理解为管道总长度小（建设成本小），总水头损失小（运行费用会少）。要做到后者，理论上应该减少上游管段的转输流量，因此，给水立管应靠近供水量大的部位。至于管道总长度，布置时需比较多设立管减少横管（楼层高度）和减少立管增加横管长度两种方案下管道总长度的变化情况——如果增加某个给水立管所增加的楼层间立管长度小于不采用该立管需增设的同楼层转输横管长度，则可采用增加给水立管的方式。另外，给水立管位置还受排水立管位置影响：排水管道作为重力管，位置优先权高于给水管，当排水立管布置位置限制了给水立管布置时，应考虑更改给水立管位置或减少给水立管数量。最后，还要注意，不应为节省管长，将管线布置成斜线，以免给未来维护带来困难。

2. 从美观看，管道暗装较明装更符合建筑的美观要求。隐蔽管道无疑对建筑美观影响最小，但暗装会带来建造、安装费用的增加，也会带来维护的难度，因此只有对美观要求高的建筑，采用暗装管道，当经济上要求控制时，采用明装。设计应根据建筑功能性质，先确定管道的明装、暗装设置标准再进行管道布置。一般来说，宾馆、住宅可考虑暗装，公共建筑有经济约束时采用明装。无论明装暗装，立管靠柱，横管沿墙、地板、天花顶和梁布置是管道布置的基本要求，以便最大限度满足建筑基本的空间使用功能。

3. 给水系统的安全性要求涉及水质安全和管道安全两方面，布置管道时应避免管道布置在可能遭损坏的位置，同时要避免管道接口暴露在可能被污染的位置（故需远离污染源）。为此规范按厂房、仓库以及民用建筑不同类型，就管道不能布置的位置做了具体且详尽的举例，设计人员应熟悉这些位置，避免将压力管布置在了不能敷设的位置。

4. 管道布置应考虑不影响建筑的其它正常功能。基于此，规范详细列举了给水管道不能布置的空间位置，也列举了建筑内不能布置水池、水泵房的位置，设计人员应充分了解，避免错误。

1 给水系统选择

建筑给水系统的选择应充分考虑用户对用水压力、用水量要求，还应响应国家号召，满足绿色节能要求。系统选择应确保用水水质安全，采取的水质保障措施符合现阶段人民生活水平和经济要求。

（1）系统选择原则

【条文】

3.4.1 建筑物内的给水系统应符合下列规定：

1 应充分利用城镇给水管网的水压直接供水；

2 当城镇给水管网的水压和（或）水量不足时，应根据卫生安全、经济节能的原则选用贮水调节和加压供水方式；

3 当城镇给水管网水压不足，采用叠压供水系统时，应经当地供水行政主管部门及供水部门批准认可；

4 给水系统的分区应根据建筑物用途、层数、使用要求、材料设备性能、维护管理、节约供水、能耗等因素综合确定；

5 不同使用性质或计费的给水系统，应在引入管后分成各自独立的给水管网。

【释读】

本条规定了给水系统选择的基本原则，第1款要求建筑低区应直接供水；第2款规定需要加压、设置贮水池的系统；第3款则规定采用叠压供水的条件：应经当地供水行政主管部门及供水部门批准认可；第4款为高层建筑供水分区的标准依据；第5款规定不同使用性质或计费的给水系统应分设，以满足管理和收费的需求。

注意第4款还给出了给水分区选择的约束条件。

（2）建筑供水分区的划分

【条文】

3.4.6 建筑高度不超过100m的建筑的生活给水系统，宜采用垂直分区并联供水或分区减压的供水方式；建筑高度超过100m的建筑，宜采用垂直串联供水方式。

【释读】

接3.4.1第4款，3.4.6给出了不超过100米及超过100米建筑的生活给水系统分区形式的建议，其中就超过100米建筑建议采用垂直串联的原因是普通给水用管材和附件的最大工作压力一般低于1.6MPa——正是常用给水管材的最大公称压力。

(3) 分区压力要求

【条文】

3.4.3 当生活给水系统分区供水时，各分区的静水压力不宜大于0.45MPa；当设有集中热水系统时，分区静水压力不宜大于0.55MPa。

【释读】

承接3.4.6条分区，本条给出生活给水系统分区的基本原则——静水压力≤0.45 MPa——这源于低压生活给水管公称压力为0.6 MPa；当建筑中包含集中热水供水系统时，由于热水系统中热交换设施会增加压力损失，将分区压力上限增加到0.55 MPa。

【条文】

3.4.5 住宅入户管供水压力不应大于0.35MPa，非住宅类居住建筑入户管供水压力不宜大于0.35MPa。

【释读】

住宅建筑指家庭居住的规模性建筑，非住宅类居住建筑指旅馆、宿舍等居住建筑，应注意本条对两类建筑分区压力的差异性要求。理解本条还需注意：住宅入户管指分户入户管。另外如下面3.4.4条所述，给水分区除要满足静水压力要求外，还要满足供水压力要求，其中供水压力为系统供水时的压力，即水流动时的压力，又称动压。

【条文】

3.4.4 生活给水系统用水点处供水压力不宜大于0.20MPa，并应满足卫生器具工作压力的要求。

【关联条文】

<u>3.4.4 用水点处水压大于0.2MPa的配水支管应采取减压措施，并应满足用水器具工作压力的要求。</u>——来自《建筑给水排水与节水通用规范》GB 55020-2021

【释读】

无论是否住宅类建筑，生活给水系统的用水点压力都需满足两个来源不同的3.4.4条要求。再结合3.4.5要求，对住宅建筑而言，其生活给水分区应满足的条件共3条：①入户管静压不大于0.45 MPa，②入户管动压不大于0.35 MPa，③用水点动压不大于0.2 MPa，且静压大于卫生器具最小工作压力。两个规范的3.4.4都谈到用水点动压

0.2MPa，但后者在《建筑给水排水与节水通用规范》GB 55020-2021 中为强条。

以高层住宅建筑为例，建筑层高2.8米，估算分区楼层数如下：按3.4.3条分区最大静压0.45MPa估算，0.45÷0.028=16，即16层为一个分区可以生活供水静压要求。考虑到高层建筑供水采用恒压泵提升至高位水箱向住户供水，扣除水箱到供水分区最高层满足卫生器具的最低静水压力要求（0.1 MPa）和水箱最低水位对应深度（设0.02 MPa），(0.45-0.1-0.02)÷0.028=11.8，分区层数减为11层。再考虑3.4.5对住宅入户管动水压力≤0.35 MPa的要求，区分两种情况，如果由高位水箱向下供水，当分区内高层入户处总管动压最大0.2 MPa，分区内最低层的动压（0.2+0.028×n+0.028×n×i×1.3，i为平均沿程水头损失，本例设0.05）应≤0.35MPa，则分区楼层数最大（0.35-0.2）÷[0.028×(1+0.05×1.3)]+1=6层，核算该区静压：5×0.028+0.1+0.02=0.26MPa，约26米水柱；如果由水泵直接从下向上供水，考虑分区顶层支管动压0.2MPa，底层支管供水动压（=0.2+0.028×n-0.028×n×i×1.3）也应≤0.35MPa，则分区楼层数最大（0.35-0.2）÷[0.028×(1-0.05×1.3)]+1=6.7层，若取7层为供水分区，最底层供水动压依然会超0.35MPa，故供水分区应取6层。因此高层住宅分区超过6层，按0.2MPa控制动压时，底部支管的供水压力将超出0.35MPa，需要设置减压装置。

2 蓄水设施和增压设施要求

确定正确合理供水系统形式后，应开展水量保证设施（水池、水箱）和水压保障措施（水泵）设计，设计中应保障上述设施、设备的可靠性并确保供水水质安全。

【条文】

3.8.3 生活用水低位储水池的有效容积应按进水量与用水量变化的曲线经计算确定，当水量不足时，宜按建筑物最高日用水量的20%~25%确定。

【释读】

3.8.3 条用于计算建筑储水池的有效容积，系统通过控制有效容积获得足够的水量来确保供水保证率。与小区的调节容积比例15%~20%不同，建筑储水池有效容积按最高日用水量的20%~25%估算。建筑是否设生活水池，遵照条文3.4.1条件——水量不足或需要水压调节。市政供水量不足往往是因为市政给水管管径小、压力不足。当市政管径较大，水量有保障（两路市政引入），系统只需提供水压调节时，也可只设吸水井。

建筑生活储水池没有两路供水要求，原因是生活用水允许短暂停水，按本条要求设定的储水容积一般可以满足事故抢修要求，故采用一路。这与小区两路供水要求不同。

但也要指出，本条针对生活水池，非消防水池。由于消防用水不允许断水，当消防水池容积不大，不能满足建筑一次全部灭火用水量时，必须为消防水池提供两路供水。

【条文】

3.3.15 供单体建筑的生活饮用水池（箱）与消防用水的水池（箱）应分开设置。

【释读】

本条强调两类水池分设的原因是水质要求不同，生活水池单独设置有利于保证水质。

【条文】

3.7.4 建筑物的给水引入管的设计流量应符合下列规定：

1 当建筑物内的生活用水全部由室外管网直接供水时，应取建筑物内的生活用水设计秒流量；2 当建筑物内的生活用水全部自行加压供给时，引入管的设计流量应为贮水调节池的设计补水量；设计补水量不宜大于建筑物最高日最大时用水量，且不得小于建筑物最高日平均时用水量；3 当建筑物内的生活用水既有室外管网直接供水，又有自行加压供水时，应按本条第1款、第2款的方法分别计算各自的设计流量后，将两者叠加作为引入管的设计流量。

【释读】

本条规定了建筑给水引入管的流量计算方法。建筑给水引入管除直接向用户供水外，还可接储水池或加压泵，不同接管条件，流量计算方法不同，本条第1款为直接或通过加压泵向用户供水，第2款为连接水池后再经水泵供水，又可以分储水池+恒压泵+高位水箱形式和储水池+变频泵供水两种形式。如果采用变频无调节流量供水，引入管设计流量应按泵的设计流量即供水区的设计秒流量设计。

【条文】

3.9.2 建筑物内采用高位水箱调节的生活给水系统时，水泵的供水能力不应小于最大小时用水量。

【释读】

3.9.2 条规定了高位水箱水泵供水量的计算方法，计算时应和高位水箱的储水容积结合考虑。同时注意区分三个流量，设计秒流量，最高日最大时（有时称最大时流量）和最大日用水量的应用条件。

高位水箱的调节容量要求泵启动时，箱内的存水一般不小于5分钟用水量；因此在高位水箱的调节容量不小于0.5小时最大用水时水量的情况下，可用最大用水时流量选择水泵流量。特殊情况下，当高位水箱未设置供水区调节容量，只具备转输减压功能时，对应供水区高位水箱供水量应按该区设计秒流量考虑。

设计高位水箱的有效调节容积时，应考虑容积与该水箱加压泵设计流量的反比关系。水泵的设计流量最小不应小于该水箱供水范围内的最大小时用水量，最大可不超过该水箱供水范围内的设计给水秒流量。对于同时承担直接供水和为高区转输水的中间水箱，其供水泵的设计流量应同时叠加所有用途的用水量，至于采用最大时流量还是秒流量还需考虑下游用户供水方式。

【条文】

3.8.4 生活用水高位水箱应符合下列规定：

1. 由城镇给水管网夜间直接进水的高位水箱的生活用水调节容积，宜按用水人数和最高日用水定额确定；由水泵联动提升进水的水箱的生活用水，调节容积不宜小于最大时用水量的50%。2.（略）。

【释读】

3.8.4 第1款规定了生活高位水箱的最小调节容积计算要求。生活高位水箱调节容积两个确定方法，一种适用于市政水压夜间水压足够的，一种适用楼层高，水压持续不够，需水泵加压的建筑。为减小楼顶水箱荷载，高位水箱通常会按最小容积计算。注意是规范规定的是调节容积，不是实际体积。第2款与容积计算无关，暂略。

【条文】

3.8.5 生活用水中间水箱应符合下列规定：

1.（略）；2. 生活用水调节容积应按水箱供水部分加转输部分水量之和确定：供水水量的调节容积不宜小于供水服务区域楼层最大时用水量的50%，同3.8.4。转输水量的调节容积应按提升水泵的3分钟~5分钟流量确定。当中间水箱无供水部分生活调节容积时，转输水箱的调节容积，宜按提升水泵的5分钟~10分钟流量确定。

【释读】

本条第1款规定生活用水中间水箱的设置条件（此处略），第2款规定了中间水箱容积计算方法。在高层建筑中，生活用中间水箱既承担直接向下方用水区供水的功能，还承担向上一区甚至多区转输供水的功能。中间水箱有两种向上供水方式，一，恒压泵+上区高位水箱，利用更高的上区高位水箱向下供水，此时中间水箱连接恒压泵，泵流量为上区最高日最大小时流量；二，变频泵直接供水，此时中间水箱连接变频泵，流量为上区的设计秒流量。

高位中间水箱容积中转输用水容积有两种计算方法：①当上部供水区存有所需调节容积时，按向上供水用泵设计流量的3~5分钟流量计算中间水箱转输调节容积，②上部供水区无用水调节容积，转输部分的调节容积按向上供水泵流量的5~10分钟流量计算（具体取几分钟，由中间水箱调节容积大小确定——5分钟可对应最大时用水量的50%）。

【条文】

3.9.5 生活水水泵宜自灌吸水。1. 每台水泵宜设置单独从水池吸水的吸水管；2.（略）；3. 吸水管宜设置喇叭口，喇叭口宜向下，低于水池最低水位不宜小于0.3米；当达不到上述要求时，应采取防止空气被吸入的措施；4. 吸水管喇叭口至池底的净距不应小于0.8倍吸水管管径，且不应小于0.1米；吸水管喇叭口边缘与池壁的净距不宜小于1.5倍吸水管管径；5. 当水池水位不能满足水泵自灌启动水位时，应设置水泵空载启动的保护措施（管径以相邻两者的平均值计）；6.（略）。

【释读】

关于安装高度，本条规定，无特殊原因生活用泵应采用自灌方式吸水，即，出水池水位应满足水泵自灌吸水的要求（不需灌水或真空抽吸即可充满吸水管及泵体），自灌水位一般高于离心泵的出水管中线或立式离心泵的第1节高度。自灌水位应低于泵的初始起泵水位，只有在启泵水位之上（高出自灌水位）才允许启泵，否则吸水管或泵体内存留的空气影响启动。但已运行的水泵在水位低于启泵水位和自灌水位时依然可以运行（吸水管启泵后即为真空状态），除非水位低于最低水位。本条第3款明确说明最低水位是由吸水喇叭口高度决定的，因为此时水位再下降，将可能吸入空气，引发气蚀，影响泵的寿命，应强制停泵。水池（箱）的启泵水位，在一般情况下，宜取1/3贮水池总水深。水池的有效容积由水池的最低水位和最高水位决定。为满足自灌吸水，只要卧式离心泵的泵顶放气口、立式多级离心泵吸水端低级泵体低于最低设计水位即可，此时泵的安装高度已到运行时泵必须停止的水位，正常启动和运行状态，水位需高于该安装高度。

【条文】

3.9.1 生活给水系统加压水泵的选择应符合下列规定：1.（略）；2.（略）；3.（略）；4. 生活加压给水系统的水泵机组应设备用泵。备用泵的供水能力不应小于最大一台运行水泵的供水能力，水泵宜自动切换，交替运行。

【释读】

本条第1、2、3款是按流量、压力选泵的条文，此处略。注意第4款规定生活给水系统备用泵的设置要求，只备用最大一台可减少而非杜绝因设备故障生活给水系统停水的发生概率。

【条文】

3.9.2 建筑物内采用高位水箱调节的生活给水系统，其水泵的供水能力不应小于最大时用水量。

【释读】

本条规定了采用高位水箱调节的供水系统，其水泵的供水能力。在此类系统中由高位水箱水位控制水泵启动（启动时箱内的存水一般不小于5分钟用水量）或停止。对应的高位水箱的调节容量规定见3.8.4：不小于0.5小时（30分钟）最大用水时水量。若水箱容积满足3.8.4，则水泵水量可按3.9.2选。若存水容积小于3.8.4要求，水泵流量应加大。

应做如是理解：水箱调节容积，与为水箱供水的加压泵流量成反比。但最低供水能力按本条：加压泵的设计流量不应小于所供水箱供水范围的最大小时用水量。对于还承担了为高区转输用水的中间水箱，其供水泵的设计流量还需再增加，以满足所有用水量。

【条文】

3.9.3 生活给水系统采用变频调速泵组供水时：除符合本标准3.9.1条外，尚应符合下列规定：1. 工作水泵组，供水能力应满足设计秒流量；2.（略）；3. 变频调速泵在额定转速时的工作点应位于水泵高效区的末端；4. 变频调速泵组宜配置气压罐；5. 生活给水系统供水压力要求稳定的场合，且工作水泵大于或等于两台时，配置变频器的水泵数量不宜少于两台。

【释读】

本条就变频供水系统提出了设计要求。其中第3款基于变频水泵主要在低于最大设计流量工作时，为保证变频水泵依然在高效区运行，提出最大流量时工况应处于水泵高效区末端，这样当供水流量降低时依然可在高效段。第4款提出恒压变频供水系统需配置气压罐，此举可稳定设备出口的压力波动，同时在小流量情况下，水泵停止运行时系统依然可以正常供水。条文说明中给出：当供水量≤15~20立方米/小时，一般配置一台工作泵，当供水量>20立方米/小时，配置2~4台工作泵。

【条文】

3.8.6 水池水箱等构筑物，应设进水管、出水管、溢流管、泄水管、通气管和信号装置等并应符合下列规定：1.（略）；2.（略）；3. 当利用城镇给水管网压力直接供水时，应设置自动水位控制阀，控制阀直径应与进水管管径相同，当采用直接作用式浮球阀时，不宜少于两个，且进水管标高应一致；4. 当水箱采用水泵加压进水时，应设置水箱水位自动控制水泵开、停的装置，当一组水泵供多个水箱进水时，在各个水箱进水管上，宜装设电信号控制阀，由水位监控设备实现自动控制；5.（略）；6.（略）；7.（略）；8.（略）。

【释读】

就生活水池的两种水位控制方式，3.8.4条第3、4款分别给出了控制要求。

当储水池由市政管网供水，可采用水池水位达到最高水位即可自动关闭的阀门，如直接作用式浮球阀。浮球阀损坏概率大,应设两个。

当储水池由水泵加压供水,需通过水池最高水位和启泵水位控制泵的关闭和开启,因此不采用自动水位控制阀。高位水箱供水时,若泵已运行,而水位未到最高水位,泵应保持运行直到最高水位,停泵后,水位持续下降,当水位到达起泵水位时,水泵启动,直到最高水位时停止。一小时内泵的启动次数不应大于4次。

3 给水管道及水池水泵房布设

除了系统选择及储水、供压设备设计计算外,管道空间布置及管径计算对保证供水安全、水质、节能也具有重要意义,作为给水系统设计的重要内容,这部分也是工作量最大的部分。

(1) 管材和附件要求

【条文】

3.5.1 给水系统采用的管材和管件及连接方式,应符合国家现行标准的有关规定。管材和管件及连接方式的工作压力不得大于国家现行标准中公称压力或标称的允许工作压力。

【释读】

给水压力系统,管道和管材采用的标准件应满足国家相关标准。压力管道系统最重要的参数是允许工作压力。常用的PE给水管分为五个等级,分别是0.6 MPa,0.8 MPa,1.0 MPa,1.25 MPa,1.6 MPa。

【条文】

3.5.2 室内的给水管道,应选用耐腐蚀和安装连接方便可靠的管材,可采用不锈钢管、铜管、塑料给水管和金属塑料复合管及经防腐处理的钢管。高层建筑给水立管不宜采用塑料管。

【释读】

给水管管材应保证水质不污染。同时注意高层建筑中(超过27米的住宅和超过24米公共建筑中的非单层建筑属于高层建筑)给水立管要求不用塑料管,准确说是"不宜"。

【条文】

3.5.3 给水管道阀门材质应根据耐腐蚀、管径、压力等级、使用温度等因素确定,可采用全铜、全不锈钢、铁壳铜芯和全塑阀门等。阀门的公称压力不得小于管材及管件的公称压力。

【释读】

阀门材料、压力要求类同管材和管件要求 3.5.1。

【条文】

3.4.2 卫生器具给水配件承受的最大工作压力,不得大于 0.60MPa。

【释读】

给水配件与管材不同,没有低压、高压配件区分,但给水配件压力按给水系统管材最低压力配置,这与给水分区的压力一致(考虑安全压力条件下)。

(2)水池和水泵房布置

【条文】

3.3.17 建筑物内的生活饮用水水池(箱)及生活给水设施,不应设置于与厕所、垃圾间、污(废)水泵房、污(废)水处理机房及其他污染源毗邻的房间内;其上层不应有上述用房及浴室、盥洗室、厨房、洗衣房和其他产生污染源的房间。

【释读】

生活水池保证不发生水质污染,设计时就应加以保护。在空间布置方面,避免与可能存在污染的房间毗邻(厕所、垃圾间、污水泵房、污废水处理机房),上方更不得有污染源(增加浴室、盥洗室、厨房、洗衣房)。

【条文】

3.3.19 生活饮用水水池(箱)内贮水更新时间不宜超过48h。

【释读】

本条为一水质保障的技术措施,贮水时间长度"不宜"超过,即水箱体积不应过大。

【条文】

3.3.20 生活饮用水水池(箱)应设置消毒装置。

【释读】

本条为一水质保障的技术措施,强调"应",居民楼内多采用紫外线装置。

【条文】

3.9.9 民用建筑物内设置的生活给水泵房不应毗邻居住用房或在其上层或下层,水泵机组宜设在水池(箱)的侧面、下方,其运行噪声应符合现行国家标准《民用建筑隔声设计规范》GB 50118 的规定。

【释读】

为避免噪声影响，水泵房位置一般放地下层，但也要注意毗邻、上、下的房屋属性。另外屋顶设有稳压泵时，其下层同样不应与居住用房毗邻。水泵和水池的相对位置关系应确保自灌式安装。噪声影响最终按"噪声设计规范"要求控制。

(3) 给水管道平面布置

建筑给水管道按入户管—立管—横干管—横管—横支管的顺序布置。立管位置靠近用水量大的卫生器具，可以减少支管的转输流量，降低系统总水头损失。在同一空间内若还布置了排水管等重力管，则应先考虑排水立管位置。

同一卫生间内给水立管数量不宜过多，若平面空间不大，建议只设置一根立管于墙角。相邻设置的男女卫生间，可视各自平面大小、卫生器具多少，分设立管或合并立管。置于疏散通道或墙面的立管应不妨碍空间的使用要求。远离主要卫生间的个别小水量用水点可采用本层单独横支管，也可采用单独立管，视实际使用要求和安装条件定。

公共卫生间美观要求不高时，可采用沿墙、柱明装，否则可考虑采用沿吊顶、假墙、包管柱等方式暗装，部分小管径管也可在地板找平层暗装或凿墙敷设（前提是非承重墙）。

住宅内给水立管位置除了考虑用水点外，还要考虑水表检读的便利，除了成组设置在集中管道井外，还可设置在地下水表井、建筑外墙（南方无冻结环境）或地下室公共空间。立管至各户用水点则多采用地下找平层暗装敷设，大管径管无法在楼板找平层安装时，可采用混凝土结构层内压槽暗装方式。浴室、厨房给水管除找平层暗装外，局部也可垂直凿墙暗装（避免水平凿墙，减少凿墙长度、深度）。

建筑内给水管道平面布置一般沿墙、柱敷设，也可以设置在顶板、管道井或管沟内。作为压力管道，给水管平面布置灵活性大，但应注意减少穿墙、穿梁节点。布置管道还应减少对建筑使用功能、水质安全及运营维护的影响，为此，规范中特别将应避免敷设的位置列举出来，以免出现相关问题。

【条文】

3.6.1 室内生活给水管道可布置成枝状管网。

【释读】

本条认可生活给水管道系统枝状形式的原因是生活给水可临时停水。但未来，随着经济发展，人民生活水平提高，为提高水质安全，室内给水管布置环状也是一个趋势。

【条文】

3.6.2 室内给水管道布置应符合下列规定：1 不得穿越变配电房、电梯机房、通信机房、大中型计算机房、计算机网络中心、音像库房等遇水会损坏设备或引发事故的房间；2 不得在生产设备、配电柜上方通过；3 不得妨碍生产操作、交通运输和建筑物的使用。

【释读】

本条规定了非居住建筑中给水管道不能铺设、穿越的房间和位置。

【条文】

3.6.3 室内给水管道不得布置在遇水会引起燃烧、爆炸的原料、产品和设备的上面。

【释读】

厂房、仓库等建筑中楼板下吊行给水管道时的布置禁忌。

【条文】

3.6.4 埋地敷设的给水管道不应布置在可能受重物压坏处。管道不得穿越生产设备基础，在特殊情况下必须穿越时，应采取有效的保护措施。

【释读】

本条规定了厂房、仓库埋地给水管的布置禁忌。

【条文】

3.6.5 给水管道不得敷设在烟道、风道、电梯井、排水沟内。给水管道不得穿过大便槽和小便槽，且立管离大、小便槽端部不得小于0.5m。给水管道不宜穿越橱窗、壁柜。

【释读】

建筑功能结构周边布设时应注意避免布置的位置，包括：烟道、风道、电梯井、排水沟内，橱窗、壁柜，或有污染源，或有重要功能。属于水质保障的技术措施之一。

【条文】

3.6.6 给水管道不宜穿越变形缝。当必须穿越时，应设置补偿管道伸缩和剪切变形的装置。

【释读】

变形缝属于建筑重要结构部位，无法避免而布设的给水管道，为保障其完整性、安全性，提出3.6.6要求。

(4) 给水管道安装要求

【条文】

3.6.10 给水引入管与排水排出管的净距不得小于1m。建筑物内埋地敷设的生活给水管与排水管之间的最小净距，平行埋设时不宜小于0.50m；交叉埋设时不应小于0.15m，且给水管应在排水管的上面。

【释读】

本条规定了引入管进入建筑的两个位置要求：一个埋深、一个与排水管间距。3.6.10还规定了建筑物内埋地生活给水管和排水管的最小净距，注意净距指管外表面最小距离。本条并没有规定室内生活给水立管和排水立管、给水横管和排水横管的距离，因此给水立管和排水立管净距没有0.5米和0.15米的距离限制，但当立管进入地下水平敷设时，过于接近的给水立管和排水立管可能无法满足上述0.5米的要求，因此，建筑内给水立管和排水立管还是宜保持0.5米以上，与引入管和出户管连接的立管需保持1m以上。

注意3.6.10提示"不得"是比"应"更严格的要求。

【条文】

3.6.17 给水管道穿越下列部位或接管时，应设置防水套管：1. 穿越地下室或地下构筑物的外墙处；2. 穿越屋面处；3. 穿越钢筋混凝土水池（箱）的壁板或底板连接管道时。

【释读】

本条规定强调"应"，绘图时应确认平面位置和高度，且注意本条要求的套管应防水。

【条文】

3.6.18 明设的给水立管穿越楼板时，应采取防水措施。

【释读】

措施一般为楼板内预留套管，高出楼面300mm。

【条文】

3.6.11 给水管道的伸缩补偿装置，应按直线长度、管材的线胀系数、环境温度和管内水温的变化、管道节点的允许位移量等因素经计算确定。应优先利用管道自身的折角补偿温度变形。

【释读】

给水塑料管没有类似排水塑料管的伸缩节，通常靠转角补偿。

【条文】

3.6.7 塑料给水管道在室内宜暗设。明设时立管应布置在不易受撞击处。当不能避免时，应在管外加保护措施。

【释读】

本条规定给水常用的塑料给水管宜暗设。明设时应注意保护。

【条文】

3.6.8 塑料给水管道布置应符合下列规定：1. 不得布置在灶台上边缘；明设的塑料给水立管距灶台边缘不得小于0.4 m，距燃气热水器边缘不宜小于0.2m；当不能满足上述要求时，应采取保护措施；2. 不得与水加热器或热水炉直接连接，应有不小于0.4m的金属管段过渡。

【释读】

本条规定了塑料给水管的布置时的特别要求，金属管材不需考虑3.6.8的条件。

【条文】

3.6.13 给水管道暗设时，应符合下列规定：1. 不得直接敷设在建筑物结构层内；2. 干管和立管应敷设在吊顶、管井、管窿内（暗装方式），支管可敷设在吊顶、楼（地）面的垫层内或沿墙敷设在管槽内；3. 敷设在垫层或墙体管槽内的给水支管的外径不宜大于25mm；4. 敷设在垫层或墙体管槽内的给水管管材宜采用塑料、金属与塑料复合管材或耐腐蚀的金属管材；5. 敷设在垫层或墙体管槽内的管材，不得采用可拆卸的连接方式；柔性管材宜采用分水器向各卫生器具配水，中途不得有连接配件，两端接口应明露。

【释读】

暗铺管道的要求：第1、3款是建筑结构提出的要求；第4款是管材要求；第2款是美观和检修要求；第5款是检修要求，注意理解"不可拆卸的连接方式"、"中途不得有连接配件"，一根柔性管材从分水器出来后宜直通卫生器具，不"宜"有分支管，不"得"有连接配件。

【条文】

3.5.21 隔音防噪要求严格的场所，给水管道的支架应采用隔振支架；配水管起端宜设置水锤消除装置；配水支管与卫生器具配水件的连接宜采用软管连接。

【释读】

水泵房和高级宾馆设计时应采用隔振支架减震。配水管起端即给水泵的送水端可以考虑设水锤消除器。高级宾馆降噪还需增加软连接措施。

4 管道系统的必要附件

给水管道系统上的附件涉及供水控制、供水安全和供水管理，是给水系统中不可或缺的部分，错误的设置会给管理带来问题，也会给水质安全造成隐患。除倒流防止器和止回阀设置外，也要注意水表及控制阀门的设置要求。

【条文】

3.3.7 从生活饮用水管道上直接供下列用水管道时，应在用水管道的下列部位设置倒流防止器：1. 从城镇给水管网的不同管段接出两路及两路以上至小区或建筑物，且与城镇给水管形成连通管网的引入管上；2. 从城镇生活给水管网直接抽水的生活供水加压设备进水管上；3. 利用城镇给水管网直接连接且小区引入管无防回流设施时，向气压水罐、热水锅炉、热水机组、水加热器等有压容器或密闭容器注水的进水管上。

【释读】

水质保障措施是生活饮用水管道系统设计中的重点。强条3.3.7和3.3.8采用的倒流防止器在防倒流方面能力强于止回阀，是水质保障附件中最有效的附件。3.3.7专指生活给水系统内部的倒流防止器设置：第1款设置原因是小区内两条引入管，不设倒流防止器，环状管网可能在特别条件下从某个引入管向市政倒流。只有一条引入管的建筑可不设倒流防止器。第2款指叠压供水等，第3款是引入给水管到压力设备时应设倒流防止器。

【条文】

3.3.8 从小区或建筑物内的生活饮用水管道系统上接下列用水管道或设备时，应设置倒流防止器：1 单独接出消防用水管道时，在消防用水管道的起端；2 从生活用水与消防用水合用贮水池中抽水的消防水泵出水管上。

【释读】

本条要求：生活供水系统和消防供水系统连接时应采用倒流防止器以保证水质安全。注意第1款针对小区内从生活管网上接出的个别室外消防管道，不是从生活消防共用系统中引出室外消火栓的系统；第2款针对小区内生活消防共用水池的条件。

【条文】

3.5.6 给水管道的下列管段上应设置止回阀，装有倒流防止器的管段处，可不再设置止回阀：1 直接从城镇给水管网接入小区或建筑物的引入管上；2 密闭的水加热器或用水设备的进水管上；3 每台水泵的出水管上。

【释读】

3.5.6补充了3.3.7的特别条件。止回阀的防污染效力弱于倒流防止器。3.5.6第1款适用一路引入管的小区或建筑给水系统，与3.3.7的第1款互为补充；3.5.6第2款与3.3.7的第3款互为补充，若小区内已有倒流防止器，压力设备前可只设止回阀。注意3.5.6第3款，在水泵出水管应设止回阀，不设吸水管上，有利于减少吸水阻力，减少气蚀。

【条文】

3.5.16 建筑物水表的设置位置应符合下列规定：1 建筑物的引入管、住宅的入户管；2 公用建筑物内按用途和管理要求需计量水量的水管；3 根据水平衡测试的要求进行分级计量的管段；4 根据分区计量管理需计量的管段。

【释读】

水表的安装依据最主要考虑计量要求，除总表外，需要单独计量的要求如本条所示。第 3 款指节水型建筑和小区。第 4 款提醒注意建筑功能和管理分区对用水计量的要求。

【条文】

3.5.17 住宅的分户水表宜相对集中读数，且宜设置于户外；对设在户内的水表，宜采用远传水表或 IC 卡水表等智能化水表。

【释读】

住宅分户水表可设户外且宜集中（便于读数），采用智能化水表的可设户内。除了水表，控制阀门和检修阀门也可参考本条，宜户外集中设置。

【条文】

3.5.4 室内给水管道的下列部位应设置阀门：1 从给水干管上接出的支管起端；2 入户管、水表前和各分支立管；3 室内给水管道向住户、公用卫生间等接出的配水管起端；4 水池（箱）、加压泵房、水加热器减压阀、倒流防止器等处应按安装要求配置。

【释读】

为方便支管检修及设备、附件检修，应在支管起端、设备（附件）起端设阀门。减压阀，倒流防止器应按设备及附件安装要求配置阀门（除起端还包括末端）。

【条文】

3.5.14 给水管道的排气装置设置应符合下列规定：1. 间歇性使用的给水管网，其管网末端和最高点应设置自动排气阀；2. 给水管网有明显起伏积聚空气的管段，宜在该段的峰点设自动排气阀或手动阀门排气；3. 给水加压装置直接供水时，其配水管网的最高点应设自动排气阀；4. 减压阀后管网最高处宜设置自动排气阀。

【释读】

3.5.14 排气阀设置原则除适用于建筑给水系统，也适用于消防系统、室外给水系统。消防系统的立管适用本条第 1 款；热水系统属于第 2 款条件；注意第 3 款，"泵加压直接供水"区别"泵加压供水"，没有高位水箱接力，意指"叠压供水"系统。第 4 款减压阀后设置排气阀可防止减压阀后的气体集聚。

【条文】

3.5.10 给水管网的压力高于本标准第 3.4.2 条、第 3.4.3 条规定的压力时，应设置减压阀。

3.4.2 卫生器具给水配件承受的最大工作压力，不得大于 0.60MPa。

3.4.3 当生活给水系统分区供水时，各分区的静水压力不宜大于 0.45MPa；当设有集中热水系统时，分区静水压力不宜大于0.55MPa。

【释读】

3.4.2条，3.4.3条是分区的条件，注意3.4.3是静压要求，3.4.2是动压要求。3.5.10提出可采用减压阀实现分区，除此之外减压水箱也是可行的分区方式。

5 给水管道设计计算

管道设计除了确定管道平面及高程位置，还需要根据用户供水需求确定供水流量，依据经济流速，计算管道管径，并进一步通过计算水头损失，准确计算水池、水箱的设置高度，水泵的扬程，是整个系统设计具体话的核心。管道设计因此成为给水系统计算中最重要的部分。

（1）流速及流量的确定

【条文】

3.7.13 生活给水管道的水流速度，宜按表3.7.13采用。

表3.7.13 生活给水管道的水流速度

公称直径（mm）	15~20	25~40	50~70	≥80
水流速度（m/s）	≤1.0	≤1.2	≤1.5	≤1.8

【释读】

3.7.13 设定的供水流速综合考虑了目前管道造价及运行的经济性，通过控制管道内水流速度可以在一定流量下确定给水管径，进而选定管道，计算水头损失。

【条文】

3.13.8 设有室外消火栓的室外给水管道，管径不得小于100mm。

【释读】

管径计算一般按3.7.13计算，但消防和生活给水室外合用系统是个例外，本条规定合用系统室外管道的最小管径，是考虑为满足建筑消防最少用水量20L/s（按消水规室内最少5 L/s，室外最少15 L/s），需要采用100mm的给水管，为避免合用系统按3.7.13生活给水水量和经济流速计算所得管径太小，设置本条。

【条文】

3.13.1 小区的室外给水系统的水量应满足小区内全部用水的要求。

【释读】

本条给出了计算小区室外给水系统水量的原则要求，具体应用时，应据 3.7.1 的具体内容，结合小区用水要求来确定。

【条文】

3.7.1 建筑给水设计用水量应根据下列各项确定：1 居民生活用水量；2 公共建筑用水量；3 绿化用水量；4 水景、娱乐设施用水量；5 道路、广场用水量；6 公用设施用水量；7 未预见用水量及管网漏失水量；8 消防用水量；9 其他用水量。

【释读】

本条给出建筑给水设计用水量计算时要考虑的 9 类用水。实际计算时除要确定 9 类用水消耗量，还要衡量各自用水的时段变化，依据时均变化特点计入管道设计用水量：或采用设计秒流量，或按最大小时流量，或按最高日平均流量，具体见下面 3.13.4 条。

【条文】

3.13.6 小区的给水引入管的设计流量应符合下列规定：1. 小区给水引入管的设计流量应按本标准第 3.13.4 条、第 3.13.5 条的规定计算，并应考虑未预计水量和管网漏失量；2. 不少于 2 条引入管的小区室外环状给水管网，当其中 1 条发生故障时，其余的引入管应能保证不小于 70%的流量；3. 小区引入管的管径不宜小于室外给水干管的管径；4. 小区环状管道应管径相同。

【释读】

小区引入管设计流量应按 3.7.1 中的项目内容考虑，包括漏失和未预见量，但不考虑 3.7.1 中的消防流量，消防流量用来校核管网消防压力。剩余各类用水类型的设计流量计算方式不同：有按设计秒流量的，有按最大小时流量的，也有按最高日平均流量。由于小区引入管按 3.13.6 要求应设置 2 条，设计时每个引入管应按总设计流量÷2 计算管径，计算所得管径还应据市政供水压力核算事故状态时单个引入管的供水水量，即市政给水压力能否满足单条引入管 70%流量时的水头损失要求。管道设计时消防用水不计入设计流量，确定管径后可在设计流量上叠加消防流量，核算管道系统在火灾条件下的流速和水压要求。消防校核和事故校核不要求同时叠加。

3.13.6 针对小区引入管的设计流量，小区室外给水管不同于引入管，不包括 3.7.1 中第 7 项未预见用水量及管网漏失水量，具体见 3.13.4。

【条文】

3.13.4 居住小区的室外给水管道的设计流量应根据管段服务人数、用水定额及卫生器具设置标准等因素确定，并应符合下列规定：1. 住宅应按本标准第 3.7.4 条、第 3.7.5 条计算管段流量；2. 居住小区内配套的文体、餐饮娱乐、商铺及市场等设施应按本标准第3.7.6条、第3.7.8条的规定计算节点流量；3. 居住小区内配套的文教、医疗保健、社区管理等设施，以及绿化和景观用水、道路及广场洒水、公共设施用水等，均以平均时用水量计算节点流量；4. 设在居住小区范围内，不属于居住小区配套的公共建筑节点流量应另计。

【释读】

本条给出小区室外管道流量的计算方法，规定小区内室外管道流量应为不同类型建筑的设计秒流量或最大日平均流量的叠加，同时不计入漏水损失和未预见水量及消防水量。本条第1、2款所涉建筑类型对应室外管道的流量按设计秒流量计算，第3款所涉用水类型按时均流量。本条还有一个例外要注意，即下条3.13.5。

【条文】

3.13.5 小区室外直供给水管道管段流量应按本标准第3.7.6条、第3.7.8条、第3.13.4条计算。当建筑设有水箱（池）时，应以建筑引入管设计流量作为室外计算给水管段节点流量。

【释读】

本条补充3.13.4，针对室外直供给水管。另外，当建筑本身储存有用水时，也按3.13.5要求，以建筑引入管设计流量作为室外给水管道设计流量，具体见3.7.4.。

【条文】

3.7.4 建筑物的给水引入管的设计流量应符合下列规定：1. 当建筑物内的生活用水全部由室外管网直接供水时，应取建筑物内的生活用水设计秒流量；2. 当建筑物内的生活用水全部自行加压供给时，引入管的设计流量应为贮水调节池的设计补水量；设计补水量不宜大于建筑物最高日最大时用水量，且不得小于建筑物最高日平均时用水量；3. 当建筑物内的生活用水既有室外管网直接供水，又有自行加压供水时，应按本条第1款、第2款的方法分别计算各自的设计流最后，将两者叠加作为引入管的设计流量。

【释读】

建筑物的引入管和小区的引入管设计流量的计算方法不同，建筑给水引入管的设计流量和建筑内不同功能区用水方式不同有关系，如3.7.4所述，或采用生活用水设计秒流量，或采用最高日最大时用水量，或最高日平均时用水量，再或是上述几个流量的叠加。

第2款全部加压时，引入管即为贮水池的设计补水量，设计补水量应大于平均时流量，且小于最大时流量。

【条文】

3.7.12 住宅的入户管，公称直径不宜小于20mm。

【释读】

住宅入户管的管径规定，与"住宅设计规范"协调——该规范规定了最低标准卫生间的卫生器具配置，20 mm 直径即由此推算。

【条文】

3.7.5 住宅建筑的生活给水管道的设计秒流量，应按下列步骤和方法计算：

1 根据住宅配置的卫生器具给水当量、使用人数、用水定额、使用时数及小时变化系数，可按下式计算出最大用水时卫生器具给水当量平均出流概率：

$$U_0 = \frac{100 \, q_L \, m \, K_h}{0.2 \cdot N_g \cdot T \cdot 3600}(\%)$$

式中：U_0——生活给水管道的最大用水时卫生器具给水当量平均出流概率（%）；

q_L——最高用水日的用水定额，按本标准表3.2.1取用 [L/（人·d）]；

m——每户用水人数；

K_h——小时变化系数，按本标准表3.2.1取用；

N_g——每户设置的卫生器具给水当量数；

T——用水时数（h）；

0.2——一个卫生器具给水当量的额定流量（L/s）。

2 根据计算管段上的卫生器具给水当量总数，可按下式计算得出该管段的卫生器具给水当量的同时出流概率：

$$U = 100 \frac{1 + \alpha_c (N_g - 1)^{0.49}}{\sqrt{N_g}}(\%)$$

式中：U——计算管段的卫生器具给水当量同时出流概率（%）；

α_c——对应于U_0的系数，按本标准附录B中表B取用；

N_g——计算管段的卫生器具给水当量总数。

3 根据计算管段上的卫生器具给水当量同时出流概率，可按下式计算该管段的设计秒流量：

$$q_g = 0.2 \cdot U \cdot N_g$$

式中：q_g——计算管段的设计秒流量（L/s）。当计算管段的卫生器具给水当量总数超过本标准附录C表C.0.1~表C.0.3中的最大值时，其设计流量应取最大时用水量。

4 给水干管有两条或两条以上具有不同最大用水时卫生器具给水当量平均出流概率的给水支管时，该管段的最大用水时卫生器具给水当量平均出流概率应按下式计算：

$$U_0 = \frac{\sum U_{0i} N_{gi}}{\sum N_{gi}}$$

式中：U_0——给水干管的卫生器具给水当量平均出流概率；

U_{0i}——支管的最大用水时卫生器具给水当量平均出流概率；

N_{gi}——相应支管的卫生器具给水当量总数。

【释读】

3.7.5 规定了住宅建筑配水管按设计秒流量计算设计流量时需遵循的方法。简单说：先根据户型计算户型的当量平均出流概率 U_0，再据 U_0 查出对应 α_c，计算该户型上管道的当量同时出流概率 U，最后据该户型里管道的供水的当量总数 N_g 及上述计算的当量出流同时概率 U 按概率法计算管道设计水量——又称设计秒流量。注意：不是建筑内所有管都按设计秒流量计算，水泵、水箱的进水、出水管、引入管，都可能不采用设计秒流量。只有住宅居室内才完全按设计秒流量计算。其他管道计算设计流量时，应综合考虑供水要求，如加压设备前后、水量调节设施进出水管。

另外，注意第4款，一栋住宅各单元如果户型不同时，其引入管流量要先算内插当量平均出流概率 U_0。室外给水管向若干住宅建筑供水的干管流量计算时也应遵循第4款规定。

【条文】

3.7.6 宿舍（居室内设卫生间）、旅馆、宾馆、酒店式公寓、门诊部、诊疗所、医院、疗养院、幼儿园、养老院、办公楼、商场、图书馆、书店、客运站、航站楼、会展中心、教学楼、公共厕所等建筑的生活给水设计秒流量，应按下式计算：

$$q_g = 0.2\alpha \sqrt{N_g}$$

式中：q_g——计算管段的给水设计秒流量（L/s）；

N_g——计算管段的卫生器具给水当量总数；

α——根据建筑物用途而定的系数，应按表3.7.6采用。

表3.7.6 据建筑物用途而定的系数值（α值）

建筑物名称	α值
幼儿园、托儿所、养老院	1.2
门诊部、诊疗所	1.4
办公楼、商场	1.5
图书馆	1.6

书店	1.7
教学楼	1.8
医院、疗养所、休养所	2.0
酒店式公寓	2.2
宿舍（居室内设卫生间）、旅馆、招待所、宾馆	2.5
客运站、航站楼、会展中心、公共厕所	3.0

【释读】

3.7.6 规定了非集中用水类型的公共建筑中给水管设计流量的计算方法，简单说，依据公共建筑类型及内部当量数采用平方根法计算。本条注意事项类似3.7.5释读——建筑内不是所有管都按本条的设计秒流量计算流量。另外，当一栋公共建筑有多种使用功能时，按3.7.7第4款计算综合的α值后再计算设计秒流量。3.7.7还有些特殊规定，也要注意。

【条文】

3.7.7 按本标准式（3.7.6）进行给水秒流量的计算应符合下列规定：1 当计算值小于该管段上一个最大卫生器具给水额定流量时，应采用一个最大的卫生器具给水额定流量作为设计秒流量；2 当计算值大于该管段上按卫生器具给水额定流量累加所得流量值时，应按卫生器具给水额定流量累加所得流量值采用；3 有大便器延时自闭冲洗阀的给水管段，大便器延时自闭冲洗阀的给水当量均以0.5计，计算得到的q_g附加1.20L/s的流量后为该管段的给水设计秒流量；4 综合楼建筑的α值应按加权平均法计算。

【释读】

3.7.7 补充3.7.6所列公式的使用条件。初学者应注意1.2.3款的应用。

【条文】

3.7.8 宿舍（设公用盥洗卫生间）、工业企业的生活间、公共浴室、职工（学生）食堂或营业餐馆的厨房、体育场馆、剧院、普通理化实验室等建筑的生活给水管道的设计秒流量，应按下式计算：

$$q_g = \sum q_{g0} n_0 b_g$$

式中：q_g——计算管段的给水设计秒流量（L/s）；

q_{g0}——同类型的一个卫生器具给水额定流量（L/s）；

n_0——同类型卫生器具数；

b_g——同类型卫生器具的同时给水百分数,按本标准表3.7.8-1~表3.7.8-3采用。

表3.7.8-1 宿舍(设公寓盥洗室卫生间)、工业企业生活间、公共浴室、影剧院、体育场馆等卫生器具同时给水百分数(%)

卫生器具名称	宿舍(设公用盥洗室卫生间)	工业企业生活间	公共浴室	影剧院	体育场馆
洗涤盆	—	33	15	15	15
洗手盆	—	50	50	50	70(50)
洗脸盆、盥洗槽水嘴	5~100	60~100	60~100	50	80
浴盆	—	—	50	—	—
无间隔淋浴盆	20~100	100	100	—	100
有间隔淋浴器	5~80	80	60~80	(60~80)	(60~100)
大便器冲洗水箱	5~70	30	60~80	50(20)	70(20)
大便槽自动冲洗水箱	100	100	—	100	100
大便器自闭式冲洗阀	1~2	2	2	10(2)	5(2)
小便器自闭式冲洗阀	2~10	10	10	50(10)	70(10)
小便器(槽)自动冲洗水箱	—	100	100	100	100
净身盆	—	33	—	—	—
饮水器	—	30~60	30	30	30
小卖部洗涤盆	—	—	50	50	50

注:1 表中括号内的数值系电影院、剧院的化妆间、体育场馆的运动员休息室使用。

2 健身中心的卫生间,可采用本表体育场馆运动员休息室的同时给水百分率。

表3.7.8-2 职工食堂、营业餐馆厨房设备同时给水百分数(%)

厨房设备名称	同时给水百分数
洗涤盆(池)	70
煮锅	60
生产性洗涤机	40
器皿洗涤机	90
开水器	50
蒸汽发生器	100
灶台水嘴	30

注:职工或学生饭堂的洗碗台水嘴,按100%同时给水,但不与厨房用水叠加。

表 3.7.8-3　实验室化验水嘴同时给水百分数（%）

化验水嘴名称	同时给水百分数	
	科研教学实验室	生产实验室
单联化验水嘴	20	30
双联或三联化验水嘴	30	50

【释读】

某些公共建筑用水集中在特定时段，3.7.8 规定了其给水管段的设计流量计算方法——同时给水概率法。注意本条中各表注给出的使用条件和附加例外情况，及 3.7.9 中的例外情况。

【条文】

3.7.9　按本标准式（3.7.8）进行给水秒流量的计算应符合下列规定：1. 当计算值小于该管段上一个最大卫生器具给水额定流量时，应采用一个最大的卫生器具给水额定流量作为设计秒流量；2. 大便器自闭式冲洗阀应单列计算，当单列计算值小于 1.2L/s 时，以 1.2L/s 计；大于 1.2L/s 时，以计算值计。

【释读】

3.7.9 是定时集中供水管道设计秒流量计算公式 3.7.8 使用的补充规定。其中第 2 款使用时，先将管道内所有带自闭式冲洗阀的大便器与其他用水卫生器具分开，分别按 3.7.8 计算，再将两个计算结果相加，累加时，注意 3.7.9 条第 2 款的要求。

【条文】

3.7.10　综合体建筑或同一建筑不同功能部分的生活给水干管的设计秒流量计算，应符合下列规定：1 当不同建筑（或功能部分）的用水高峰出现在同一时段时，生活给水干管的设计秒流量应采用各建筑或不同功能部分的设计秒流量的叠加值；2 当不同建筑或功能部分的用水高峰出现在不同时段时，生活给水干管的设计秒流量应采用高峰时用水量最大的主要建筑（或功能部分）的设计秒流量与其余部分的平均时给水流量的叠加值。

【释读】

3.7.10 第 1 款"不同功能分区"不适用都采用 3.7.6 平方根方法计算的功能分区，即，如一栋楼不同功能分区的给水管秒流量计算公式都是采用 3.7.6 计算，那么这栋楼总进水管的设计秒流量计算应按 3.7.7 的第 4 款，先计算综合功能系数，再使用平方根法。上述第 1 款原则同样适用与同栋住宅楼不同户型的总流量计算——即遵循 3.7.7 第 4 款先计算当量同时出流概率。本条第 2 款也是小区内不同类型建筑共用供水管设计流量的叠加规则。

(2) 给水管道水头损失计算

【条文】

3.7.14 给水管道的沿程水头损失可按下式计算：

$$i = 105 C_h^{-1.85} d_j^{-4.87} q_g^{1.85}$$

式中：i——管道单位长度水头损失（kPa/m）；

d_j——管道计算内径（m）；

q_g——计算管段给水设计流量（m³/s）；

C_h——海澄-威廉系数，其中：

各种塑料管、内衬（涂）塑管 $C_h = 140$；铜管、不锈钢管 $C_h = 130$；内衬水泥、树脂的铸铁管 $C_h = 130$；普通钢管、铸铁管 $C_h = 100$。

【释读】

3.7.14 规定了建筑给水管道水头损失计算公式及对应参数。

【条文】

3.7.15 生活给水管道的配水管的局部水头损失，宜按管道的连接方式，采用管（配）件当量长度法计算。当管道的管（配）件当量长度资料不足时，可根据下列管件的连接状况，按管网的沿程水头损失的百分数取值：1. 管（配）件内径与管道内径一致，采用三通分水时，取 25%~30%；采用分水器分水时，取 15%~20%；2. 管（配）件内径略大于管道内径，采用三通分水时，取 50%~60%；采用分水器分水时，取 30%~35%；3. 管（配）件内径略小于管道内径，管（配）件的插口插入管口内连接，采用三通分水时，取 70%~80%；采用分水器分水时，取 35%~40%；4. 阀门和螺纹管件的摩阻损失可按本标准附录 D 确定。

【释读】

3.7.15 规定了给水管道配水管局部水头损失计算方法，注意只适用于入户阀门后通向各用水点的配水管，以配件内径和是否采用分水器为标准，不能用于整个给水系统水头损失的计算。

目前设计阶段，整个给水系统局部损失估算大多还是按比例确定，注册给排水工程师考试教材中给出的相应局部损失比例如下，可参考。

表：不同材质管道的局部水头损失估算值

管道材质		局部水头损失占沿程水头损失的百分数（%）
铜管		25~30
薄壁不锈钢管		
热镀锌钢管		
铸铁管		
钢塑复合压力管		
硬聚乙烯管（PVC-U）		
聚丙烯管（PP-R、PP-B）		
氯化聚氯乙烯管（PVC-C）		
铝塑复合管（PAP）	三通分水	50~60
	分水器配水	30
建筑给水钢塑复合管	螺纹连接内衬塑可锻铸铁管件	30~40
	法兰或沟槽式连接内涂（衬）塑钢管件	10~20
聚乙烯管（PE、PEX、PE-RT）	热熔连接、电熔连接、承插式柔性连接和法兰连接	三通分水时宜取：25~30
		分水器分水时宜取：15~30
	管材端口内插不锈钢衬套的卡套式连接	三通分水时宜取：35~40
		分水器分水时宜取：30~35
	卡压式连接和管材端口插入管件本体的卡套式连接	三通分水时宜取：60~70
		分水器分水时宜取：35~40

（3）压力设备确定

【条文】

3.9.1 生活给水系统加压水泵的选择应符合下列规定：1. 水泵效率应符合现行国家标准《清水离心泵能效限定值及节能评价值》GB 19762 的规定；2. 水泵的 Q~H 特性曲线应是随流量增大，扬程逐渐下降的曲线；3. 应根据管网水力计算进行选泵，水泵应在其高效区内运行；4. 生活加压给水系统的水泵机组应设备用泵，备用泵的供水能力不应小于最大一台运行水泵的供水能力；水泵宜自动切换交替运行；5. 水泵噪声和振动应符合国家现行的有关标准的规定。

【释读】

本条中 1、2、3、5 款确保水泵运行高效和低噪声。第 4 款保证供水稳定，不因建筑供水泵原因完全断水——生活给水系统应设备用泵。

【条文】

3.9.2 建筑物内采用高位水箱调节的生活给水系统时，水泵的供水能力不应小于最大时用水量。

【释读】

本条规定系统采用恒压泵+高位水箱供水时，水泵流量的要求。泵的设计压力按向高位水箱输水，水箱水位处于最高水位时提升泵所需压力计算，如果水泵同时要求向用水点供水，还需考虑水泵向供水点的工作压力要求。

【条文】

3.9.3 生活给水系统采用变频调速泵组供水时，除符合本标准第 3.9.1 条外，尚应符合下列规定：1. 工作水泵组供水能力应满足系统设计秒流量；2. 工作水泵的数量应根据系统设计流量和水泵高效区段流量的变化曲线经计算确定；3. 变频调速泵在额定转速时的工作点，应位于水泵高效区的末端；4. 变频调速泵组宜配置气压罐；5. 生活给水系统供水压力要求稳定的场合，且工作水泵大于或等于 2 台时，配置变频器的水泵数量不宜少于 2 台；6. 变频调速泵组电源应可靠，满足连续、安全运行的要求。

【释读】

3.9.3 规定了采用变频泵供水时，水泵流量的确定方法（1、2、3 款）及保障供水可靠性的必备要求（4、5、6 款）。

【条文】

3.9.4 生活给水系统采用气压给水设备供水时，应符合下列规定：1. 气压水罐内的最低工作压力，应满足管网最不利处的配水点所需水压。2. 气压水罐内的最高工作压力，不得使管网最大水压处配水点的水压大于 0.55MPa。3. 水泵（或泵组）的流量（以气压水罐内的平均压力计，其对应的水泵扬程的流量），不应小于给水系统最大小时用水量的 1.2 倍。4. 气压水罐的调节容积应按下式计算：

$$V_{q2} = \frac{\alpha_a \cdot q_b}{4 n_q}$$

式中：V_{q2}——气压水罐的调节容积（m³）；

q_b——水泵（或泵组）的出流量（m³/h）；

α_a——安全系数，宜取 1.0~1.3；

n_q——水泵在 1h 内的启动次数，宜采用 6 次~8 次。

5. 气压水罐的总容积应按下式计算：

$$V_q = \frac{\beta \cdot V_{q1}}{1 - \alpha_b}$$

式中：V_q——气压水罐总容积（m³）；

V_{q1}——气压水罐的水容积（m³），应大于或等于调节容量；

α_b——气压水罐内的工作压力比（以绝对压力计），宜采用 0.65~0.85；

β——气压水罐的容积系数，隔膜式气压水罐取 1.05。

【释读】

3.9.4 规定了采用气压给水设备保证供水压力时，设备有关设计参数的确定方法。其中第 1 款要求按最不利配水点水压设计气压罐最低压力；第 2 款规定设备最高压力不超过给水系统的分区压力；第 3 款给出了配套水泵的流量要求；第 4 款规定了设备调节容积的要求。配套水泵的压力一般按最高压力和最低压力的平均值确定。

6 水泵房及水泵布置安装要求

【条文】

7.0.2 泵房应符合下列规定：1 不应设置在居住用房的上层、下层或与其毗邻；2 应独立设置，出入口应从公共通道直接进入；3 应安装防火防盗门，其尺寸应满足设备安装及维修的需要，窗户及通风孔应设防护格栅；

【释读】

本条节自《二次供水工程技术规程》CJJ140-2010。《建筑给水排水设计标准》GB 50015-2019 中没有明确规定生活水泵房和消防水泵房能否共设。《消防给水及消火栓系统技术规范》GB 50974-2014 中 5.5.12 有相关描述，但也未明确是否需独立设置消防水泵房。在《二次供水工程技术规程》CJJ140-2010 中 7.0.2 条第 2 款要求"应独立设置"。

【条文】

3.9.12 水泵机组的布置应符合表 3.9.12 规定。

表 3.9.12 水泵机组外轮廓面与墙和相邻机组间的间距

电动机额定功率 （kW）	水泵机组外廓面与墙面之间的 最小间距（m）	相邻水泵机组外廓面之间的 最小间距（m）
≤22	0.8	0.4
>22，<55	1.0	0.8
≥55	1.2	1.2

注：1 水泵侧面有管道时，外轮廓面计至管道外壁面。
　　2 水泵机组是指水泵与电动机的联合体，或已安装在金属座架上的多台水泵组合体。

【释读】

水泵机组平面布置首要考虑因素是运行安全性，故应综合机组功率、电压、散热条件确定布置间距，其次平面布置时还要考虑运行要求、安装要求及检修要求，这些体现在 3.9.12 表内。

【条文】

3.9.14 泵房内宜有检修水泵场地，检修场地尺寸宜按水泵或电机外形尺寸四周有不小于 0.7m 的通道确定。泵房内单排布置的电控柜前面通道宽度不应小于 1.5m。泵房内宜设置手动起重设备。

【释读】

平面布置时的检修要求。0.7 米为一个成年人单行的宽度要求。

【条文】

3.9.10 建筑物内的给水泵房，应采用下列减振防噪措施：1. 应选用低噪声水泵机组；2. 吸水管和出水管上应设置减振装置；3. 水泵机组的基础应设置减振装置；4. 管道支架、吊架和管道穿墙、楼板处，应采取防止固体传声措施；5. 必要时，泵房的墙壁和天花应采取隔音吸音处理。

【释读】

3.9.10 规定了水泵房采用的减噪措施，其中第 1.2.3.4 款必须设置，第 5 款可选。

【条文】

3.9.11 水泵房应设排水设施，通风应良好，不得结冻。

【释读】

水泵房位置应注意排水、通风，以保证防水、排烟。排水通过排水沟汇集集水井排水泵排出。

【条文】

3.9.5 水泵宜自灌吸水，并应符合下列规定：1. 每台水泵宜设置单独从水池吸水的吸水管；2. 吸水管内的流速宜采用1.0m/s~1.2m/s；3. 吸水管口宜设置喇叭口；喇叭口宜向下，低于水池最低水位不宜小于0.3m；当达不到上述要求时，应采取防止空气被吸入的措施；4. 吸水管喇叭口至池底的净距，不应小于0.8倍吸水管管径，且不应小于0.1m；吸水管喇叭口边缘与池壁的净距不宜小于1.5倍吸水管管径；5. 吸水管与吸水管之间的净距，不宜小于3.5倍吸水管管径（管径以相邻两者的平均值计）；6. 当水池水位不能满足水泵自灌启动水位时，应设置防止水泵空载启动的保护措施。

【释读】

3.9.5 规定了生活给水泵吸水管设计的一般要求，总结如下：宜单独吸水，控制吸水流速，防止空气吸入，防止水池底部杂物吸入，多泵并排吸水时减少互相影响。注意生活给水泵宜单独吸水，这与和消防泵略有不同，消防泵可以设共吸水总管。

本条要求生活水泵自灌吸水，即启泵时，吸水管和泵体内有水充满，泵启动后运行过程中如水位低于最低水位，为防止空气吸入，应能自动停止，因此设置的启动水位应高于卧式离心泵的泵顶放气孔、立式多级离心泵吸水端第一级的高度。最低水位一般也设置在卧式离心泵的泵顶放气孔、立式多级离心泵吸水端第一级的高度以上。

水泵当全程处于淹没状态，水池最低水位要比水泵排气孔要高，此时，泵房地面标高一般要小于池底标高才能满足要求，具体高差依据水泵的基础高度和排气孔的高度确定。

【条文】

3.9.13 水泵基础高出地面的高度应便于水泵安装，不应小于0.10m；泵房内管道管外底距地面或管沟底面的距离，当管径不大于150mm时，不应小于0.20m；当管径大于或等于200mm时，不应小于0.20m。

【释读】

水泵基础顶面与地面高度差的最小值依据为吸水管的管径和安装时所需空间。

【条文】

3.9.6 当每台水泵单独从水池（箱）吸水有困难时，可采用单独从吸水总管上自灌吸水，吸水总管应符合下列规定：1. 吸水总管伸入水池（箱）的引水管不宜少于2条，当1条引水管发生故障时，其余引水管应能通过全部设计流量；每条引水管上都应设阀门；2. 引水管宜设向下的喇叭口，喇叭口的设置应符合本标准第3.9.5条中吸水管喇叭口的相应规定；3. 吸水总管内的流速不应大于1.2m/s；4. 水泵吸水管与吸水总管的连接应采用管顶平接，或高出管顶连接。

【释读】

本条在不宜设置单独吸水管时开放了多泵采用共用吸水总管的条件：包括第1款自灌吸水，第1款中故障情况用来复核泵的扬程，而不是用来计算设计管径，如果有两条吸水管，计算设计管径时，每根吸水管取一半流量再按流速要求计算，复核时按全部流量计算，复核内容为是否超所选泵的吸上真空高度以及是否因吸水阻力变化水泵扬程增加过大、流量减小过多。除第3款流速要求外，吸水总管流速还应不低于0.8 m/s。

【条文】

3.9.7 自吸式水泵每台应设置独立从水池吸水的吸水管。水泵以水池最低水位计算的允许安装高度，应根据当地大气压力、最高水温时的饱和蒸汽压、水泵汽蚀余量、水池最低水位和吸水管路水头损失，经计算确定，并应有安全余量。安全余量不应小于0.3m。

【释读】

与自灌式不同（详见3.9.6），自吸式泵不能共用吸水总管，必须独立吸水，安装高度应核算，并有0.3米余量。

【条文】

3.9.8 每台水泵的出水管上应装设压力表、检修阀门、止回阀或水泵多功能控制阀，必要时可在数台水泵出水汇合总管上设置水锤消除装置。自灌式吸水的水泵吸水管上应装设阀门。水泵多功能控制阀的设置应符合本标准第3.5.5条第5款的要求。

【释读】

出水管上设置阀门、附件的要求。水泵多功能控制阀同时具备闸阀、止回阀和水锤防止功能。

第 2 章　建筑及小区排水设计

排水系统设计要求通过布置的排水横管、排水立管、排水横干管和排水出户管迅速、顺畅地将建筑内卫生设备排出的污水、废水排入市政污水管道系统。为此，排水横管和横干管应按最短且最少转折的方式布置。

除此之外，管道布置还应确保管道的排水能力不小于对应管道的排水量，确保排水立管输送设计流量时，不出现水塞流，引发立管底部或转折楼层所连横管上的排水器具出现正压喷溅问题。为此，选择合适的排水立管管径、正确的通气系统减少排水系统内气压大幅变化成为设计中的重要内容。

排水系统设计时还应注意：地下室排水通常不是重力流系统，水质清洁时可采用污水泵排入雨水系统。

建筑内排水系统设计应就污水回用或处理要求，选择分流或合流制排水，没有回用废水要求的建筑通常采用污废合流。由于存在清淘不及时和降低市政污水厂进水 C/N 比低的问题，在市政污水处理设施齐备的城市区域，一般按市政管理要求可不设化粪池，在污水处理设施缺乏的乡镇及排水管道收集不足的城市边缘区域，应考虑设置。

（一）建筑排水系统设计步骤：

（1）确定建筑周边市政排水接入井的位置和井底标高；

（2）确定排水出户管的最小埋深，保证出户管管底标高接入市政检查井时大于接入井井底标高；

（3）确定各楼层卫生间的立管位置；

（4）布置各楼层卫生间横支管，将各排水器具与立管连接；

（5）在立管底部所在楼层布置横干管，按最快排出、最少转折的原则连接相关立管到出户管；

（6）检查排水立管最底部楼层排水接入横管距立管底部的高度，如可能产生正压喷溅，应将该楼层排水横管单独排放或接入立管底部排水横干管下游1.5米以后；

（7）计算排水立管底部排水量，根据所需排水量确定排水系统通气系统形式；

（8）从市政排水接入井井底标高起，向上游回溯，计算确定建筑周边其他连接出户管的检查井井底标高、检查井连接管管径、坡度和覆土厚度。

（9）计算各楼层连接卫生器具的横支管排水量及管径，完成管道系统设计。

（10）据清通维修要求，布置检查口和清扫口。

（二）建筑内排水管道布置原则

排水管道属于重力流管道，水力坡度应满足污水重力排放的要求，为了减少横管堵塞的概率，管道在接纳污水后应尽快排出建筑，减少在建筑内的水平流行长度（为此可以通过增设排水立管，减少排水横管转折的方法。但当地下室天花板下有空间布管，且不过多穿墙、凿梁时，可考虑增加排水横干管长度，以减少出户管数量，达到减少地下室外墙防水套管设置过多的缺点）。另外将管道（立管和横管）布置在废水量最多的位置，能减少支管的转输流量，降低支管平均管径大小，节省成本，也可以减少管道因长度过长堵塞的概率。

（三）卫生间排水管道布置

卫生间应统筹布置给水、排水两类管道位置。两类立管都应靠近水量最大的用水器具设置，但排水立管作为重力管，具有选择位置的优先权，在明确管道明装和暗装要求后，应先予确定。如果给水立管和排水立管在底层转折后需要埋地，且同向水平布置，布置两根立管时，还要注意控制它们之间距离，避免转折后两根埋地管道水平距离小于0.5米。排水立管连接卫生器具的横支管不宜过长，如果支管长度大于楼层高度，且卫生器具较多，可以在同一卫生间内增设立管。

卫生间的排水立管应在靠近大便器（水量最大，污染最重的卫生器具）的墙角优先布置，然后用排水横管连接所有大便器具排水管后直线导入排水立管（大便器具排水管尽量应以垂直方式接入排水横管），完成大便器排水横管布置后，再按管道长度最小的原则布置其他卫生器具和排水横管（注意尽量直连，不转折，个别水质清洁的排水当受平面限制时可以转折）。

卫生间内，排水横管上大便器数量超过规范对应条文要求时，应设清扫口；当排水横管上卫生器具总量超过规范要求时，应设清扫口；当排水横管出现平面转折，且水流转角小于135度时，应设清扫口。其他非卫生间位置需设清扫口的位置包括：底层的长排水横干管，当长度大于规范的对应值时，应每隔一定距离设清扫口；连接了排水横管的楼层，该楼层立管的地面上方应设清扫口。

排水横管施工时应按坡度控制，卫生间起端管道底部相对标高如果设置为 - 0.35米，以一定坡度连接到立管时相对标高更低。因此设计布置跨梁排水横管时，应注意梁对管道走向的限制，特别是在地下室天花板布置时，可考虑沿主梁、跨次梁布置横干管，若贴次梁低布置，横干管高度不足，跨越主梁的难度就会增加（主梁高度大于次梁）。另外布置横管还要考虑建筑平面走道位置的空间，横管尽可能安排在走道的平面位置上方，避免穿越走道两侧的内墙。按照同一原则，卫生间布管时，应同样避免横管跨梁，所以在相邻面积较大的男女公共卫生间部位，由于下方楼板或有墙分隔，或有梁分开，为避免横管穿墙、跨梁，两个相邻卫生间可分别单设立管。另外，男女卫生间分设立管，也可减少男女卫生间共用横管时相互影响。

地漏布置在容易产生一定量溢水的卫生器具附近，在不时需要冲洗地面的场所也应布置地漏，因此，公共卫生间的小便器和盥洗池、拖把池附近可设地漏，坐式大便器和洗脸盆处溢水可能性小，可不设地漏。注意地漏设置地点应隐蔽，不应随意设置。

本章条文主要节自《建筑给水排水设计标准》GB 50015-2019，不是来自此规范的条文增加了下划线，同时在释读中标明了出处。

第1节 小区排水系统

【条文】

4.1.5 小区生活排水和雨水排水系统应采用分流制。

【释读】

明确小区排水体制——分流（生活排水和雨水）。

【条文】

4.2.1 生活排水应与雨水分流排出。

【释读】

明确建筑内生活排水和雨水分开排出。例外情况：生活阳台飘落的少量雨水可纳入生活废水地漏，对生活废水排水影响有限，但注意地漏补水问题。

【条文】

4.2.2 下列情况宜采用生活污水和生活废水分流的排水系统：

1. 当政府有关部门要求废水污水分流，且生活污水需经化粪池处理后，才能排入城镇排水管道时。2. 生活废水需回收利用时。

【释读】

说明建筑污水和废水分流的条件。

【条文】

4.2.3 消防排水、生活水池或者水箱排水，游泳池放空排水，空调冷凝排水，室内水井排水、无洗车的车库和无机修的机房地面排水等宜与生活废水分流，单独设置废水管道，排入室外雨水管道。

【释读】

本条所列的七类非生活排水，其含有机物甚微，属于清洁废水，可以排入雨水管道，注意需单独收集，排入的不是污水管道。车库如果有洗车，机房如果有机修时，排水应视为污水，按要求处理后排入污水管道。传染病爆发时期，游泳池放空排水，应经防疫消毒处理后，排放到污水管道。

排入雨水管道的上述收集系统，应采用间接排放系统。如《建筑给水排水与节水通用规范》4.4.4 所要求。

4.4.4 下列构筑物和设备的排水管与生活排水管道系统应采取间接排水的方式：

1 生活饮用水贮水箱（池）的泄水管和溢流管；

2 开水器、热水器排水；

3 非传染病医疗灭菌消毒设备的排水；

4 传染病医疗消毒设备的排水应单独收集、处理；

5 蒸发式冷却器、空调设备冷凝水的排水；

6 贮存食品或饮料的冷藏库房的地面排水和冷风机溶霜水盘的排水。

【条文】

4.2.4 下列建筑排水应单独排水至水处理或回收构筑物：

1. 职工食堂营业餐厅的厨房含有油脂的废水。2. 洗车冲洗水。3. 含有致病菌，放射性元素等超过排放标准的医疗科研机构的污水。4. 水温超过40℃的锅炉排污水。5. 用作中水水源的生活排水。6. 实验室有毒有害废水。

【释读】

六类水必须单独收集并需要处理。特别注意包括易忽略的洗车冲洗水。

【条文】

4.10.8 小区室外生活排水管道系统宜采用埋地排水塑料管和塑料污水排水检查井。

【释读】

采用车人分流的小区，区内道路路面承压不大，可考虑相对环保的塑料产品。

【条文】

4.10.1 小区生活排水管道平面布置应符合下列规定：

1 宜与道路和建筑物的周边平行布置，且在人行道或草地下。

2 管道中心线距建筑物外墙的距离不宜小于 3m，管道不应布置在乔木下面。

3 管道与道路交叉时，宜垂直于道路中心线。

4 干管应靠近主要排水建筑，并布置在连接支管较多的路边侧。

【释读】

注意：小区给水管管外壁距离建筑距离≥1米，排水管是管中心线≥3米。

【条文】

4.10.2 小区生活排水管道最小埋地敷设深度应根据道路的行车等级、管材的受压强度、地基承载力等因素经计算确定并应符合下列规定：

1. 小区干道和小区组团道路下的生活排水管道其覆土厚度不宜小于 0.7 米；

2. 生活排水管道埋设深度不得高于土壤冰冻线以上 0.15 米且覆土深度不宜小于 0.3 米，当采用埋地塑料管道时，排出管埋设深度可不高于，土壤冰冻线以上 0.5 米。

【释读】

小区干道和小区组团道路按车行道考虑。据《室外排水设计规范》4.3.7，人行道下覆土厚度 0.6 米，车行道下 0.7 米。

排水管与其他市政管比较，其他市政管一般要埋在冻土层以下，以免受冻土影响，排水管因水温高，如果能迅速排入市政管，可以置于冻土层内一定位置。埋地塑料排水管的基础是砂垫层属柔性基础具有抗冻性能，塑料排水管具有保温性能建筑，排出管排水温度接近室温，在坡降 0.5 米的管段冻土层内，排水不会结冻。

注意接户管和排出管的最小埋深冻土区要求有不同。

【条文】

4.10.3 室外生活排水管道，下列位置应设置检查井：1. 在管道转弯和连接处；2. 在管道的管径、坡度改变、跌水处；3. 当检查井井间距超过表 4.10.3 时，在井距中间处。

【释读】

表 4.10.3 略，概括如下：室外排水管径小于 160mm 范围内，检查井井距为 30 米以

内；管径≥200mm，间距在40米以内；塑料管管径大于315mm，其他管材管径大于300mm，井距小于等于50米。对比室内排水系统，管道井最大距离只有10米（污水）或12米（废水）。

【条文】

4.10.4 检查井生活排水管的连接应符合下列规定：

1. 连接处的水流转角不得小于90度，当排水管管径小于或等于300毫米且跌落差大于0.3米时，可不受角度限制。2. 室外排水管除有水流跌落差以外，管顶宜平接。3. 排出管管顶标高不得低于室外接户管顶标高。4. 小区排出管与市政管渠衔接处排出管的设计水位，不应低于市政管渠的设计水位。

【释读】

出户管（建筑排出管）连接接户管，接户管接小区支管，汇入干管，最后到小区排出管。小区排出管连接市政管，两个排出管接管要求略微有差别：建筑排出管（出户管）不考虑衔接水位，只需管顶标高高出接户管管顶（第3款），小区排出管考虑水位衔接（第4款），可采用水面平接。注意理解几个名词：出户管（从建筑内部出来到室外检查井的排水管）、接户管（连接若干出户管至化粪池或排水支管上检查井的排水管）。此外据小区面积大小，还可区分排水支管和排水总管。

【条文】

4.10.7 小区室外埋地生活排水管道最小管径、最小设计坡度和最大设计充满度，宜按表4.10.7确定。生活污水单独排至化粪池的室外生活污水接户管，当管径为160毫米时最小设计坡度宜为0.01~0.012，当管径为200毫米是最小设计坡度宜为0.01。

【释读】

表4.10.7略，概括如下，接户管最小管径160mm，最小设计坡度5‰；支管最小管径160mm，最小设计坡度5‰。干管最小管径200mm，最小设计坡度4‰；315mm及以上的最小设计坡度3‰。最大设计充满度均为0.5。接户管管径不得小于排出管管径。

【条文】

4.10.11 小于或等于150毫米的排水管道，当铺设于室外地下室顶板上覆土层时，可用清扫口替代检查井，宜设在井室内。

【释读】

埋地清扫口设计时可给出位置，具体做法按图集要求，类似的，工程中许多细节处设计施工图不明确绘制，由设计总说明规定，现场依照专业图集要求完成施工。

【条文】

4.10.5 小区室外生活排水管道系统的设计流量应按最大小时排水流量计算,并应按下列规定确定:

1 生活排水最大小时排水流量应按住宅生活给水最大小时流量与公共建筑生活给水最大小时流量之和的85%~95%确定。

2 住宅和公共建筑的生活排水定额和小时变化系数应与其相应生活给水用水定额的小时变化系数相同。按本标准的3.2.1条和第3.2.2条确定。

【释读】

本条明确在计算小区室外生活排水管道系统时,按最大小时流量设计,和给水水量计算不同——给水设计流量采用设计秒流量。第1款要求排水收集率取值需按收集系统的完备度,参考当地情况确定。

第2节 建筑排水系统

1 排水管道布置要求

【条文】

4.1.2 室内生活排水管道应以良好水力条件连接,并以管线最短,转弯最少为原则,应按重力流直接排至室外检查井,当不能自流排水或会发生倒灌时,应采用机械提升排水。

【释读】

本条规定了排水管道布置的三个原则:①重力流;②管线最短;③转弯最少。

【条文】

4.4.1 室内排水管道布置应符合下列规定:

1. 自卫生器具排至室外检查井的距离应最短,管道转弯应最少。2. 排水立管宜靠近排水量最大或水质最差的排水点。3. 排水管道不得敷设在食品和贵重商品仓库、通风小室、电气机房和电梯机房内。4. 排水管道不得穿过变形缝烟道和风道,当排水管道,必须穿过变形缝时,应采取相应技术措施。5. 排水埋地管道不得布置在可能受重物压坏处或穿越生产设备基础。6. 排水管通气管不得穿越住户客厅、餐厅,排水立管不易靠近与卧室相邻的内墙。7. 排水管道不宜穿越橱窗不得穿越储藏室。8. 排水管道不应布置在易受机械撞击处，当不能避免时，应采取保护措施。9. 塑料排水管不应布置在热源附近，当不能避免并导致管道表面受热温度大于60℃时，应采取隔热措施，塑料排水管与家用灶具边缘不得小于0.4米。10. 当排水管道外表面可能结露时，应根据建筑物性质和使用要求采取防结露措施。

【释读】

4.1.2 "最短、转弯少"是布置室内排水管的首要原则，其次是本条第2款，将排水量大，水质差的污水，以最短路程排至室外，具体如粪便污水，因此排水立管应靠近大便器布置，再顺着出户排水方向，按最短、转弯少的原则布置横干管。出户管方向要考虑建筑布局，除了避免本条谈到的位置，还应尽量少穿墙、梁，有人防结构的建筑，非人防用管道不应布置在人防空间内。本条其他几款还对管道不能设置的位置做了具体规定。

【条文】

4.4.11 靠近生活排水立管底部的排水支管连接应符合下列规定：

1 排水立管最低排水横支管与立管连接处，距排水立管底垂直距离，不得小于表4.4.11的规定。

2 当排水支管连接在排出管或排水横干管上时，连接点距立管底部下游水平距离不得小于1.5米。

3 排水支管接入横干管竖直转向管段时，连接点距转向处以下不得小于0.6米。

4 下列情况下，底层排水横支管应单独排至室外检查井或采取有效的防反压措施。①靠近排水立管底部的排水支管连接不能满足本条第1款和第2款要求时。②在距排水立管底部1.5米距离之内的排出管、排水横管，有90°水平转弯管段时。

【释读】

随着立管、横管布置完成，本条就立管与横管、横干管及支管的连接布置提出具体要求，特别是第1款中的表4.4.11，规定了不同通气条件下，最底层支管距所接立管底部的距离要求，总结如下：①立管仅设伸顶通气时，支管连接数≤4层的，最低层支管距离立管底部的最小距离为0.45；支管连接数为5~6层的，相应最小距离为0.75；支管连接数为7~12层时，相应最小距离为1.2米。13层以上仅设伸顶通气时，底层宜单独排水。②设专用通气立管时，底层是否单独排出，由最底层横支管与立管底部的最小距离要求确定：12层以内的按配件最小安装尺寸；13~19层的最小距离为0.75米；大于等于20层的最小垂直距离为1.2米。

本条同时还规定了底层排水横支管必须单独排放的三个条件：不满足本条第1款、第

2 款同时加上第 4 款第②个条件。设计时应特别注意底层是否满足单排条件。

第 2、3 款还给出了支管接入横干管时，距离横干管端部、立管底部的要求。

【条文】

4.7.1 生活排水管道系统应根据排水系统的类型、管道布置长度、卫生器具设置数量等因素设置通气管。当底层生活排水管道单独排出，且符合下列条件时，可不设通气管。

1. 住宅排水管以户排出时。2. 公共建筑无通气的底层生活排水支管单独排出的最大卫生器具数量符合表 4.7.1 规定时。3. 排水横管长度不应大于 12 米。

表 4.7.1 公共建筑无通气的底层生活排水支管单独排出的最大卫生器具数量

排水横支管管径（mm）	卫生器具	数量
50	排水管径≤50mm	1
75	排水管径≤75mm	3
75	排水管径≤50mm	3
100	大便器	5

注：1 排水横支管连接地漏时，地漏可不计数量。
　　2 DN100 管道除连接大便器外，还可连接该卫生间配置的小便器及洗涤设备。

【释读】

本条规定，满足 1、3 款和满足 2、3 款两个组合条件中一个时，底层单独排水系统可不设通气管，注意，两个及两个以上卫生间的排水支管合并后排出，不能称为单独排出。

表 4.7.1 概括如下：排水横支管管径 50，卫生器具排水直径小于等于 50 毫米的数量为一个；排水横支管直径 75 毫米的，可允许排水管径为 75 毫米的卫生器具一个，排水管径小于等于 50 毫米的卫生器具三个；排水横支管管径 100 毫米的。允许大便器数量为 5 个；排水横支管连接地漏时，地漏可不计数量。DN100 管道除连接大便器外，还可以连接该卫生间配置的小便器及洗涤设备，这些设施也可不计数量。

【条文】

4.4.4 生活排水管道铺设应符合下列规定：1. 管道宜在地下或楼板填层中埋设或在地面上楼板下明设。2. 当建筑有要求时，可在管槽、管道井、管隆、管沟或吊顶架空层内暗设，但应便于安装和检修。3. 在气温较高，全年不结冻的地区，管道可沿建筑外墙铺设。4. 管道不应铺设在楼层结构层或结构柱内。

【释读】

管道铺设要求：宜明设，可暗设，不设结构层内，冬天结冰的地区不设外墙外侧。

【条文】

4.4.8 室内排水管道的连接应符合下列规定：

1 卫生器具排水管与排水横支管垂直连接宜采用90度斜三通。

2 横支管与立管连接宜采用顺水三通或顺水四通和45度斜三通或45度斜四通，在特殊单立管系统中，横支管与立管连接可采用特殊配件。

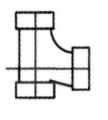

3 排水立管与排水管端部的连接宜采用两个45度弯头，弯曲半径不小于4倍管径的90度弯头或90度变径弯头。

4 排水立管应避免在轴线偏置；当受条件限制时，宜用乙字管或两个45°弯头连接；

5 当排水支管、排水立管接入横干管时，应在横干管管顶或其两侧45度范围内，采用45度斜三通接入。

6 横支管、横干管的管道变径处应管顶平接。

【释读】

本条为施工时应注意的问题，施工图纸无法表达，应在设计说明中体现。

45°斜三通又称Y三通，90°斜三通又称TY三通。斜三通水流较顺水三通阻力更小，但需要更大的安装空间，顺水三通阻力大些，但所需安装空间更小。按本条，顺水三通或四通可用斜三通、四通替代，反之不成立。顺水三通及四通只用于横支管与立管的连接处。

本条1、2、5款说到三个上游管接下游管的方式：器具排水到横支管垂直连接采用90°斜三通：该三通只有此处适用；立管若位置在横干管起点，那么应采用两个45°弯头或90°大弯头连接到排水横干管。排水支管接入横干管也应采用斜三通，且应从两侧接入，以保持顺水流方向。

【条文】

4.4.3 住宅厨房间的废水不得与卫生间的污水合用一根立管。

【释读】

本条规定目的除了防止卫生间的生活污水窜入厨房废水管道或从厨房间洗涤盆中溢出，还可以防止废气互窜，但也仅规定立管不共用。有中水回用要求的住宅建筑，卫生间的废水和厨房间的废水都属于杂排水，可在横管处合流，导入中水原水池。

【条文】

4.5.8 大便器排水管最小管径不得小于100mm。

【释读】

规定大便器排水管最小管径，减少堵塞概率。

【条文】

4.5.12 下列场所设置排水横管时，管径的确定应符合下列规定：

1. 当公共食堂厨房内的污水采用管道排出时，其管径应比计算管径大一级，但干管管径不得小于100毫米，支管管径不得小于75毫米。2. 医疗机构污物洗涤盆和污水盆的排水管管径不得小于75毫米。3. 小便槽或连接三个及三个以上的小便器，其污水支管管径不宜小于75毫米。4. 公共浴池的泄水管不宜小于100毫米。

【释读】

其他特别场所的最小管径要求。

2 通气管道设置要求

【条文】

4.7.2 生活排水管道的立管顶端应设置伸顶通气管。当伸顶通气管无法伸出屋顶时，可设置下列通气方式：

1. 设置侧墙通气时通气管口的设置应符合本标准4.7.12条的规定。2. 当本条第1款无法实施时，可设置自循环通气管道系统，自循环通气管道系统设置应符合本标准第4.7.9条、第4.7.10条的规定。3. 当公共建筑排水管道无法满足本条第1款第2款规定时可设置吸气阀。

【释读】

本条要求每根排水立管应延伸至屋顶之上与大气相通，故在有条件伸顶时，一定要设置伸顶通气管，是否设通气立管则应考虑排水立管排水能力，具体参考4.5.7条的要求，但即使设置有通气立管，排水立管和该通气立管在顶部连接后，仍需有管道向上伸顶，与大气相通。其他辅助通气管的设置则需结合通气立管类型确定。

本条给出在通气管无法穿越屋面伸顶时的处理方法顺序：首先应考虑采用侧墙通气或汇合通气（个别排水立管顶端通气部分水平转向，连接到其他伸顶通气管），在伸顶通气和侧墙通气方式无法实现时，则采用自循环通气。某些公共建筑限于屋面和侧面的形状、功能等，如体育场、候机楼、大剧院，上述方法都无法实现时，还可考虑采用吸气阀通气。

【条文】

4.5.7 生活排水立管的最大设计排水能力，应符合下列规定：

1 生活排水系统立管当采用建筑排水光壁管管材和管件时，应按表4.5.7确定。

2 生活排水系统立管当采用特殊单立管管材及配件时，应根据现行行业标准《住宅生活排水系统立管排水能力测试标准》CJJ/T 245 所规定的瞬间流量法进行测试，并应以±400 Pa为判定标准确定。

3 当在50m及以下测试塔测试时，除苏维脱排水单立管外其他特殊单立管应用于排水层数在15层及15层以上时，其立管最大设计排水能力的测试值应乘以系数0.9。

表4.5.7 生活排水立管最大设计排水能力

排气立管系统类型			最大设计排水能力（L/s）		
			排水立管管径（mm）		
			75	100（110）	150（160）
伸顶通气		厨房	1.00	4.0	6.40
		卫生间	2.00		
专用通气	专用通气管 75mm	结合通气管每层连接		6.3	
		结合通气管隔层连接		5.20	
	专用通气管 100mm	结合通气管每层连接		10.00	
		结合通气管隔层连接		8.00	
	主通气立管+环形通气管				
自循环通气	专用通气形式			4.40	
	环形通气形式			5.90	

【关联条文】

09版《建筑给水排水规范》中对应排水立管排水能力：

<u>4.4.11 生活排水立管的最大设计排水能力，应按表4.4.11确定。立管管径不得小于所连接的横支管管径。</u>

表 4.4.11 生活排水立管最大设计排水能力（09版）

排气立管系统类型			最大设计排水能力（L/s）				
			排水立管管径（mm）				
			50	75	100(110)	125	150(160)
伸顶通气	立管与横支管连接配件	90°顺水三通	0.8	1.3	3.2	4.0	5.7
		45°斜三通	1.0	1.7	4.0	5.2	7.4
专用通气	专用通气管 75mm	结合通气管每层连接	-	-	5.5	-	-
		结合通气管隔层连接	-	3.0	4.4	-	-
	专用通气管 100mm	结合通气管每层连接	-	-	8.8	-	-
		结合通气管隔层连接	-	-	4.8	-	-
	主、副通气立管+环形通气		-	-	-	-	-
自循环通气	专用通气形式		-	-	4.4	-	-
	环形通气形式		-	-	5.9	-	-
特殊单立管	混合器		-	-	4.5	-	-
	内螺旋管+旋流管	普通型	-	1.7	3.5	-	8.0
		加强型	-	-	6.3	-	-

【释读】

本条既是确定排水立管管径的条文，也是确定通气管设置与否和设置形式的主要条文。按本条，如果排水立管设置伸顶通气后仍然无法满足排水能力要求时，可考虑专用通气管形式，如本条第 1 款。（专用通气立管仅与排水立管连接，该通气系统中无环形通气管，通气立管通过结合通气管与排水立管连接；主通气管和副通气管的通气系统设有环形通气管，主副通气立管通过环形通气管与排水立管连接。）

按"《建筑给水排水设计标准》实施指南"要求，4.5.7 的表没有说到的"副通气管+排水立管"的最大排水能力，参考伸顶通气立管的排水能力。

赵世明老师认为，本条 4.5.7 表中所列排水管排水能力通过排水立管实验获得，对应的排水能力为薄膜水流状态时的排水量，和条文 4.5.2 及 4.5.3 由明渠理论计算排水横管、支管管径时的流量存在差别，如果由4.5.2或4.5.3计算得到的流量去匹配本条第1款的表，排水管道管径可能偏大。上述看法供参考。

【条文】

4.7.5 建筑物内的排水管道上设有环形通气管时，设置连接各环形通气管的主通气立管或副通气立管。

【释读】

主、副通气管系统较常见，环形通气管系统不常见，但如果据本条，有环形通气管的系统必须设主或副通气管。但主、副通气系统中不一定有环形通气管。主通气管系统中设置环形通气管可提高立管排水能力，具体见条文4.7.3。

【关联条文】

2.1.56 主通气立管 main vent stack 设置在排水立管同侧，连接环形通气管和排水立管，为排水横支管和排水立管内空气流通而设置的垂直管道。

2.1.57 副通气立管 secondary vent stack, assistant vent stack 设置在排水立管不同侧，仅与环形通气管连接，为使排水横支管内空气流通而设置的通气立管。

2.1.58 环形通气管 loop vent 从多个卫生器具的排水横支管上最始端的两个卫生器具之间接出至主通气立管或副通气立管的通气管段，或连接器具通气管至主通气立管或副通气立管的通气管段。

【条文】

4.7.3 除本标准第4.7.1条规定外，下列排水管道应设环形通气管。

1. 连接4个及4个以上卫生器具，且横支管的长度大于12米的排水横支管。2. 连接6个及6个以上大便器的污水横支管。3. 设有器具通气管。4. 特殊单立管偏置时。

【释读】

一般建筑排水管道系统不设置环形通气管，有特别要求的如第3款，或在本条所列其他3个条件下，为避免排水引起的管道内压力波动过大破坏水封，需设置环形通气管。

【条文】

4.7.17 伸顶通气管管径应与排水立管管径相同。最冷月平均气温低于−13℃的地区，应在室内平顶或吊顶以下0.3m处将管径放大一级。

【释读】

严寒地区通气管出屋面的特殊要求。

【条文】

4.7.13 通气管最小管径不宜小于排水管管径的1/2，并可按表4.7.13确定。

表 4.7.13 通气管最小管径（mm）

通气管名称	排水管管径			
	50	75	100	150
器具通气管	32	—	50	—
环形通气管	32	40	50	—
通气立管	40	50	75	100

注：1 表中通气立管系指专用通气立管、主通气立管、副通气立管。
    2 根据特殊单立管系统确定偏置辅助通气管管径。

【释读】

本条承接4.4.11条。确定设置通气立管后，可据本条确定通气管管径，但注意协调4.7.14和4.7.15所列举的特殊情况。本条未规定的结合通气管管径由4.7.16确定。

【条文】

4.7.14 下列情况通气立管管径应与排水立管管径相同：

1 专用通气立管、主通气立管、副通气立管长度在50m以上时；

2 自循环通气系统的通气立管。

4.7.15 通气立管长度不大于50m且2根及2根以上排水立管同时与1根通气立管相连时，通气立管管径应以最大一根排水立管按本标准表4.7.13确定，且其管径不宜小于其余任何一根排水立管管径。

【释读】

通气管管径一般按4.7.13确定，但也存在不按该表确定的特例，如4.7.14和4.7.15。

【条文】

4.7.16 结合通气管的管径确定应符合下列规定：

1 通气立管伸顶时，其管径不宜小于与其连接的通气立管管径；

2 自循环通气时，其管径宜小于与其连接的通气立管管径。

【释读】

结合通气管管径的确定。

【条文】

4.7.7 通气管和排水管的连接应符合下列规定：

1 器具通气管应设在存水弯出口端；在横支管上设环形通气管时，应在其最始端的两个卫生器具之间接出，并应在排水支管中心线以上与排水支管呈垂直或45°连接；

2 器具通气管、环形通气管应在最高层卫生器具上边缘0.15m或检查口以上，按不小于0.01的上升坡度敷设与通气立管连接；

3 专用通气立管和主通气立管的上端可在最高层卫生器具上边缘0.15m或检查口以上与排水立管通气部分以斜三通连接，下端应在最低排水横支管以下与排水立管以斜三通连接；或者下端应在排水立管底部距排水立管底部下游侧10倍立管直径长度距离范围内与横干管或排出管以斜三通连接；

4 结合通气管宜每层或隔层与专用通气立管、排水立管连接，与主通气立管连接；结合通气管下端宜在排水横支管以下与排水立管以斜三通连接，上端可在卫生器具上边缘0.15m处与通气立管以斜三通连接；

5 当采用H管件替代结合通气管时，其下端宜在排水横支管以上与排水立管连接；

6 当污水立管与废水立管合用一根通气立管时，结合通气管配件可隔层分别与污水立管和废水立管连接；通气立管底部分别以斜三通与污废水立管连接；

7 特殊单立管当偏置管位于中间楼层时，辅助通气管应从偏置横管下层的上部特殊管件接至偏置管上层的上部特殊管件；当偏置管位于底层时，辅助通气管应从横干管接至偏置管上层的上部特殊管件或加大偏置管管径。

【释读】

本条确定了通气管和排水管的连接方式，以及连接的位置要求，属于施工要求。注意专用通气立管和排水立管通过结合通气管连接方式有两种，每层连接或者是隔层连接，不同连接方式排水立管最大排水量不同，具体反映在4.5.7的立管最大排水流量表中。

【条文】

4.7.12 高出屋面的通气管设置应符合下列规定：

1 通气管高出屋面不得小于0.3m，且应大于最大积雪厚度，通气管顶端应装设风帽或网罩；

2 在通气管口周围4m以内有门窗时，通气管口应高出窗顶0.6m或引向无门窗一侧；

3 在经常有人停留的平屋面上，通气管口应高出屋面2m，当屋面通气管有碍于人们活动时，可按本标准第4.7.2条规定执行；

4 通气管口不宜设在建筑物挑出部分的下面；

5 在全年不结冻的地区，可在室外设吸气阀替代伸顶通气管，吸气阀设在屋面隐蔽处；

6 当伸顶通气管为金属管材时，应根据防雷要求设置防雷装置。

【释读】

通气管伸出屋面的一般要求，涉及通气管排出废气和通气管的安全。

【条文】

4.7.18 当2根或2根以上排水立管的通气管汇合连接时，汇合通气管的断面积应为最大一根排水立管的通气管的断面积加其余排水立管的通气管断面积之和的1/4。

【关联条文】

2.1.55 汇合通气管 vent headers：连接数根通气立管或排水立管顶端通气部分，并延伸至室外接通大气的通气管段。

【释读】

采用汇合通气管可减少通气管伸顶的数量，也可以用于侧墙排气不便实施的地方。本条用于汇合通气管管径计算。

【条文】

4.7.4 对卫生、安静要求较高的建筑物内，生活排水管道宜设置器具通气管。

【释读】

器具通气管的设置场合。器具通气管管径确定见4.7.13。

【条文】

4.7.6 通气立管不得接纳器具污水、废水和雨水，不得与风道和烟道连接。

【释读】

低级错误，最可能在施工阶段发生。

【条文】

4.7.8 在建筑物内不得使用吸气阀替代器具通气管和环形通气管。

【释读】

强调吸气阀的使用禁忌：不置于建筑内，另外，吸气阀一般用于公共建筑，当立管无法伸顶，也无法实现侧墙排气、自循环通气时，可作为立管通气的替代，详见4.7.2。

3 排水管道的必要附件

（1）地漏、清扫口和检查口等常用附件

【条文】

4.3.5 地漏应设置在有设备和地面排水的下列场所：

1 卫生间、盥洗室、淋浴间、开水间；

2 在洗衣机、直饮水设备、开水器等设备的附近；

3 食堂、餐饮业厨房间。

【释读】

本条列举了地漏设置的空间，注意理解设置条件：有设备和地面排水。

【条文】

4.3.7 地漏应设置在易溅水的器具或冲洗水嘴附近，且应在地面的最低处。

【释读】

呼应4.3.5中的"地面排水"，注意：住宅卫生间内如果无易溅水设备，可以不设地漏。

【条文】

4.3.6 地漏的选择应符合下列规定：

1 食堂、厨房和公共浴室等排水宜设置网筐式地漏；

2 不经常排水的场所设置地漏时，应采用密闭地漏；

3 事故排水地漏不宜设水封，连接地漏的排水管道应采用间接排水；

4 设备排水应采用直通式地漏；

5 地下车库如有消防排水时，宜设置大流量专用地漏。

【条文】

4.6.3 排水管道上应按下列规定设置清扫口：

1 连接两个及两个以上的大便器或三个及三个以上卫生器具的铸铁排水横管上宜设置清扫口。连接4个及4个以上的大便器的塑料排水横管上宜设置清扫口。

2 水流转角小于135度的排水横管上应设清扫口，清扫口可采用带清扫口的转角配件替代。

3 当排水立管底部或排出管上的清扫口至室外检查井，中心的最大长度大于表4.6.3.1的规定时，应在排出管上设清扫口。（表4.6.3.1的主要内容50mm管径最大长度为10m，75mm管径最大长度12m，100mm管径最大长度15m，100mm管径以上最大长度20米）

4 排水横管的直线管段上清扫口之间的最大距离应符合表4.6.3.2的规定。（表4.6.3.2主要内容50~75mm管径的距离为生活废水10m，生活污水8m；100~150mm管径的生活废水15m，生活污水10m）

【释读】

清扫口是设置在横管上的清扫装置，设计中，满足本条1、2款条件处不易遗漏，但应注意3、4款要求：不同管径的横管，当长度达到一定值时，应设清扫口用于事故疏通，同时注意区分第3和第4款针对的不同横管类型，一个是立管底部或排出管，一个是排水横管。

【条文】

4.6.2 生活排水管道应按下列规定设置检查口：

1 排水立管上连接排水横支管的楼层应设检查口，且在建筑物底层必须设置；

2 当立管水平拐弯或有乙字管时，在该层立管拐弯处和乙字管的上部应设检查口；

3 检查口中心高度距操作地面宜为1.0m，并应高于该层卫生器具上边缘0.15m；当排水立管设有H管时，检查口应设置在H管件的上边；

4 当地下室立管上设置检查口时，检查口应设置在立管底部之上；

5 立管上检查口的检查盖应面向便于检查清扫的方向。

【释读】

检查口是设在立管上的疏通装置，设置位置应在可能堵塞的部位（第1、2、4款），同时应保证使用方便（第3、5款）。

【条文】

4.6.5 生活排水管道，不应在建筑物内设检查井替代检查口。

【释读】

检查井密封性不如检查口。

（2）伸缩节、阻火圈及水封

【条文】

4.4.9 粘接或热熔连接的塑料排水立管应根据其管道的伸缩量，设置伸缩节，伸缩节宜设置在汇合配件处，排水横管应设置专用伸缩节。

【释读】

塑料排水立管上伸缩节设置在水流汇合配件附近（可在配件上方，也可在配件下方），保证管道间不因立管或横支管的收缩而产生错相位移，同时配件处所受剪切应力最小。

采用橡胶密封配件连接的排水管道，无需设伸缩节，粘接或热熔连接的要设。

排水横管伸缩节应采用螺纹压紧式接口的专用伸缩节，排水横管垂直受力，若采用接口橡胶密封圈，则偏心受力，容易漏水。

埋地塑料管道受气温影响，变化影响甚微，可不设伸缩节。

【条文】

4.4.10 金属排水管道穿楼板和防火墙的洞口间隙、套管间隙应采用防火材料封堵。塑料排水管设置阻火装置应符合下列规定：

1 当管道穿越防火墙时应在墙两侧管道上设置；

2 高层建筑中明设管径大于或等于dn110排水立管穿越楼板时，应在楼板下侧管道上设置；

3 当排水管道穿管道井壁时，应在井壁外侧管道上设置。

【释读】

本条规定了管道穿墙、楼板的防火设置，塑料管遇火可能成为火情发展的隐患，特别注意在3个位置设置阻火装置。第2款设置位置在高层建筑，非高层建筑可不设。另外，金属管道无论明装、暗装都应采用防火材料封堵。

【条文】

4.4.20 排水管道在穿越楼层设套管且立管底部架空时，应在立管底部设支墩或其他固定措施。地下室立管与排水横管转弯处也应设置支墩或固定措施。

【释读】

穿楼层套管与管道间属于非固定连接，不能承受过大的负荷，特别是底部悬空的立管，本条要求加设固定措施。地下室立管、转弯的排水横管同样也应设置固定措施。施工图绘制时要明确上述固定措施。

【条文】

4.4.18 排水管穿越地下室外墙或地下构筑物的墙壁处应采取防水措施。

【释读】

注意地下室外墙和地下构筑物处应采用防水套管，设计及施工时，注意埋设在正确的位置和高度。施工图绘制时要明确上述平面和高程。

【条文】

4.4.17 室内生活废水排水沟与室外生活污水管道连接处应设水封装置。

【释读】

除了水封井，排水沟和室外污水管也可通过排水地漏连接，但应防止地漏干涸。对于不经常排水的地面排水沟地漏，可根据气候条件定时向排水沟排水。设计时要明确上述水封保水装置。

4 排水管道设计计算

（1）排水管道设计流量计算

建筑内排水管道设计流量有两个计算方法：一个是平方根法，一个是同时排水概率法，前一个方法以排水器具的排水当量为基础，适用于非集中排水的场合，后一个方法以同时排水概率和一次排水量为计算基础，适用于集中排水的场合，如浴室、影剧院、餐饮厨房等。注意：排水设计秒流量计算采用平方根法时，住宅和公共建筑公式相同，这与给水设计秒流量只在公共建筑中应用平方根法有明显区别。

【条文】

4.5.2 住宅、宿舍（居室内设卫生间）、旅馆、宾馆、酒店式公寓、医院、疗养院、幼儿园、养老院、办公楼、商场、图书馆、书店、客运中心、航站楼、会展中心、中小学教学楼、食堂或营业餐厅等建筑生活排水管道设计秒流量，应按下式计算：

$$q_p = 0.12\alpha \sqrt{N_p} + q_{max}$$

式中：q_p——计算管段排水设计秒流量（L/s）；

N_p——计算管段的卫生器具排水当量总数；

α——根据建筑物用途而定的系数，按表4.5.2确定；

q_{max}——计算管段上最大一个卫生器具的排水流量（L/s）。

表4.5.2 根据建筑物用途而定的系数 α 值

建筑物名称	住宅、宿舍（居室内设卫生间）、宾馆、酒店式公寓、医院、疗养院、幼儿园、养老院的卫生间	旅馆和其他公共建筑的盥洗室和厕所间
α 值	1.5	2.0~2.5

注意：当计算所得流量值大于该管段上按卫生器具排水流量累加值时，应按卫生器具排水流量累加值计。

4.5.3 宿舍（设公用盥洗卫生间）、工业企业生活间、公共浴室、洗衣房、职工食堂或营业餐厅的厨房、实验室、影剧院、体育场（馆）等建筑的生活排水管道设计秒流量，应按下式计算：

$$q_p = \sum q_{po} n_o b_p$$

式中：q_{po}——同类型的一个卫生器具排水流量（L/s）；

n_o——同类型卫生器具数；

b_p——卫生器具的同时排水百分数，按本标准第3.7.8条的规定采用。冲洗水箱大便器的同时排水百分数应按12%计算。

注意：当计算值小于一个大便器排水流量时，应按一个大便器的排水流量计算。

【释读】

除冲洗水箱大便器以外，其余卫生器具的排水同时百分数和给水同时百分数一致。

（1）排水横管及干管管径的确定

【条文】

4.5.4 排水横管的水力计算,应按下列公式计算：

$$q_p = A \cdot v$$

$$v = \frac{1}{n} R^{2/3} I^{1/2}$$

式中：A——管道在设计充满度的过水断面（m²）；

v——速度（m/s）；

R——水力半径（m）；

I——水力坡度,采用排水管的坡度；

n——管渠粗糙系数,塑料管取 0.009、铸铁管取 0.013、钢管取 0.012。

【释读】

排水横管管径按本条水力计算公式要求确定,同时满足 4.5.5 对铸铁管的最小坡度及最大充满度要求,满足 4.5.6 对塑料管的最小坡度和最大充满度要求。

【关联条文】

4.5.5 建筑物内生活排水铸铁管道的最小坡度和最大设计充满度,宜按表 4.5.5 确定。节水型大便器的横支管应按表 4.5.5 中通用坡度确定。

表 4.5.5 建筑物内生活排水铸铁管道的最小坡度和最大设计充满度

管径（mm）	通用坡度	最小坡度	最大设计充满度
50	0.035	0.025	0.5
75	0.025	0.015	0.5
100	0.020	0.012	0.5
125	0.015	0.010	0.5
150	0.010	0.007	0.6
200	0.008	0.005	0.6

4.5.6 建筑排水塑料横管的坡度、设计充满度应符合下列规定：

1 排水横支管的标准坡度应为 0.026,最大设计充满度应为 0.5；

2 排水横干管的最小坡度、通用坡度和最大设计充满度应按表 4.5.6 确定。

表4.5.6 建筑排水塑料管排水横管的最小坡度、通用坡度和最大设计充满度

外径（mm）	通用坡度	最小坡度	最大设计充满度
110	0.012	0.004	0.5
125	0.010	0.0035	0.5
160	0.007		
200	0.005	0.0030	0.6
250	0.005		
315			

注：胶圈密封接口的塑料排水横支管可调整为通用坡度。

【释读】

表4.5.6可概括室内排水横管的设置坡度如下，110mm管径的采用通用坡度为0.012，最小坡度为0.004。125mm管采用通用坡度0.01，最小坡度0.0035。160mm管通用坡度0.007，最小坡度0.003，最大设计充满度0.6。200mm以上管通用坡度0.005，最小坡度0.003，最大设计充满度0.6。

【条文】

4.5.7 生活排水立管的最大设计排水能力应符合下列规定：

1 生活排水系统立管，当采用建筑排水光壁管管材和管件时，应按表4.5.7确定。（表4.5.7主要内容：100 mm排水立管配75mm通用通专用通气管时，排水能力为6.3 L/s，配100 mm专用通气管时最大排水能力10 L/s。采用主通气立管加环形通气管时排水能力为8 L/s。伸顶通气最大排水能力为4 L/s）

2 生活排水系统立管当采用特殊单立管管材及配件时，应根据现行行业标准所规定的瞬间流量法进行测试，并以±400Pa为判定标准确定。

3 当在50米及以下测试塔测试时，除苏维托排水单立管外，其他特殊单立管应用于排水层数在15米及15层以上时，其立管最大排水设计能力的测试值应乘以系数0.9。

【释读】

本条既是选定通气形式的依据，也是确定排水立管管径的标准。大部分排水立管应按本条第1款最大流量设置，特别的单立管系统应经过测试，按2、3款要求处理。

（2）器具排水管管径的规定

排水管道管径选择的依据是保证对应管径的排水能力接近并大于管道排水设计流量。卫生器具的器具排水管管径按表4.5.1的规定设置，同时规范还有一些特殊规定。

【条文】

4.5.9　建筑物内排出管最小管径不得小于50毫米。

4.5.10　多层住宅厨房间的立管管径不宜小于75毫米。

4.5.12　下列场所设置排水横管时，管径的确定应符合下列规定：

1　当公共食堂厨房内的污水采用管道排除时，其管径应比计算管径大一级，且干管管径不得小于100mm，支管管径不得小于75mm；

2　医疗机构污物洗涤盆（池）和污水盆（池）的排水管管径不得小于75mm；

3　小便槽或连接3个及3个以上的小便器，其污水支管管径不宜小于75mm；

4　公共浴池的泄水管不宜小于100mm。

4.5.11　单根排水立管的排出管宜与排水立管管管径相同。

5　室内局部排水提升措施

【条文】

4.8.1　建筑物室内地面低于室外地面时，应设置污水集水池、污水泵或成品污水提升装置。

【释读】

和一般地下室的地面冲洗水集水池不同，地下室污水集水池卫生安全条件要求高，应设置在独立的空间，保证通风（见4.8.3），故如有可能，考虑成品污水提升装置。

【条文】

4.8.3　当生活污水集水池设置在室内地下室时，池盖应密封，且应设置在独立设备间内并设通风、通气管道系统。成品污水提升装置可设置在卫生间或敞开室间内，地面宜考虑排水措施。

【释读】

本条明确4.8.1所述地下污水集水池的卫生安全条件：独立设备间要求、管道通风和设备间通风和水池盖密封要求。通风管道系统可与建筑物内生活排水系统通气管相连，将有害气体排出建筑。地下室及远离排水立管不具备自流排放条件的，可考虑采用小型成品污水提升装置：装置相对独立，全封闭运行，噪声小，可设置在卫生间内。

【条文】

4.8.6　建筑物地下室生活排水泵的设置应符合下列规定：

1　生活排水集水池中排水泵应设置一台备用泵；

2 当采用污水提升装置时，应根据使用情况选用单泵或双泵污水提升装置；

3 地下室、车库冲洗地面的排水，当有2台及2台以上排水泵时，可不设备用泵；

4 地下室设备机房的集水池当接纳设备排水、水箱排水、事故溢水时，根据排水量除应设置工作泵外，还应设置备用泵。

【释读】

地下室地面冲洗水排水，若同一防火分区有多个积水坑排水，坑内各泵可互为备用，各单坑内可不设备用。不同防火分区排水沟相互并不沟通，因此不同防火分区的排水泵不能相互备用。其他类型水泵机组运转一定时间后，为了避免发生运行故障，以及更换易损零件，进行检修，为了不影响建筑排水应设一台备用。

对于水泵房、热水机房等可能存在水池水箱溢流的设备用房，一旦出现溢流短时间内排水量很大，故必须设置备用泵。

当采用生活排水泵排放消防水时，可按两泵同时运行的排水方式考虑。

【条文】

4.8.7 污水泵流量、扬程的选择应符合下列规定：

1 室内的污水水泵的流量应按生活排水设计秒流量选定；当室内设有生活污水处理设施并按本标准第4.10.20条设置调节池时，污水水泵的流量可按生活排水最大小时流量选定；

2 当地坪集水坑（池）接纳水箱（池）溢流水、泄空水时，应按水箱（池）溢流量、泄流量与排入集水池的其他排水量中大者选择水泵机组；

3 水泵扬程应按提升高度、管路系统水头损失，另附加2m~3m流出水头计算。

【释读】

本条明确了污水泵流量及扬程的计算方法，注意第1款中不同条件流量的确定方法不同：没有生活污水处理系统的按生活排水设计秒流量。本条第2款明确了地坪及水坑，接纳其他生活用水、消防水中水、雨水及水箱、水池溢流水、泄洪水时，排水泵流量的确定原则。设于地下室的水箱，水池的溢流量由进水阀控制的可靠程度确定，当在液位水力控制阀前装有电动阀，一旦液位水力控制阀失灵，水箱中水位上升至报警水位，电动阀将关闭，故水箱的溢流量可不予考虑，但如果水箱进水是经水力控制阀单阀控制，则水池溢流量为水池的进水量，水箱的泄流量可按水泵吸水最低水位时的泄流量确定。

【条文】

4.8.4 生活排水集水池设计应符合下列规定：

1 集水池有效容积不宜小于最大一台污水泵5min的出水量，且污水泵每小时启动次数不宜超过6次；成品污水提升装置的污水泵每小时启动次数应满足其产品技术要求；

2 集水池除满足有效容积外，还应满足水泵设置、水位控制器、格栅等安装、检查要求；

3 集水池设计最低水位，应满足水泵吸水要求；

4 集水坑应设检修盖板；

5 集水池底宜有不小于0.05坡度坡向泵位；集水坑的深度及平面尺寸，应按水泵类型而定；

6 污水集水池宜设置池底冲洗管；

7 集水池应设置水位指示装置，必要时应设置超警戒水位报警装置，并将信号引至物业管理中心。

【释读】

本条规定了生活污水集水池构筑物的设计的一般要求，不适用于成品污水提升装置。

【条文】

4.2.4 下列建筑排水应单独排水至水处理或回收构筑物：

1. 职工食堂、营业餐厅的厨房含有油脂的废水；2. 洗车冲洗水；3. 含有致病菌、放射性元素等超过排放标准的医疗、科研机构的污水；4. 水温超过40℃的锅炉排污水；5. 用作中水水源的生活排水；6. 实验室有害有毒废水。

【释读】

本条所列污水一般应经处理后排放，通常需要局部提升，其集水设施按污水集水池设置。

【条文】

4.8.8 提升装置的污水排出管设置应符合本标准第4.8.9条的规定。通气管应与楼层通气管道系统相连或单独排至室外。当通气管单独排至室外时，应符合本标准第4.7.12条第2款的规定。

【关联条文】

4.8.9 污水泵宜设置排水管单独排至室外，排出管的横管段应有坡度坡向出口，应在每台水泵出水管上装设阀门和污水专用止回阀。

4.7.12条第2款：在通气管口周围4m以内有门窗时，通气管口应高出窗顶0.6m或引向无门窗一侧。

【释读】

污水提升装置和污水泵出水管为压力流，应单独排放到室外检查井，不能排入室内重力管道。另外，间断运行的污水泵停泵后，出户压力横管内有污水滞留，为避免室外检查井内污水可能形成的倒灌，压力出水管接室外检查井前应设置防倒灌附件——鹅颈管，同时注意，鹅颈管最低处应高出所接室外检查井处地面标高0.3~0.5m。

【条文】

4.2.3 消防排水、生活水池（箱）排水、游泳池放空排水、空调冷凝排水、室内水景排水、无洗车的车库和无机修的机房地面排水等宜与生活废水分流，单独设置废水管道排入室外雨水管道。

【释读】

本条所列排水较清洁，可排入雨水系统，可采用敞式集水池、清水排水泵。

【条文】

4.8.2 地下停车库的排水排放应符合下列规定：

1 车库应按停车层设置地面排水系统，地面冲洗排水宜排入小区雨水系统；2 车库内如设有洗车站时应单独设集水井和污水泵，洗车水应排入小区生活污水系统。

【释读】

本条重申地下车库排水去向。

另外，地下车库内消防电梯集水池应独立设置，单独排放。相关水量、集水池容积、备用情况等排水要求应满足消防规范的要求。

地下车库消防按防火分区分隔，各分区内的消防排水系统不跨区联通。此时的消防排水量可按消防用水量的一定比例计算，如所在区域总消防用水量的80%，或自喷的70%加消火栓的50%计算。

【条文】

5.2.40 地下车库出入口的明沟雨水集水池的有效容积，不应小于最大一台排水泵5min的出水量。集水池除满足有效容积外，尚应满足水泵设置、水位控制器等安装、检查要求。

【释读】

地下车库出入口坡道有不大于$80m^2$的露天受雨投影面积，该部位收集的雨水经坡道汇进雨水集水池，再通过排水泵排放到室外检查井。为安全起见，此处雨水量应至少选用10年以上的设计暴雨强度计算。由于地下车库出入口坡道坡度较大（15%）且无溢流设施，故还应将计算水量乘以系数1.5以确保安全，如果地下车库出入口上方或侧面有敞开的侧墙，还应按本标准5.2.7计入最大竖向投影面积的雨水量。

由于地下车库出入口坡道受雨投影面积小，排水量不大，雨水集水池容积计算值可能偏小，此时可按照最大一台排水泵5分钟的出水量计算，同时兼顾水泵所配水位控制器的安装检查空间。

【条文】

5.3.19 雨水集水池和排水泵设计应符合下列规定：

1 排水泵的流量应按排入集水池的设计雨水量确定；

2 排水泵不应少于2台，不宜大于8台，紧急情况下可同时使用；

3 雨水排水泵应有不间断的动力供应；

4 下沉式广场地面排水集水池的有效容积，不应小于最大一台排水泵30s的出水量，并应满足水泵安装和吸水要求；

5 集水池除满足有效容积外，还应满足水泵设置、水位控制器等安装、检查要求。

【释读】

雨水集水排水作为建筑雨水排水措施之一，不是唯一措施，在小区雨水控制中，更应注意通过小区立面高程设计和小区外围设计将降雨阻挡在小区外面。

当小区雨水排水无法通过重力排出区外，或存在区外雨水倒灌可能时，区内需设置雨水集水池和排水泵，或采用集成地埋式的一体化预制泵站，排除雨水。

本条重点是雨水泵设计要求，涉及水量、备用情况、动力要求、集水池容积等。

集水池的设计最高水位应低于雨水管渠的管底或渠底标高。保证雨水管渠不产生淹没出流。集水池的设计最低水位应满足排水泵吸水头的要求，自灌式泵房应满足水泵叶轮浸没深度的要求，当采用潜水排水泵时，应满足潜水排水泵最低水位的要求，当雨水进水管含砂较多时，可在集水池前设置沉砂设施和清砂设备。

第3章 建筑雨水设计

海绵城市建设要求城市水系、市政、园林、建筑、交通等城市公共系统应采取措施改善城市水生态，构建良好的城市水循环系统，以解决城市高密度发展形成的城市水环境问题。也因此，建筑及小区内雨水收集、净化和管网系统面临与海绵城市建设相适应的要求。为此，本章参考《建筑屋面雨水排水系统技术规程》CJJ 142-2014、《海绵城市雨水控制利用工程设计规范》DB 13（J）8457-2022，以《建筑给水排水设计标准》GB 50015-2019 和《建筑与小区雨水控制及利用工程技术规范》GB 50400-2016 为基础，就小区及建筑的雨水系统设计规范按设计步骤整理并解读如下。

第1节 海绵城市基础

本节规范条文来自由北京、天津、河北建设行政管理部门共同起草完成的《海绵城市雨水控制利用工程设计规范》DB13（J）8457-2022。

【条文】

5.1.1 建筑与小区海绵城市建设应按源头减排原则，对径流总量、径流峰值、径流污染进行控制，兼顾雨水资源化利用。

6.1.2 海绵城市雨水控制与利用的建设，应符合下列规定：

1 应以削减地表径流与控制面源污染为主、雨水收集利用为辅。
2 不应降低市政工程范围内的雨水排放系统设计降雨重现期标准。
3 应以区域总体规划、控制性详细规划及市政工程专项规划为主要依据，并与之协调。
4 应根据水文地质、施工条件以及养护管理方便等因素综合确定系统。
5 应注重节能环保和经济效益。

【释读】

上述两条规范条文节自地方标准，其关系到海绵城市设计原则，也适用于其他地区。5.1.1和6.1.2条都规定了海绵城市雨水控制与利用建设的目标和应协调的内容。6.1.2条的第1、2款作为目标性要求，分别在6.2.6和6.2.7中细化，第3、4、5款则是海绵建设过程中需协调的其他建设内容。

【条文】

5.2.1 海绵城市雨水控制与利用工程设计，应满足建设区域的外排水总量不大于开发前的水平，并应符合下列规定：

1. 已建成城区的外排雨水流量径流系数不应大于0.5；2. 新开发区域外排雨水流量径流系数不应大于0.4；3. 外排雨水峰值流量不应大于市政管网的接纳能力；4. 雨水排水设计标准应与规划相协调，并不应低于3年重现期。

5.2.4 不同用地性质项目雨水年径流总量控制率指标，应根据海绵城市专项规划，综合现状和开发强度等因素确定。海绵城市建设专项治理工程应制定问题为导向的系统化方案并确定目标：

1 新建项目年径流总量控制率应符合表5.2.4-1的规定。

表 5.2.4-1 新建项目年径流总量控制率指标

地区	指标
北京市	85%
天津市	新建居住项目、绿地率大于等于25%的公建、商业服务业项目年径流总量控制率不应低于80%；绿地率小于等于25%的公建、商业服务业设施用地项目年径流总量控制率不应低于70%；工业、物流仓储项目年径流总量控制率不应低于70%
河北省	75%

2 改扩建项目年径流总量控制率不应低于表5.2.4-2的规定，海绵城市专项改造及城市更新项目年径流总量控制率不宜低于表5.2.4-2的规定。

表5.2.4-2 不同类别用地项目雨水年径流总量控制指标表

项目类别		指标		
		北京市	天津市	河北省
住宅小区	老旧小区	50%	50%	50%
	其他小区	70%	70%	70%

公共建筑	行政办公	75%	70%	75%
	教育	75%	70%	75%
	其他	70%	70%	70%
历史文化街区		—	—	—
商业服务业、工业用地、物流仓储项目		—	50%	—

注：1 项目按规划用地分类；

2 "—"表示不作硬性指标要求，应充分利用空间实施源头减排；

3 年径流总量控制率与建筑密度、绿地率、地下空间等因素密切相关，绿地率高、建筑密度低的建筑与小区可适当提高指标；

4 老旧小区：城市或县城（城关镇）建成年代较早、失养失修失管、市政配套设施不完善、社区服务设施不健全、居民改造意愿强烈的住宅小区（含单栋住宅楼）；

5 其它小区：除老旧小区之外的既有住宅小区。

5.2.5 径流污染削减率指标应根据海绵城市专项规划，用地性质、流域水环境质量、径流污染特征等因素确定。海绵城市建设专项治理工程应制定问题为导向的系统化方案并确定目标：1. 新建项目年径流污染削减率不应低于70%；2. 改扩建项目年径流污染削减率不应低于表5.2.5的规定，海绵城市专项改造及城市更新项目年径流污染削减率不宜低于表5.2.5的规定。

表5.2.5 不同类别项目年径流污染总量消减率（以悬浮物SS计）

项目类别		指标
		北京市
住宅小区	老旧小区	40%
	其他小区	50%
公共建筑	行政办公	60%
	教育	60%
	其他	50%
历史文化街区		—
商业服务业、工业用地、物流仓储项目		

注：1 项目按规划用地分类；

2 "—"表示不作硬性指标要求，应充分利用空间实施源头减排；

3 年径流污染控制率与建筑密度、绿地率、地下空间等因素密切相关，绿地率高、建筑密度低的建筑与小区可适当提高指标；

4 老旧小区：城市或县城（城关镇）建成年代较早、失养失修失管、市政配套设施不完善、社区服务设施不健全、居民改造意愿强烈的住宅小区（含单栋住宅楼）；

5 其它小区：除老旧小区之外的既有住宅小区。

【释读】

5.2.1 给出了海绵城市建设中雨水控制的水量基本目标。5.2.4 落实了 5.2.1 要求的新建和改扩建项目年径流总量控制目标，5.2.5 给出新建和改扩建项目的雨水径流污染削减率目标。

【条文】

6.2.6 不同类别市政设施雨水年径流总量控制率指标，应根据海绵城市专项规划，综合现状和开发强度等因素确定，新规划建设项目不应低于表 6.2.6 中数值。

表 6.2.6 不同类别市政设施雨水年径流总量控制率指标表

项目类别		指标		
		北京市、河北省	天津市	
城市道路	城市快速路	—	—	
	城市主干路	60%	60%	绿地率≥60%
			50%	绿地率<60%
	次干路	50%	60%	绿地率≥60%
			50%	绿地率<60%
绿地与广场	绿地（公园及防护绿地）	90%	90%	90%
	广场	85%	85%	85%
市政基础设施	污水处理厂	85%	85%	85%
	交通枢纽	70%	70%	70%
	加油站、雨（污）水泵站、燃气站、电力设施等	—	—	—

注：1 "—"表示不作硬性指标要求，应充分利用空间实施源头减排；

2 当地方有明确规定时，可参照当地规定执行。

6.2.7 径流污染削减率指标应根据海绵城市专项规划、用地性质、流域水环境质量、径流污染特征等因素确定，应满足海绵专项规划等相关规划的管控要求；1. 新规划建设城市道路项目不应低于 40%；2. 其他类别新规划建设市政设施项目不应低于表 6.2.7 的规定。

表 6.2.7 不同类别市政设施年径流污染总量削减率（以悬浮物 SS 计）

项目类别		径流污染消减率
绿地与广场	绿地（公园及防护绿地）	70%
	广场	70%
市政基础设施	污水处理厂	70%
	交通枢纽	40%
	加油站、雨（污）水泵站、燃气站、电力设施等	—

注：1 "—"表示不作硬性指标要求，应充分利用空间实施源头减排；
　　2 当地方有明确规定时，可参照当地规定执行。

6.2.9　新规划城市道路内及周边应根据地势设置下凹式绿地，下凹式绿地率不宜低于 50%；人行道外侧绿化带宜设计为具有雨水滞蓄功能的绿地，并应采取相应的保护及防渗措施，保证绿地内其他设施及路面结构安全。

6.2.10　具备透水条件的新建（含改、扩建）人行步道、城市广场、步行街、自行车道应采用透水铺装路面，且透水铺装率不应小于 70%。

【释读】

6.2.6 和 6.2.7 是市政设施方面京津冀地区提出的海绵城市建设量化雨水控制目标，其他地区海绵城市建设有类似的量化目标要求，具体数字应参考对应城市海绵城市建设规划。

海绵城市就下凹式绿地、透水铺装等措施的要求反映在 6.2.9 和 6.2.10 中。

第 2 节　小区雨水系统

在水资源管理方面，"海绵城市建设规划"按城市降雨及雨水污染特点，规定了区域内径流总量控制目标、径流峰值控制目标和径流污染控制目标等 3 个重要建设目标，同时还会就规划区内的下垫面提出建设要求（包括城市绿地率、水域面积率，场地下沉绿地率、透水铺装率、绿色屋顶率）。给水排水专业在进行小区内雨水排水系统设计时，应按照上述目标要求，通过计算，核实并确定建设场地内是否需要设置渗水、回用设施，以达到径流总量控制目标；是否需要设置蓄水设施，满足径流峰值控制目标；是否需要设置渗滤、生物滞留设施满足径流污染控制目标，并在后续场地高程规划中统筹确定上述措施设施的空间位置及占地面积。雨水管道系统布置则应以重力流的形式，将小区下垫面汇集的雨水引导到相应设施或管道，再排放到市政雨水管道系统及规划水体中。需要弃流初期雨水的场地，则需布置管道将弃流水导入市政污水管道系统。

小区内雨水管道的设计应在规划好海绵城市建设要求的设施后进行。对于没有海绵城市要求或已经明确海绵设施位置的小区可以依照明确排水方向、布置街道排水管平面位置、划分管道集水区、计算管道雨水设计流量、确定管道坡度及埋设深度的步骤来开展，相关排水分区和管道计算与室外排水设计更加接近，本书没有详细讨论，读者可以参考《室外排水设计标准》GB 50014。

本节规范条文主要节自《建筑给水排水设计标准》GB 50015-2019，节自其他标准的条文以下划线指出，并在释读中注明了出处。

【条文】

4.1.1 雨水控制及利用系统应使场地在建设或改建后，对于常年降雨的年径流总量和外排径流峰值的控制达到建设开发前的水平，并应符合本规范第3.1.2条和第3.1.3条的规定。

3.1.2 建设用地内应对年雨水径流总量进行控制，控制率及相应的设计降雨量应符合当地海绵城市规划控制指标要求。

3.1.3 建设用地内应对雨水径流峰值进行控制，需控制利用的雨水径流总量应按下式计算。当水文及降雨资料具备时，也可按多年降雨资料分析确定。

$$W = 10(\varphi_c - \varphi_0) \cdot h_y F$$

式中：W——需控制及利用的雨水径流总量（m³）；

φ_c——雨量径流系数；

φ_0——控制径流峰值所对应的径流系数，应符合当地规划控制要求；

h_y——设计日降雨量（mm）；

F——硬化汇水面面积（hm²），应按硬化汇水面水平投影面积计算。

3.1.8 排入市政雨水管道的污染物总量宜进行控制。排入城市地表水体的雨水水质应满足该水体的水质要求。

【释读】

上述条款见于《建筑与小区雨水控制及利用工程技术规范》GB 50400-2016，就建设区域内的雨水水量及水质控制提出了原则性要求，以落实海绵城市规划对小区雨水外排总量、峰值量和总污染物总量的要求。

《海绵城市雨水控制利用工程设计规范》DB13（J）8457-2022中5.2.1、5.2.4和5.2.5也给出了新建和改扩建项目雨水年径流总量控制率以及径流污染削减率地方标准，是《建筑与小区雨水控制及利用工程技术规范》GB 50400-2016 中上述两个指标在地方的执行落实。其他地区的相关指标需要参考各自地区的规划要求。具体参见上一节。

【条文】

5.2.2 新建建筑与小区项目海绵城市雨水控制与利用规划应符合下列规定：

1. 硬化面积大于 10000 m² 的项目，每千平方米硬化面积应配建调蓄容积不小于 50m³ 的雨水调蓄设施；2. 硬化面积不大于 10000 m² 的项目调蓄容积配建标准应符合表 5.2.2 的规定（北京和天津分别要求面积大于 2000 m² 和 5000 m² 的每千平配调蓄容积不小于 30 m³）；3.（略）；4.（略）；5. 凡涉及绿地率指标要求的项目，绿地中至少应有 50% 设为下凹式绿地或生物滞留设施等滞蓄雨水的设施；工业、物流仓储用地绿地中下凹式绿地率不应小于 70%。6. 公共停车场、人行道、步行街、自行车道和休闲广场、室外庭院的透水铺装率不应小于 70%。

【释读】

上述条文节自《海绵城市雨水控制利用工程设计规范》DB13（J）8457-2022，与前述《建筑与小区雨水控制及利用工程技术规范》GB 50400-2016 一致，且更具体。

【条文】

5.1.3 小区雨水排水系统应与生活污水系统分流。雨水回用时，应设置独立的雨水收集管道系统，雨水利用系统处理后的水可在中水贮存池中与中水合并回用。

【释读】

本条文规定小区排水应采用雨、污分流体制。需要回用的雨水采用单独的收集管道，与非回用的雨水分开。同一回用系统的雨水、中水系统，可共用中水贮水池。

【条文】

5.1.5 应按当地规划确定的雨水径流控制目标，实施雨水控制利用。雨水控制及利用工程设计应符合现行的国家标准《建筑与小区雨水控制及利用工程技术规范》GB 50400 的规定。

【释读】

海绵城市建设规划中规定了相应小区海绵城市建设要求，如相应的雨水径流总量、雨水径流峰值及排入城市市政雨水管污染物总量，具体参考《建筑与小区雨水控制及利用工程技术规范》GB 50400-2016 中 3.1.2、3.1.8 和上面的 3.1.3。

3.1.2 建设用地内应对年雨水径流总量进行控制，控制率及相应的设计降雨量应符合当地海绵城市规划控制指标要求。

3.1.8 排入市政雨水管道的污染物总量宜进行控制。排入城市地表水体的雨水水质应满足该水体的水质要求。

【条文】

5.3.5 小区雨水管道布置应符合下列规定：

1. 宜沿道路和建筑物的周边平行布置，且在人行道、车行道下或绿化带下；2. 雨水管道与其他管道及乔木之间最小净距，应符合本标准附录 E 的规定；3. 管道与道路交叉时，宜垂直于道路中心线；4. 干管应靠近主要排水建筑物，并应布置在连接支管较多的路边侧。

【释读】

本条为小区雨水管的平面布置要求，基本和小区污水管布置要求（第 2 章第 1 节 4.10.1）一致，雨水沿人行道、车行道或绿化带，污水管在人行道或草地下，距离建筑应 >3m。

【条文】

5.3.7 雨水检查井设置应符合下列规定：

1 雨水管、雨水沟管径、坡度、流向改变时，应设雨水检查井连接；

2 雨水管在检查井连接，除有水流跌落差以外，宜采取管顶平接；

3 连接处的水流转角不得小于 90°；当雨水管管径小于或等于 300mm 且跌落差大于 0.3m 时，可不受角度的限制；

4 小区排出管与市政管道连接时，小区排出管管顶标高不得低于市政管道的管顶标高；

5 雨水管道向景观水体、河道排水时，管内水位不宜低于水体的设计水位。

【释读】

本条规定了小区雨水检查井的设置要求以及雨水管道连接要求。注意第 4 款小区雨水排出管与市政管道连接时管顶标高要求；当雨水管道向景观水体河道排水时，以管内水面标高为标准，不低于水体设计水位，并设计雨水排放口。另外，第 4 款雨水排出管管顶平接要求与污水管出户管接市政管的水面平接要求也明显不同（第 2 章第 1 节 4.10.4）。

【条文】

5.3.9 小区雨水排水系统宜选用埋地塑料管和塑料雨水排水检查井。

【释读】

建筑小区室外雨水管道和雨水检查井宜采用埋地塑料管和塑料雨水排水检查井，并应采用可靠的连接方式。车行道下埋深小于 1.0 米的管道还应考虑管道变形对路面的影响，埋地塑料管不应采用刚性基础。

刚性基础：混凝土基础为常见的刚性基础。沙土基础为常见的柔性基础。

【条文】

5.3.8 雨水检查井的最大间距可按表5.3.8确定。

表5.3.8 雨水检查井的最大间距

管径（mm）	最大间距
160（150）	30
200~315（200~300）	40
400（400）	50
≥500（≥500）	70

注：括号内是埋地塑料管内径系列管径。

【释读】

对比污水管布置要求4.10.3，管径150mm的雨水管、污水管间距一致，管径增加后，雨水井间距加大。

【条文】

5.3.12 小区雨水排水管道的排水设计重现期应根据汇水区域性质、地形特点、气象特征等因素确定，各种汇水区域的设计重现期不宜小于表5.3.12中的规定值。

表5.3.12 各种汇水区域的设计重现期（a）

汇水区域名称	设计重现期
小区	3~5
车站、码头、基础的基地	5~10
下沉式广场、地下车库坡道出入口	10~50

【释读】

设计重现期规定范围值可依据区域重要性选定。

【条文】

5.1.4 屋面雨水收集系统应独立设置，严禁与建筑生活污水、废水排水连接。严禁在民用建筑室内设置敞开式检查口或检查井。

5.1.3 屋面雨水宜采用断接方式排至地面雨水资源化利用生态设施。当排向建筑散水面进入下凹绿地时，散水面宜采取消能防冲刷措施。

5.2.2 雨水口宜设在汇水面的低洼处，顶面标高宜低于地面10mm~20mm。

5.2.3 雨水口担负的汇水面积不应超过其集水能力，且最大间距不宜超过40m。

5.2.4 雨水收集宜采用具有拦污截污功能的雨水口或雨水沟，且污物应便于清理。

5.4.2 当绿地标高低于道路标高时，路面雨水应引入绿地，雨水口宜设在道路两边的绿地内，其顶面标高应高于绿地20mm~50mm，且不应高于路面。

5.4.3 雨水口宜采用平箅式，设置间距应根据汇水面积确定，且不宜大于40m。

5.3.4 雨水口的设置应符合下列规定：1. 宜设计为溢流式排水；2. 硬化路面雨水口宜设置在路周边下凹式绿地内或生物滞留设施内。3. 雨水口宜设在汇水面的最低处，顶面标高宜低于排水面10mm~20mm，并宜高于周边绿地种植土面50mm以上；排水面高程应确保雨水的排出及蓄水空间的容积，生物滞留设施及下凹式绿地内的雨水口应设在高处或周边垫土满足排水高度要求。4. 数量及间距应满足排水流量及径流组织排放要求；5. 在雨水重现期标准高或地形下沉区域设置雨水口时，雨水口数量宜附加1.5~2.0的安全系数；6. 收集利用系统的雨水口应具有截污功能。

5.4.4 透水铺装地面的雨水排水设施宜采用排水沟。

5.4.6 雨水排除系统的出水口不宜采用淹没出流。

5.3.5 屋面及硬化地面雨水的收集回用系统均应设置弃流设施，并应符合下列规定：1. 屋面雨水收集系统的弃流装置宜设于室外，当设在室内时，应为密闭式；2. 地面雨水收集系统的雨水弃流设施宜分散设置，当集中设置时，宜设置雨水弃流池。

【释读】

上述规范来自《海绵城市雨水控制利用工程设计规范》DB13（J）8457-2022，特别指出了海绵城市建设要求下的小区雨水设施要求，可参考。5.1.3对屋面雨水规定了断接要求，小区内雨水口的设置给出了具体要求。

【条文】

5.3.17 小区雨水管道的最小管径和横管的最小设计坡度应按表5.3.17确定。

表5.3.17 小区雨水管道的最小管径和横管的最小设计坡度

管别	最小管径（mm）	横管最小设计坡度
小区建筑物周围雨水接户管	200（200）	0.0030
小区道路下干管、支管	315（300）	0.0015
建筑物周围明沟雨水口的连接管	160（150）	0.0100

注：表中括号内数值是埋地塑料管内径系列管径。

【释读】

雨水接户管将建筑内雨水出户管连接起来，最小管径200mm；建筑周边明沟末端与雨水口连接采用埋地管，最小管径160mm；据5.2.38，建筑雨水埋地排出管，最小管径为100mm、最小设计坡度0.01（0.005塑料管）。室外排水设计规范中，重力流雨水管道的最小设计坡度可按满管流条件下的自清流速0.75m/s控制，市政雨水管最小管径300 mm，最小设计坡度0.003（0.002塑料管）。小区室外雨水管管径计算参考本章第3节相关内容。

【条文】

5.3.20 当市政雨水管无法全部接纳小区雨水量时，应设置雨水贮存调节设施。

【释读】

室外排水设计规范规定，综合径流系数高于0.7的地区，应采取渗透调蓄等措施。小区内进行源头控制，综合径流系数大于0.7时，结合雨水控制及利用等措施，达到雨水调蓄目的，减缓市政雨水排水设施压力。海绵城市建设规划中则按照雨水排放总控制率，来规范小区向市政雨水管道系统的排水总量。

【条文】

5.3.23 雨水调蓄池宜设于室外。当雨水调蓄池设于地下室时，应在室外设有超调蓄能力的溢流措施。

【释读】

设于半地下室或地下室的雨水调蓄池，存在雨水淹没地下室或半地下室的安全风险，为避免发生，要求将雨水调蓄池，尽可能设于室外。

设于地下室或半地下室时，需要在室外设置溢流措施，防止超调蓄能力雨量进入建筑。

第3节 建筑雨水系统

建筑雨水系统设计的主要内容是针对一定强度标准的降雨（按照暴雨重现期确定），将屋面、阳台雨水收集起来，尽快排放到室外，以免影响建筑功能的发挥。因此，设计环节先应明确雨水的"合理收集方式"、"排放方式"和"排放去向"，再根据设计重现期下的最大可能雨水收集量确定收集附件（雨水口）、管道系统的具体布置情况。超出设计重现期的暴雨量，建筑雨水系统也应配置应对措施，确保建筑使用安全。

确定雨水"合理的收集方式"需要兼顾建筑的高度、立面形式，考虑排水的通畅和建筑立面的美观。确定雨水的"排放去向"要充分考虑区域内海绵城市对本建筑所在区域提出的目标以及"绿色建筑"目标的节水蓄水指标，以便确定屋面雨水断接方式，及此后的雨水排向——"渗""蓄"、"净"、"滞"、"用"和"排"，并做出对应的安排。

建筑给排水系统设计一般在建筑设计完成后进行,即雨水系统需在建筑立面形式、屋面雨水排水去向、屋面檐沟、天沟平面要求、管道井位置等建筑基础条件已经确定的条件下开展设计。

具体的设计步骤可参考如下:

1. 了解建筑雨水排放的最终去向(通过一层平面图或者总平面图了解建筑散水和周边雨水沟、雨水口、雨水检查井的位置)、以及建筑条件给定的屋面雨水收集形式(通过屋顶平面图了解檐沟、天沟的位置)。

2. 确定雨水排水形式(采用内排还是外排?重力流还是压力流?屋面是檐沟外排水、天沟排水、内排水、虹吸排水中的哪种?屋面雨水是通过散水排水,还是排水出户管排出?有没有将屋面雨水断接入滤水设施的海绵城市建设要求?)。

3. 确定外排水系统建筑立面可布置雨水立管的位置(基于建筑立面美观、隐蔽设置要求);确定内排水系统雨水立管可布置的位置(接近管道井、和贯通上下楼层的柱)。

4. 按雨水排水形式(重力流、压力流、半压力流)确定雨水斗形式(重力雨水斗、虹吸雨水斗、半重力流雨水斗)。

5. 据屋面大小、重现期,计算屋面设计雨水量。裙房等与紧临墙面的屋面还需增加紧邻墙面带来的侧向雨水量。

6. 按可能设置雨水斗位置统计雨水斗数量,再按照屋面设计雨水量及雨水斗数量计算每个雨水斗应承担的排水量,由该排水量大小选择雨水斗规格,确保该类型规格雨水斗能够满足设计排水量要求,并确定雨水斗和对应雨水立管位置。当建筑专业已经确定好雨水斗位置时,本专业则需核对各雨水斗汇水面积,计算设计雨量,并据雨量确定雨水斗型号规格(同一建筑雨水斗规格型号应该一致。一个汇水面上最小雨水斗数量应≤2,不同类型规格雨水斗有不同的雨水最大排水设计量)。

7. 划分屋面集水区域,确定屋面雨水的排水方向,将各集水区域与对应的排水雨水斗关联。

8. 按排水方向确定分水线,以分水线为界确定平屋面的坡度及放坡方向。(实践中,屋面的排水方向由建筑专业确定,给排水设计需结合屋面排水方向,确定各汇水面积上雨水斗的位置和规格,这种情况下,7、8两个步骤可以省略。)

9. 核实各雨水立管排水进入市政雨水管的途径。(周边有散水的外排水建筑,雨水通过外墙面雨水立管泄流至散水或进入雨水明沟汇集后进入雨水检查井,或漫流进入周边道路边缘的雨水口汇入雨水管道;内排水则直接经埋地的雨水出户管进入雨水检查井,再汇入市政雨水管道;海绵城市则要求外排水先接入下凹绿地,经绿地内布置的雨水口,或排入储水设施，或通过渗水管道渗流后汇入市政雨水管道系统。）

10. 补充连接出户管的接户管和室外雨水检查井，完成平面、高程设计。（高程设计应从市政雨水检查井开始，逆水流方向逐段计算）

近年暴雨倒灌地下室造成的经济损失、纠纷不断引发公众关注，其中涉及到本专业责任的地下室的排水问题也应引起设计人员的高度重视：

1. 地下室消防排水和地面清洗水，一般设置盖板明沟收集，经集水井、潜水泵排放到雨水检查井。当地下室某功能区排水含有污染物时，应单独收集、处理后排入市政污水管。

2. 进出地下室的坡道入口和坡道终点，需分别设置集水明沟收集降雨时漫入地下室的雨水，明沟收集的雨水根据明沟高程或直接进入室外雨水管网，或汇入地下室集水井，由地下室的排水泵排出。此位置因漫水事故危害性高于建筑屋面，其设计雨水量的暴雨重现期取值应高于普通屋面的对应取值。

本节规范条文主要节自2019版《建筑给水排水标准》GB50015，不是来自该标准的条文增加了下划线，释读中也注明了相应出处。

14　雨水系统选择

【条文】

5.1.2　屋面雨水排水系统设计应根据建筑物性质、屋面特点等，合理确定系统形式、计算方法、设计参数、排水管材和设备，在设计重现期降雨量时不得造成屋面积水、泛溢，不得造成厂房、库房地面积水。

【释读】

建筑屋面雨水排水系统的功能要求是"在设计重现期降雨量时"不"造成屋面积水、泛溢"，不"造成厂房、库房地面积水"。设计时需要先明确雨水排水方式是内排水还是外排水，选择时要充分考虑"建筑物性质和屋面特点"。将天沟、雨落水管布置在外墙立面的外排水，适用于体量小的多层建筑。适合雨水内排水形式的建筑有：①建筑高度大于或等于50m的住宅楼。②外立面不允许设置雨水立管的建筑，如玻璃幕墙，严寒地区的建筑等；③大面积屋面的公共建筑和工业建筑。

工业厂房内排水系统为避免室内雨水检查井暴雨时泛溢，可改用长天沟外排水，并采用排水能力更大的满管压力流设计，以避免长天沟水力坡度给结构设计带来的问题（重力流要求天沟有坡度，长天沟起始端高差过大，造成屋面结构层设计困难）。

除了内排水和外排水系统，重力流和压力流，雨水系统还要区分单斗与多斗系统，无论内排水还是外排水，都有单斗和多斗的集水形式。多斗系统排水立管与单斗系统排水立管排水能力相同（见5.2.34），只在连接雨水斗数量上有差异。

【条文】

5.2.13 屋面雨水排水管道系统设计流态应符合下列规定：

1 檐沟外排水宜按重力流系统设计；

2 高层建筑屋面雨水排水宜按重力流系统设计；

3 长天沟外排水宜按满管压力流设计；

4 工业厂房、库房、公共建筑的大型屋面雨水排水宜按满管压力流设计；

5 在风沙大、粉尘大、降雨量小地区不宜采用满管压力流排水系统。

【释读】

屋面雨水排水系统设计需要明确雨水排除采用的水流形态：压力流还是重力流。压力流具有排水能力大，管道管径相对小，节约空间高度的特点；重力流有管道布置简单、排水可靠的优点。一般排水条件下，采用重力流居多。本条列出了重力流和压力流各自常用建筑类型及对应的屋面雨水排水形式。

檐沟排水常用于多层住宅或建筑体量与之相似的一般民用建筑，其屋顶面积较小，建筑四周排水出路多，立管设置要服从建筑立面美观要求，宜采用重力流排水。

长天沟外排水常用于多跨工业厂房，汇水面积大，厂房内生产工艺要求不允许设置雨水悬吊管，同时外排水立管设置数量受限，只有利用满管压力流排水能力大的特点，将具有一定重现期的大面积屋面雨水排除。

高层建筑、超高层建筑，屋面面积较小，不适合采用满管压力流单斗系统。雨水立管较长，压力流条件下容易产生气化和气塞，伴随振动和气爆噪声，所以高层及超高层建筑单斗排水系统宜采用重力流系统。

大型屋面工业厂房、库房、公共建筑通常汇水面积较大，但可铺设立管的地方却较少，为尽可能发挥每根立管的排水能力，推荐采用满管压力流排水。

满管压力流排水系统中，悬吊管坡度接近平坡，在风沙大、粉尘大，降雨量又小的西北干旱地区容易出现悬吊管淤堵现象，不宜采用满管压力流排水。

【条文】

3.1.5 屋面排水的雨水管道进水口设置应符合下列规定：

1 屋面、天沟、土建檐沟的雨水系统进水口应设置雨水斗；

2 从女儿墙侧口排水的外排水管道进水口应在侧墙设置承雨斗；

3 成品檐沟雨水管道的进水口可不设雨水斗。

【释读】

本条来自《建筑屋面雨水排水系统技术规程》CJJ 142-2014，给出了雨水进口形式及适用条件。雨水进水口有三种形式：雨水斗、承雨斗和成品进水口。三种雨水进水口设置位置不一样。

2.1.4 檐沟外排水 external drainage of gutter——采用成品檐沟或土建檐沟汇水排入雨水立管的排水方式（雨水斗）。

2.1.5 承雨斗外排水 external drainage of rainwater hopper——屋面女儿墙上贴屋面设侧排排水口，侧墙设集水斗承接雨水的排水方式（承雨斗）。

2.1.6 天沟排水 gutter drainage——天沟收集雨水，沟内设雨水斗的排水方式。依据雨水管道设置在室内和室外，分为天沟内排水和天沟外排水。

【条文】

5.2.24 阳台、露台雨水系统设置应符合下列规定：

1 高层建筑阳台、露台雨水系统应单独设置；

2 多层建筑阳台、露台雨水宜单独设置；

3 阳台雨水的立管可设置在阳台内部；

4 当住宅阳台、露台雨水排入室外地面或雨水控制利用设施时，雨落水管应采取断接方式；当阳台、露台雨水排入小区污水管道时，应设水封井。

5 当屋面雨落水管雨水间接排水且阳台排水有防返溢的技术措施时，阳台雨水可接入屋面雨落水管。

6 当生活阳台设有生活排水设备及地漏时，应设专用排水立管管接入污水排水系统，可不另设阳台雨水排水地漏。

【释读】

本条规定了阳台、露台雨水或其他废水排放的要求：尽量单独排放，立管内外均可设置。设计还应结合阳台可能接纳的水质情况，确定阳台雨水排水的方向和方法。第6款中生活阳台是指厨房外侧的阳台也称工作阳台，该阳台因其面积小，飘入雨水量也少。当生活阳台设有生活排水设备及地漏时，雨水可排入生活排水地漏，不必另设雨水排水立管。生活排水设施主要指通过地漏排水的洗衣机或洗涤盆。阳台雨水排水一般单独设雨水排水立管。当阳台雨水排水设有防返溢措施时，可接入屋面雨水立管。

【关联条文】

3.4.1 建筑屋面雨水系统类型及适用场所可按表 3.4.1 的规定确定。

表 3.4.1 建筑屋面雨水系统类型及适用场所

分类方法	排水系统	适用场所
汇水方式	檐沟外排水系统	1 屋面面积较小的单层、多层住宅或体量与之相似的一般民用建筑； 2 瓦屋面建筑或坡屋面建筑； 3 雨水管不允许进入室内的建筑
	承雨斗外排水系统	1 屋面没有女儿墙的多层住宅或七层~九层住宅； 2 屋面没有女儿墙且雨水管不允许进入室内的建筑
	天沟排水系统	1 大型厂房；2 轻质屋面；3 大型复杂屋面； 4 绿化屋面；5 雨棚
	阳台排水系统	敞开式阳台
设计流态	半有压排水系统	1 屋面楼板下允许设雨水管的各种建筑； 2 天沟排水； 3 无法设溢流的不规则屋面排水
	压力流排水系统	1 屋面楼板下允许设雨水管的大型复杂建筑； 2 天沟排水； 3 需要节省室内竖向空间或排水管道设置位置受限工业和民用建筑
	重力流排水系统	1 阳台排水；2 成品檐沟排水；3 承雨斗排水； 4 排水高度小于 3m 的屋面排水

【释读】

本条节自《建筑屋面雨水排水系统技术规程》CJJ 142-2014，与前述有关雨水系统类型的条文对应。另外据本条，承雨斗系统是重力流排水系统。承雨斗外排水用在有女儿墙的多层及小高层住宅，也可用在无法设内排水的其他建筑。

【条文】

5.2.16 屋面排水系统应设置雨水斗。不同排水特征的屋面雨水排水系统应选用相应的雨水斗。

【释读】

不同类型的屋面雨水排水系统应采用不同类型的成品雨水斗，不得用排水箅子、通气帽等替代雨水斗。

重力流排水系统采用的重力流雨水斗采用自由堰流式排水方式，排水过程会掺杂空气。一般采用形如帽子带有格栅的雨水斗，帽高100mm~200mm，有人活动屋面的重力流内排水雨水斗采用平箅式。

满管压力流排水系统应采用满管压力流雨水斗，该雨水斗有汽水分离装置，能防止气体进入水流。满管压力流排水系统如果错用了重力流雨水斗，空气会进入系统，无法形成负压，形成不了大流量的满管压力流，达不到设计雨水排水量，从而使屋面积水。

【条文】

3.4.10 雨水斗位置应根据屋面汇水结构承载、管道敷设等因素确定，雨水斗的设置应符合下列规定：

1 雨水斗的汇水面积应与其排水能力相适应；

2 雨水斗位置应根据屋面汇水结构承载、管道敷设等因素确定；

3 在不能以伸缩缝或沉降缝为屋面雨水分水线时，应在缝的两侧分设雨水斗；

4 雨水斗应设于汇水面的最低处，且应水平安装；

5 雨水斗不宜布置在集水沟的转弯处；

6 严寒和寒冷地区雨水斗宜设在冬季易受室内温度影响的位置，否则宜选用带融雪装置的雨水斗。

【释读】

本条节自《建筑屋面雨水排水系统技术规程》CJJ 142-2014，给出了雨水斗设置要求，最重要的第1款要求雨水斗的汇水面积应与其排水能力相适应，其他条款中注意伸缩缝和沉降缝两侧可能分设雨水斗，集水沟转弯处不设雨水斗。

除上述设置要求外，外排水系统雨水斗设置还应考虑立管对所在建筑立面美观的影响。

【条文】

5.2.22 裙房屋面的雨水应单独排放，不得汇入高层建筑屋面排水管道系统。

【释读】

裙房屋面排水的雨水立管单独设置，不与高层屋面的雨水立管共用，可避免高层屋面雨水对裙房屋面雨水排出的影响。该条没有限制高层屋面雨水排至裙房屋面，只是限制裙房屋面雨水立管与主楼屋面雨水立管共用。补充要求见5.2.23。

5.2.23 高层建筑雨落水管的雨水排至裙房屋面时，应将其雨水量计入裙房屋面的雨水系统，且应采取防止水流冲刷裙房屋面的技术措施。

【条文】

5.2.25 建筑物内设置的雨水管道系统应密闭。有埋地排出管的屋面雨水排出管系，在底层立管上宜设检查口。

【释读】

内排水系统应采用密闭系统，不得在室内设雨水检查井，检修设施可采用密封性能好的排水检查口。本条另外还规定了检查口的设置位置，除了该位置，较长的重力流雨水悬吊管上也需要设置检查口。详见5.2.30和5.1.4。

5.1.4 屋面雨水收集系统应独立设置，严禁与建筑生活污水、废水排水连接。严禁在民用建筑室内设置敞开式检查口或检查井。

5.2.30 重力流雨水排水系统中长度大于15m的雨水悬吊管，应设检查口，其间距不宜大于20m，且应布置在便于维修操作处。

【条文】

5.1.3 屋面雨水宜采用断接方式排至地面雨水资源化利用生态设施。当排向建筑散水面进入下凹绿地时，散水面宜采取消能防冲刷措施。

【释读】

本条对有"海绵城市规划"要求的屋面雨水去向给出了具体连接要求：断接、消能。

2 雨水系统管材

【条文】

5.2.39 雨水排水管材选用应符合下列规定：

1 重力流雨水排水系统当采用外排水时，可选用建筑排水塑料管；当采用内排水雨水系统时，宜采用承压塑料管、金属管或涂塑钢管等管材；

2 满管压力流雨水排水系统宜采用承压塑料管、金属管、涂塑钢管、内壁较光滑的带内衬的承压排水铸铁管等，用于满管压力流排水的塑料管，其管材抗负压力应大于−80kPa。

【关联条文】

3.4.18 建筑屋面雨水排水系统管材选用宜符合下列规定：

1 采用雨水斗的屋面雨水排水管道宜采用涂塑钢管、镀锌钢管、不锈钢管和承压塑料管，多层建筑外排水系统可采用排水铸铁管、非承压排水塑料管；

2 高度超过250m的雨水立管，雨水管材及配件承压能力可取2.5MPa；

3 阳台雨水管道宜采用排水塑料管或排水铸铁管，檐沟排水管道和承雨斗排水管道可采用排水管材；

4 同一系统的管材和管件宜采用相同的材质。

【释读】

本条《节自建筑屋面雨水排水系统技术规程》CJJ 142-2014规定了不同流态下，雨水系统应采用的管材类型，考虑了重力流立管底部受雨水冲击，另外，压力流除底部受正压外，悬吊管局部和立管顶部还可能受负压影响，为此规定了第2款。

3 雨水系统设计计算

雨水系统设计计算的主要内容是计算屋面雨水设计流量，并根据雨水斗设置数量确定满足设计排水量的雨水斗规格、对应的雨水立管管径。计算前应确保正确选择了雨水斗的类型、规格——重力流、压力流还是半压力流，用于单斗系统中还是多斗系统中，再按照对应条文方法计算。

【条文】

5.2.35 屋面雨水单斗内排水系统设计应符合下列规定：

1 单斗排水系统排水管道的管径应与雨水斗规格一致；

2 系统应密闭；

3 雨水斗的最大设计排水流量应根据单斗雨水管道系统设计流态确定，并应符合下列规定：

（1）当单斗雨水管道系统流态按重力流设计时，其雨水斗的最大设计排水流量宜按本标准附录G确定；

（2）当单斗雨水管道系统流态按满管压力流设计时，应根据建筑物高度、雨水斗规格型式和雨水管的材质等经计算确定，当缺乏相关资料时，宜符合表5.2.35的规定。

【释读】

本条规定了单斗内排水系统计算规则：①立管规格同雨水斗规格；②雨水斗规格按最大设计排水量确定；③不同流态下雨水斗的最大设计排水量不同，具体见本条第3款规定。

单斗排水不存在斗与斗之间的水力干扰平衡问题，泄流量仅与单斗雨水管道系统设计流态有关。单斗排水系统，在重力流流态时，系统排水能力受排水立管排水能力限制，需要将雨水斗的最大设计排水流量控制在重力流排水立管最大排水流量之下（充满率0.33时的排水流量）；压力流排水系统中，单斗排水系统雨水斗的最大设计排水流量与雨水斗的规格、阻力、管材性质和立管高度等多个因素有关，使用前应进行测算。

第2款密闭条件与5.2.25要求一致：室内雨水系统不设雨水检查井，代以密闭检查口。

附录G部分内容概括如下：75mm规格雨水斗排水量4.5 L/s；110×3.2规格塑料雨水斗排水量12.8 L/s；100的铸铁管排水量为9.4 L/s。《建筑屋面雨水排水系统技术规程》CJJ 142-2014类似条文如下。

3.2.5 雨水斗的最大设计排水流量取值应小于雨水斗最大排水流量，雨水斗最大设计排水流量宜符合表3.2.5的规定。

表3.2.5 雨水斗最大设计排水流量（L/s）

雨水斗规格（mm）		50	75	100	150
87型雨水斗	半有压系统	—	8	12~16	26~36
虹吸雨水斗	压力流系统	6	12	25	70

【条文】

5.2.34 重力流多斗系统设计应符合下列规定：

1 雨水斗的最大设计排水流量应符合表5.2.34的规定；

2 雨水悬吊管水力计算应按本标准式（4.5.4-1）、式（4.5.4-2）计算，雨水悬吊管充满度应取0.8，排出管充满度应取1.0。

3 重力流多斗系统立管不得小于悬吊管管径，当一根立管连接2根或2根以上悬吊管时，立管的最大设计排水流量宜按本标准附录G确定。

表5.2.34 重力流多斗系统的雨水斗设计最大排水量

项目	雨水斗规格（mm）		
	75	100	150
流量（L/s）	7.1	7.4	13.7
斗前水深（mm）	48	50	68

【释读】

重力流多斗系统与重力流单斗系统对比，立管的最大排水能力不变（第3款）。对于雨水斗，由于重力流雨水斗排水流量和斗前水深有关，多斗系统中不同斗前水深会导致不同的排水量,但所有雨水斗在设计水深下的总雨水排水量不能超过立管的重力排水能力,否则该流动可能成为压力流,故第1款规定了系统中雨水斗的最大排水设计流量。表5.2.34为屋面雨水重力流多斗系统,表中雨水斗的最大设计排水流量是一个雨水斗在斗前水深条件下能排泄的雨水流量,可作为雨水斗在设计重现期汇水面积的雨水量确定雨水斗的数量。

【关联条文】

7.2.2 悬吊管和横管的充满度不宜大于0.8,排出管可按满流计算。

7.2.3 悬吊管和其他横管的最小敷设坡度应符合下列规定:1. 塑料管应为0.005;2. 金属管应为0.01。

7.2.4 悬吊管和横管的流速应大于0.75m/s。

7.2.6 重力流雨水系统的最小管径应符合下列规定:1. 下游管的管径不得小于上游管的管径;2. 阳台雨水立管的管径不宜小于DN50。

上述条文来自《建筑屋面雨水排水系统技术规程》CJJ 142-2014。

【条文】

5.2.36 满管压力流系统设计应符合下列规定:

1 满管压力流系统的雨水斗的泄流量,应根据雨水斗规格、斗前设计水深、斗进水口和立管排出管口标高差实测确定,当无实测资料时,可按表5.2.36选用;

2 一个满管压力流多斗系统服务汇水面积不宜大于2500m²;

3 悬吊管中心线与雨水斗出口的高差宜大于1.0m;

4 悬吊管设计流速不宜小于1m/s,立管设计流速不宜大于10m/s;

5 雨水排水管道总水头损失与流出水头之和不得大于雨水管进、出口的几何高差;

6 悬吊干管水头损失不得大于80kPa;

7 满管压力流多斗排水管系各节点的上游不同支路的计算水头损失之差,不应大于10kPa;

8 连接管管径可小于雨水斗管径,立管管径可小于悬吊管管径;

9 满管压力流排水管系出口应放大管径,其出口水流速度不宜大于1.8m/s,当其出口水流速度大于1.8m/s时,应采取消能措施。

表5.2.36 满管压力流多斗系统雨水斗的设计泄流量

雨水斗规格(mm)	50	75	100
雨水斗泄流量(L/s)	4.2~6.0	8.4~13.0	17.5~30.0

【释读】

本条给出了满管压力流系统的计算要求。满管压力流多斗排水管道系统与满管压力流单斗排水管道系统的区别在于多斗系统设置了收集多斗雨水的悬吊管，同一悬吊管上各雨水斗泄水量会相互影响，为保证各雨水斗都能正常工作，不发生混气现象，应按本条第7款控制各雨水斗之间的水压差。另外，第1款说明满管压力流雨水斗应根据不同型号的具体规格确定其最大泄流量，缺少时可按经验公式。水头损失应按满管压力流计算水头损失，完成后复核本条第5款、第6款、第7款的压力要求。设计时，在计算得到屋面总泄水量后，据雨水斗的最大泄流量确定在屋面汇水面积上最小雨水斗数量，为保证压力流雨水斗斗前有效水深，压力流雨水斗通常安装在集水槽中。集水槽尺寸应满足下面5.2.14要求。

本条第3款的背景是一场暴雨降雨过程由小到大，再由大到小的普遍现象，因此，满管压力流屋面雨水排水系统，在降雨初期或末期，由于立管中未形成负压抽吸，需要靠雨水斗出口到悬吊管中心线的高差形成排水，故悬吊管中心线与雨水斗出口应有一定的高差。

如果悬吊管短连接管管径小于或等于75mm或天沟有效水深大于或等于300mm时，悬吊管中心线与雨水斗出口的高差可适当减小。

本条第5款指出，满管压力流管道系统泄流量大小完全取决于雨水管进出口的几何高差，如果满管压力流管道系统净总水头损失与流出水头之和，大于雨水管进出口的几何高差，系统将达不到设计泄流量而可能导致屋面积水。

本条第6、7款给出了满管压力流多斗悬吊管系统正常工作的关键性压力要求。

按第4款，压力流条件下，75mm立管的最大排水能力可达到44L/s。

5.2.14 当满管压力流雨水斗布置在集水槽中时，集水槽的平面尺寸应满足雨水斗安装和汇水要求，其有效水深不宜小于250mm。

【条文】

5.2.16 屋面排水系统应设置雨水斗。不同排水特征的屋面雨水排水系统应选用相应的雨水斗。

【释读】

屋面雨水排水系统应采用成品雨水斗，不应用排水篦子、通气帽等替代。

雨水斗应等根据不同的系统采用相应的雨水斗——重力流用重力流雨水斗，压力流用压力流雨水斗。

【条文】

5.2.37 87型雨水斗系统设计可按现行行业标准《建筑屋面雨水排水系统技术规程》

CJJ 142 的规定执行。

【释读】

87 型雨水斗流态为半压力流系统，系统降雨初期，雨水量小时为重力流系统，当雨水量大时，斗前水深较大，转为压力流系统。若采用 87 型雨水斗，按《建筑屋面雨水排水系统技术规程》CJJ 142 设计，如果采用非 87 型雨水斗，按《建筑给水排水设计标准》设计。

《建筑屋面雨水排水系统技术规程》CJJ 142-2014 中表 5.2.9 规定的立管最大设计排水流量是 87 型雨水立管的最大设计排水流量。

5.2.9 立管的最大设计排水流量应符合表 5.2.9 的规定。

表5.2.9 立管的最大设计排水流量（L/s）

公称尺寸（mm）	DN75	DN100	DN150	DN200	DN250	DN300
建筑高度≤12m	10	19	42	75	135	220
建筑高度>12m	12	25	55	90	155	240

【条文】

5.2.17 雨水斗数量应按屋面总的雨水流量和每个雨水斗的设计排水负荷确定，且宜均匀布置。

【释读】

本条给出了雨水斗设置数量的确定方法：设计雨水排水量÷雨水斗设计排水负荷。注意：本条中的屋面设计雨水流量是指设计重现期屋面汇集的雨水流量——正常的设计排水量，不包括溢流设施部分的雨水流量——极端状态下的排水量，如果设计要求管道系统担负极端状态下的排水量时，则每个雨水斗的负荷应包含雨水溢流量在内，极端条件下的雨水汇集量。

【关联条文】

3.2.5 雨水斗的最大设计排水流量取值应小于雨水斗最大排水流量，雨水斗最大设计排水流量宜符合表 3.2.5 的规定。

表3.2.5 雨水斗最大设计排水流量（L/s）

雨水斗规格（mm）		50	75	100	150
87 型雨水斗	半有压系统	—	8	12~16	26~36
虹吸雨水斗	压力流系统	6	12	25	70

【释读】

本条来自《建筑屋面雨水排水系统技术规程》规定了半有压和压力流条件下,每个雨水斗可用的最大排水量。87型雨水斗和虹吸雨水斗因有压力流条件,排水能力较大,但设计时不考虑最大排水能力,而按本条规定的最大设计排水流量设计。按现行规范本条只用于87型雨水斗,虹吸雨水斗按《建筑给水排水设计标准》GB 50015-2019的压力流系统设计,相关参数见《建筑给水排水设计标准》GB 50015-2019。

【关联条文】

3.2.4 雨水斗的流量特性应通过标准试验取得,标准试验应按本规程附录A的规定进行,雨水斗最大排水流量宜符合表3.2.4的规定。(节自《建筑屋面雨水排水系统技术规程》)

表3.2.4 雨水斗最大排水流量

雨水斗规格(mm)		50	75	100	150
87型雨水斗	流量(L/s)	—	21.8	39.1	72
	斗前水深(mm)≤	—	68	93	—
虹吸雨水斗	流量(L/s)	12.6	18.8	40.9	89
	斗前水深(mm)≤	47.6	59.0	70.5	—

【释读】

对应3.2.5,给出两种雨水斗的最大排水流量,注意87型雨水斗核算斗前水深。

【条文】

5.2.27 建筑屋面各汇水范围内,雨水排水立管不宜少于2根。

【关联条文】

4.2.6 采用重力式排水时,屋面每个汇水面积内,雨水排水立管不宜少于2根;水落口和水落管的位置,应根据建筑物的造型要求和屋面汇水情况等因素确定。

3.4.12 一个汇水区域内雨水斗不宜少于2个,雨水立管不宜少于2根。

【释读】

5.2.27 规定是为保证在屋面汇水范围内,一旦一根排水立管堵塞,至少还有一根可排泄雨水,注意例外:基于雨水斗之间泄流互相调剂和天沟溢流的因素,下列情况下汇水面积可只设一根雨水排水立管:1. 外沿天沟与落水管排水;2. 长天沟外排水。

4.2.6节自《屋面工程技术规范》GB 50345-2012,给出了类似的要求。该规范条文释读中进一步指出，当采用重力式排水时，每个水落口的汇水面积宜为150m²~200m²。

3.4.12节自《建筑屋面雨水排水系统技术规程》CJJ 142-2014，也给出了类似的要求。

【条文】

4.1.1 当坡度大于5%的建筑屋面采用雨水斗排水时，应设集水沟收集雨水。

4.1.2 下列情况宜设置集水沟收集雨水：

1 当需要屋面雨水径流长度和径流时间较短时；

2 当需要减少屋面的坡向距离时；

3 当需要降低屋面积水深度时；

4 当需要在坡屋面雨水流向的中途截留雨水时。

【释读】

上两条节自《建筑屋面雨水排水系统技术规程》CJJ 142-2014，规定了应设、宜设集水沟（檐沟属于集水沟，长集水沟又称天沟）收集雨水的屋面条件：排水速度快、排水量大。

【条文】

5.2.8 天沟、檐沟排水不得流经变形缝和防火墙。

【释读】

防止天沟或檐沟引发的不利影响。

【条文】

5.2.9 天沟宽度不宜小于300 mm，并应满足雨水斗安装要求，坡度不宜小于0.003。

【释读】

天沟排水系统需设雨水斗，雨水斗设沟内，若采用87型雨水斗，降雨初期形成重力流，后期为压力流，也可直接采用压力流系统。

天沟宽度主要取决于雨水斗安装要求。一般金属屋面采用金属长天沟，焊接连接。当建筑屋面构造有坡度时，天沟沟底可顺屋面坡度，当无坡度时，靠天沟水位差进行排水。

【条文】

5.2.10 天沟的设计水深应根据屋面的汇水面积、天沟坡度、天沟宽度、屋面构造和材质、雨水斗的斗前水深、天沟溢流水位确定。排水系统有坡度的檐沟、天沟分水线处最小有效深度不应小于100mm。

【关联条文】

4.2.11 檐沟、天沟的过水断面，应根据屋面汇水面积的雨水流量经计算确定。钢筋混凝土檐沟、天沟净宽不应小于300mm，分水线处最小深度不应小于100mm；沟内纵向坡度不应小于1%，沟底水落差不得超过200mm；檐沟、天沟排水不得流经变形缝和防火墙。

【释读】

4.2.11来自《屋面工程技术规范》GB 50345-2012，就5.2.10的设置做了详细解释。建筑学专业根据多年实践经验认为，檐沟、天沟宽度太窄不仅不利于防水层施工，而且也不利于排水，所以规定其净宽度不应小于300mm。檐沟、天沟的深度则按沟底的分水线深度来控制，4.2.11规定分水线处的最小深度不应小于100mm，如过小，则当沟中水满时，雨水易由天沟边溢出，导致屋面渗漏。

4.2.11中还规定了檐沟、天沟沟底的纵向坡度不应小于1%，这是因为如果沟底坡度过小，在施工中很难做到沟底平直顺坡，常常会因沟底凹凸不平或倒坡，造成檐沟、天沟中排水不畅或积水。沟底的水落差是天沟内的分水线到水落口的高差，4.2.11规定沟底水落差不应大于200mm，那么按沟底最小排水坡度为1%，排水线路超过20m时，水落差会超出200mm。

【条文】

5.2.1 建筑屋面设计雨水流量应按下式计算：

$$q_y = \frac{q_j \cdot \psi \cdot F_w}{10000}$$

式中：q_y——设计雨水流量（L/s），当坡度大于2.5%的斜屋面或采用内檐沟集水时，设计雨水流量应乘以系数1.5；

q_j——设计暴雨强度[L/(s·hm²)]；

ψ——径流系数；

F_w——汇水面积（m²）。

【关联条文】

5.2.3 屋面雨水排水设计降雨历时应按5min计算。

5.2.4 屋面雨水排水管道工程设计重现期应根据建筑物的重要程度、气象特征等因素确定，各种屋面雨水排水管道工程的设计重现期不宜小于表5.2.4中的规定值。

表5.2.4 各类建筑屋面雨水排水管道工程的设计重现期（a）

建筑物性质	设计重现期
一般性建筑物屋面	5
重要公共建筑屋面	≥10

5.2.6 屋面的雨水径流系数可取1.00，当采用屋面绿化时，应按绿化面积和相关规

范选取径流系数。

5.2.7 屋面的汇水面积应按屋面水平投影面积计算。高出裙房屋面的毗邻侧墙，应附加其最大受雨面正投影的1/2计算。窗井、贴近高层建筑外墙的地下汽车库出入口坡道应附加其高出部分侧墙面积的1/2。

【释读】

5.2.1规定了屋面雨水设计流量计算公式。参数取值按5.2.3、5.2.4规范要求。特别注意：坡度大于2.5%的斜屋面或采用内檐沟集水时，设计雨水流量应乘以系数1.5。

5.2.4规定了雨水设计重现期。一般建筑屋面雨水设计重现期5年；重要公共建筑屋面≥10年。工业厂房屋面雨水排水管道工程设计重现期应根据生产工艺、重要程度等因素确定。注意5.3.12（本章第2节）中地下车库坡道出入口的雨水设计重现期（10~50年）超过了重要公共建筑屋面（10年）。

重要公共建筑可参考《汽车加油加气加氢站技术标准》GB 50156-2021 附录B的第1款内容（详见本书第5章第2节第1部分），除重要公共建筑外的建筑可视为一般性建筑。

44 屋面雨水溢流

屋面雨水溢流系统是保证屋面结构安全，使之能承受最大雨水负荷的设置。通常按设计重现期设计的屋面雨水排水系统排放能力有限，极端暴雨时，短时间屋面雨水量增长，可能超出屋面结构荷载能力，使建筑受损。基于此，建筑设置了溢流系统或采用溢流孔来排放超预期雨量。除了设置溢流系统，增加投资，以较高的暴雨重现期来设计建筑雨水排水系统，设置更多雨水管道，也是提高建筑雨水系统的排水能力的可选方法。

溢流系统用于排放超预期的雨量，因此其排水能力满足超预期的那部分雨水量即可。

【条文】

5.2.5 建筑的雨水排水管道工程与溢流设施的排水能力应根据建筑物的重要程度、屋面特征等按下列规定确定：

1 一般建筑的总排水能力不应小于10a重现期的雨水量；

2 重要公共建筑、高层建筑的总排水能力不应小于50a重现期的雨水量；

3 当屋面无外檐天沟或无直接散水条件且采用溢流管道系统时，总排水能力不应小于100a重现期的雨水量；

4 满管压力流排水系统雨水排水管道工程的设计重现期宜采用10a；

5 工业厂房屋面雨水排水管道工程与溢流设施的总排水能力设计重现期应根据生产

工艺、重要程度等因素确定。

【释读】

本条对雨水排水管道工程和溢流设施排水能力作出规定。

按照设计重现期内出现的降雨不会使屋面积水，但超设计重现期的雨水可经由设计的溢流设施排放为原则，本条第1、2款规定了不同屋面雨水管道工程的排水系统和溢流设施的总排水能力应具备的最小排水量。

本条第3款的规定是针对无外檐天沟或无直接散水的凹形屋面，该屋面设计时必须考虑第1款、2款超重现期的雨水水量，因此需要提高雨水排水管道工程与溢流设施的总排水能力。这类屋面设计时应对可能产生的超荷载进行核算，并设置超警戒水位报警系统。

本条第4款的背景是一场降雨从小到大，满管压力流雨水排水管道内流态变化过程一般也遵循从重力流到间歇性压力流直至满管压力流的变化过程，在此条件下，如果设计重现期过大，系统在遇上小于设计重现期的降雨时，雨水管道系统可能一直处于重力流与间歇性压力流变化过程，不利于系统安全。

【条文】

5.2.11 建筑屋面雨水排水工程应设置溢流孔口或溢流管系等溢流设施，且溢流排水不得危害建筑设施和行人安全。下列情况下可不设溢流设施：

1. 外檐天沟排水、可直接散水的屋面雨水排水；2. 民用建筑雨水管道单斗内排水系统、重力流多斗内排水系统按重现期P大于或等于100a设计时。

【释读】

建筑屋面雨水系统应设溢流措施，但也有例外，详见本条。

【关联条文】

3.1.6 设有雨水斗的雨水排放设施的总排水能力应进行校核，并应符合下列规定：

1 校核雨水径流量应按50年或以上重现期计算，屋面径流系数应取1.0；

2 压力流屋面雨水系统排水能力校核应进行水力计算，计算时雨水斗的校核径流量不得大于本规程表3.2.4中的数值；

3 半有压屋面雨水系统排水能力校核中，当溢流水位或允许负荷水位对应的斗前水深大于本规程表3.2.4中的数值时，则雨水斗的校核径流量不得大于本规程表3.2.1中的数值。

3.1.3 建筑屋面雨水应有组织排放，可采用管道系统加溢流设施或管道系统无溢流设施排放。采取承雨斗排水或檐沟外排水方式的建筑宜采用管道系统无溢流设施方式排放。

【释读】

上述两条来自《建筑屋面雨水排水系统技术规程》CJJ 142-2014，除了与 5.2.11 对应外，3.1.6 还要求雨水系统设计时需校核雨水斗排水量，防止雨水斗斗前水位过高。

【条文】

5.2.12 建筑屋面雨水溢流设施的泄流量宜按本标准附录 F 确定。

【释读】

雨水溢流设施计算方法参考附录 F。注意溢流设施雨水排放量=总排水量-雨水排水系统正常排水量。

第4章 建筑热水设计

热水系统设计，首先应依据热水的建筑使用环境（供水水温、冷水水温、供水时长）确定系统类型特征：集热形式、供热形式；开式、闭式；全日供水、定时供水；换热器形式（容积式、半容积式、快热式）；横干管位置（上置、下置）；循环方式（干管循环、立管循环或支管循环），还要确认系统的热能类型：太阳能、热泵（空气源、水源）、燃油、燃气还是区域热站，以及压力分区（串联、并联）情况。

随后设计人员需要确定热水系统中主要设备的安装位置，包括开式系统的制热设备、热水箱、热交换设备、循环泵（供水泵）；闭式系统的制热设备、热水箱、热交换设备、膨胀罐、膨胀管、供水泵（循环泵）等。

设备位置确定后，布置管道系统，包括主干管、横干管、立管、横支管及循环回水管，尽可能满足同程回水要求。管道布置顺序与给水管网基本一致，遵循先立管后横干管，再主干管和循环回水管的顺序，不同的是：热水供水立管和回水立管要尽可能布置在热水用水设备附近，既可减少用户热水出水响应时间，也可减少管道热损失。限于条件无回水循环的系统，布置热水给水立管时，应控制最远热水用水点距离立管的管线距离勿超过15米。

热水供水系统的设计计算随热源形式不同要求不同，但通常都需要确定设备供热量、系统耗热量（系统需热量）、集热水箱体积、换热水箱体积等设备参数，有换热器的还需计算换热面积大小以便合理选型、购置相关设备。管网系统计算则涉及热水设计流量、供水管道管径、循环流量、回水管道系统管径、循环泵或供水泵计算和选型等内容。

最后阶段，设计人员还需要完善相关阀门、安全附件、温度控制附件、伸缩补偿装置、保温层做法，并在设计文件中正确表达。

热水供水系统在冷水给水系统基础上增加了不少概念和内容，简单概括如下：

（一）热水系统的热源

热水系统的热源选择涉及多个问题，具体包括：

1. 在经济和政策约束条件下，按适用条件和节能要求选择最佳供热能源形式：太阳能供热、锅炉+换热贮热装置供热、热泵+换热贮热装置供热（热泵又分空气源热泵和水源热泵）、燃气供热和电供热系统；

2. 按热水用户使用要求，就系统的集中度、便利性选择集热、供热形式：集中集热、分散集热；集中供热、分散供热。一般用水量大且集中的建筑采用集中集热集中供热系统；

3. 按热水用户使用要求，确定建筑时段供水策略：全日或定时。一般供水服务质量要求高的采用全日供应系统；

4. 某些供热能源使用时，需要选择经济、便利的辅助供热方式：如太阳能供热需选定辅助供热热源——燃气、电热。

（二）热水系统类型基本概念：

1. 开式系统和闭式系统：开式加热系统最显著的特点是系统中包括膨胀管，冷水在加热器中受热后体积膨胀，当用户用水量不大时，增加的体积可由膨胀管导入热水箱，确保系统安全。开式系统通常在高位还设置热水箱及冷水箱（包含冷水箱时，热水箱位置略低），由于热水箱敞开设置，水位变化有限，热水供应压力相对稳定，便于用户水温调试和系统管理；闭式加热系统与开式系统不同，热水箱为一密闭压力容器，水加热后因体积膨胀产生的压力由膨胀压力罐承担。膨胀压力罐是闭式系统的标志性组成，相对开式供热，闭式系统中压力罐内压力变化更大，热水供水量因压力变化的变化较大也导致了系统温度稳定性差，调试难度更大，但由于该方式水在密闭系统内运行，水质更加安全，实践中采用频率更高。开式系统更多用于浴场等热水用水量大，供水管线长，且需要供水温度稳定的场所。

2. 下行上给式和上行下给式系统管道系统：供热横干管在上，热水立管从上向下供水为上行下给；供热横干管在下，热水立管从下向上供水为下行上给式。

3. 同程供、回水系统：指在多供水立管的系统中，从热水箱出来的循环热水，经过每个配水点的供水和回水管道长度之和都基本相同的管道系统布置形式。

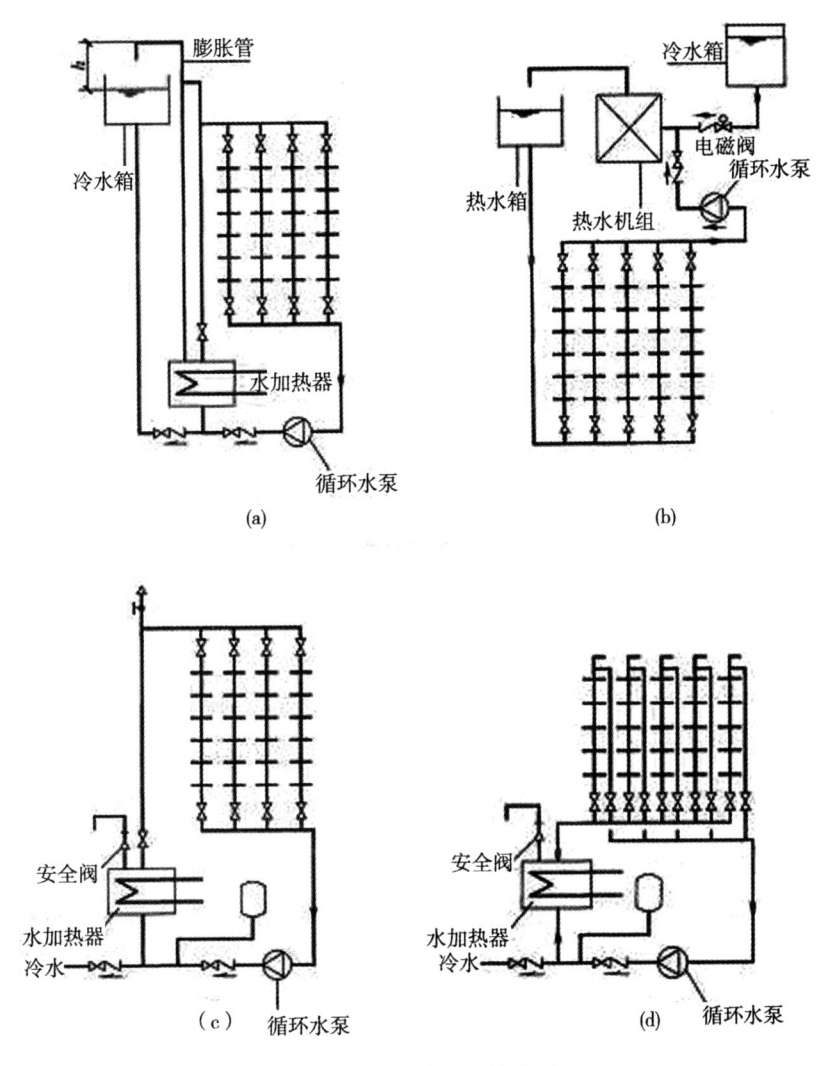

图 4-1 热水系统类型

(a) 不带热水箱的上行下给式热水系统 (b) 带热水箱的下行上给式热水系统
(c) 上行下给式闭式热水系统 (d) 下行上给式闭式热水系统

(三) 热水系统的基础计算

1. 供热量计算：为保证系统热水供应一小时，系统供热设备应提供的最小热量，单位 kJ/h。该值为供热设备重要参数，注意与建筑热系统的需热量参数区分。

2. 供水量计算：设备系统为满足建筑内热水用水器具热水需求，需要提供的热水量。该值一般由供热量换算得到。由于不同器具用水温度不同，为计算换算，通常统一换算成 60℃ 热水需要量。该值为供热设备另一重要参数。

3. 热水贮水箱计算：贮热式热水供水系统与即热式热水供水系统不同，需要贮存一定量热水保证用户的瞬时热水需求（瞬时热水需求通常会大于平均时热水需求），因此应准确计算系统重热水贮水箱容积，避免使用时的瞬时热水量不足或热水箱体积过大。有时也称供热水箱。

4. 加热水箱容积：某些系统的加热设备没有贮水能力，但设置加热水箱临时贮存加热水，如太阳能集热系统中，集热板和加热水箱之间通过热水循环或热媒循环，不断提高加热水箱贮水温度至最高设定温度。设计人员需要通过需热量、进出加热水箱的热水或热媒温度以及设备热交换效率，计算出合理的加热水箱体积。

5. 太阳能热水系统集热板面积计算：使用太阳能的热水系统需要根据所在纬度和当地气候情况，确定太阳能板的安装角度，确定常年可利用的太阳能热量（利用保证率）、辐射效能，并依据上述基础数据计算出满足系统供热能力的集热板面积。

6. 热交换器计算：热交换设备是将热量从高温热媒传给低温水的设备，采用该设备的系统，在热交换器设备选型时，应根据供热量要求和最不利的冷水条件，计算该设备中用于热交换所需的热交换接触面的面积。

7. 水质软化计算：热水系统补水软化需求和补水硬度、用水硬度要求及水的加热温度有关。运行中一般不须对全部补水进行软化，将原水和部分软化水混合达到用水硬度要求即可。水质软化设计内容包括计算需软化处理的水量，确定软化设备。

热水系统设计步骤概括如下：

1. 据项目所在地的政策、环境条件和项目经济条件，在考虑经纬度限制、再生能源应用可能的基础上，确定热源形式。2021年颁布的《建筑节能与可再生能源利用通用规范 GB55015-2021》要求新建建筑必须利用太阳能，也就太阳能的使用提供了除制备热水外的多种太阳能利用方式，如建筑太阳能光伏发电。广西政策规定新建住宅应建设太阳能热水系统，但暂未要求新建公共建筑使用太阳能热水，采用太阳能光伏发电也是太阳能利用方式之一。空气源热泵是一种绿色可再生能源，与太阳能热源需要备用热源不同，该热源形式通常不需要备用热源，投资相对较少，但基于对新建公共建筑太阳能利用的强制性，如果地方上太阳能发电利用普及不够，采用太阳能+空气源热泵反而更易于达到绿色能源政策的要求。（太阳能制备热水项目需要有足够的集热板空间，住宅项目中若屋面空间不够，可考虑南向阳台，采用分散集热形式，但需要和建筑结构充分沟通；空气源热泵需要敞开的通风条件，不适用分散供热系统）

2. 了解用户的供热需求，确定系统的工作形式：用水量规模大小影响制热设备集中度，用水点分布情况影响供热水水箱集中分散情况，用户用水时间段集中度决定系统采用全日还是定时供水。

3. 确定系统的组成：依据上述热源和加热供热方式成果，确定符合要求的换热器或加热设备类型；随后确定换热或加热设备的安装位置、确定系统采用开式还是闭式。

4. 系统计算：在确定计算所需基本气候、使用参数后，进行需热量以及供热量的计算；再完成供水量计算、贮热水箱容积计算；有换热设备的完成换热面积计算，设置有加热水箱的完成加热水箱容积计算。

5. 以上述计算结果为依据选定供热设备（太阳能热水系统还需要计算集热板面积）、换热设备和贮热设备，并完成设备的平面布置。

6. 完成加热设备、换热设备及用水点之间，热媒管、供水管及回水管等管道布置，注意供水、回水管应尽可能同程布设。

7. 完成系统控制附件设置，包括温控、压力、安全、流量调整等附件。

8. 计算热水供水、回水管网水头损失计算；循环流量计算；循环泵或增压泵压力计算及相关泵的选用。

本章规范条文主要节自《建筑给水排水设计标准》GB 50015-2019 热水部分，节自其他规范的条文用下划线标识，并在释读中有特别说明。

第1节 热水系统类型确定

1 热水系统类型选择

【条文】

6.3.6 热水供应系统选择宜符合下列规定：

1 宾馆、公寓、医院、养老院等公共建筑及有使用集中供应热水要求的居住小区，宜采用集中热水供应系统；

2 小区集中热水供应根据建筑物的分布情况等采用小区共用系统、多栋建筑共用系统或每幢建筑单设系统，共用系统水加热站室的服务半径不应大于500m；

3 普通住宅、无集中沐浴设施的办公楼及用水点分散、日用水量（按60℃计）小于5m³的建筑宜采用局部热水供应系统；

4 当普通住宅、宿舍、普通旅馆、招待所等组成的小区或单栋建筑如设集中热水供应时，宜采用定时集中热水供应系统；

5 全日集中热水供应系统中的较大型公共浴室、洗衣房、厨房等耗热量较大且用水时段固定的用水部位，宜设单独的热水管网定时供应热水或另设局部热水供应系统。

【释读】

依据本条可确定不同类型建筑的热水系统形式：集中还是分散，全日供应还是定时供应。注意第3款所说3种类型建筑宜采用局部热水供应系统（普通住宅、无集中沐浴设施的办公楼、用水点分散且日用水量（按60℃计）小于5m³的建筑）。

【条文】

6.3.2 局部热水供应系统的热源宜按下列顺序选择：

1 符合本标准第6.3.1条第2款条件的地区宜采用太阳能；
2 在夏热冬暖、夏热冬冷地区宜采用空气源热泵；
3 采用燃气、电能作为热源或作为辅助热源；
4 在有蒸汽供给的地方，可采用蒸汽作为热源。

【释读】

本条就局部热水供应系统，给出热源选择的优先顺序：先考虑太阳能、再考虑空气源热泵、再考虑燃气和电能，最后是蒸汽。当然，热源方式的确定除了考虑相对优先顺序，还需要考虑地方政策要求，以及项目对资金投入、运行维护性能等的要求。

6.3.1条第2款条件如下："当日照时数大于1400 h/a且年太阳辐射量大于4200 MJ/m²及年极端最低气温不低于-45℃的地区，采用太阳能。"

【关联条文】

2.1.93 局部热水供应系统 local hot water supply system——供给单栋别墅、住宅的单个住户、公共建筑的单个卫生间、单个厨房餐厅或淋浴间等用房热水的系统。

【条文】

6.3.1 集中热水供应系统的热源应通过技术经济比较，并应按下列顺序选择：

1 采用具有稳定、可靠的余热、废热、地热，当以地热为热源时，应按地热水的水温、水质和水压，采取相应的技术措施处理满足使用要求；
2 当日照时数大于1400 h/a且年太阳辐射量大于4200 MJ/m²及年极端最低气温不低于-45℃的地区，采用太阳能，全国各地日照时数及年太阳能辐照量应按本标准附录H取值；
3 在夏热冬暖、夏热冬冷地区采用空气源热泵；
4 在地下水源充沛、水文地质条件适宜，并能保证回灌的地区，采用地下水源热泵；
5 在沿江、沿海、沿湖，地表水源充足、水文地质条件适宜，以及有条件利用城市污水、再生水的地区，采用地表水源热泵；当采用地下水源和地表水源时，应经当地水务、交通航运等部门审批，必要时应进行生态环境、水质卫生方面的评估；

6 采用能保证全年供热的热力管网热水；

7 采用区域性锅炉房或附近的锅炉房供给蒸汽或高温水；

8 采用燃油、燃气热水机组、低谷电蓄热设备制备的热水。

【释读】

本条第1款~第8款规定了集中热水系统中热源的选择顺序，原则上先利用绿色可再生能源（如果条件许可），再考虑其他能源，最终还应通过经济技术比较确定。

选用水源、空气源为热源时，应注意对应热源的适用条件，同时应配备质量可靠的热泵设备。

热力管网和区域性锅炉房两种热源形式，适用于有相关建设规划的新规划区。

城市中通常采用燃油燃气热水机组（即燃油、燃气常压热水锅炉）替代燃煤锅炉，可减少大气污染，改善工作人员操作环境，也能提高制热效率。

除个别电力供应充沛的地方，电能一般用作分散集热、分散供热太阳能等热水供应系统的辅助能源。

【关联条文】

2.1.90 集中热水供应系统 central hot water supply system——供给一幢（不含单幢别墅）、数幢建筑或供给多功能单栋建筑中一个、多个功能部门所需热水的系统。

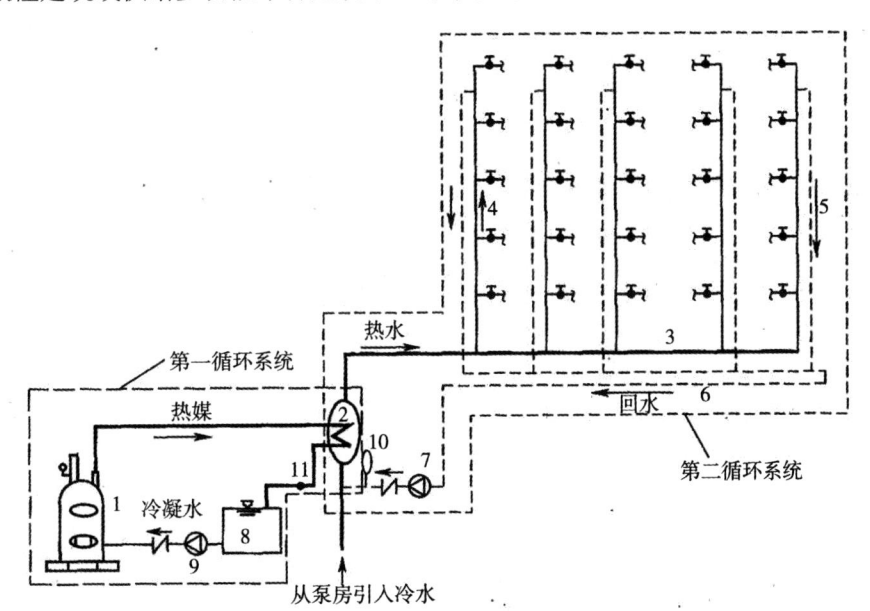

图 4-2 集中热水供应系统组成（图中箭头指水流方向）

1—蒸汽锅炉；2—水加热器（间接换热）；3—配水干管；4—配水立管；5—回水立管；6—回水干管；7—循环水泵；8—凝结水池；9—冷凝水泵；10—膨胀罐；11—疏水器

3.4.1 集中生活热水供应系统热源应符合下列规定：

1 除有其他用蒸汽要求外，不应采用燃气或燃油锅炉制备蒸汽作为生活热水的热源或辅助热源；

2 除下列条件外，不应采用市政供电直接加热作为生活热水系统的主体热源；

（1）按60℃计的生活热水最高日总用水量不大于5m³，或人均最高日用水定额不大于10L的公共建筑；

（2）无集中供热热源和燃气源，采用煤、油等燃料受到环保或消防限制，且无条件采用可再生能源的建筑；

（3）利用蓄热式电热设备在夜间低谷电进行加热或蓄热，且不在用电高峰和平段时间启用的建筑；

（4）电力供应充足，且当地电力政策鼓励建筑用电直接加热做生活热水热源时。

【释读】

本条节自《建筑节能与可再生能源利用通用规范》GB 55015-2021，对能源选择做了禁止性安排。

由于高压蒸汽使用不方便，第1款禁止采用燃油或燃气通过生产蒸汽的方式供热，但没有禁止燃油或燃气通过生产热水的方式供热。

第2条就采用电能作为供热能源做了规定，特别注意满足第1款条件"总用水量不大于5m³，或人均最高日用水定额不大于10L"的公共建筑，可以采用电能。

【条文】

5.2.1 新建建筑应安装太阳能系统。

【释读】

本条来自《建筑节能与可再生能源利用通用规范》GB 55015-2021。

为实现2030年碳达峰和2060年碳中和目标，国家在建筑领域为推广太阳能等清洁可再生能源做出了本条安排。

太阳能系统可分为太阳能热利用系统、太阳能光伏发电系统和太阳能光伏光热（PV/T）系统，这三类系统均可安装在建筑物的外围护结构上，将太阳辐射能转换为热能或电能，替代常规能源向建筑物供电、供热水、供暖/供冷，既可降低常规能源消耗，又可降低相应的二氧化碳排放，是实现我国碳中和目标的重要技术措施。

规范没有强制建筑使用太阳能热水，但特别要求采用太阳能（可再生能源）系统。

【条文】

5.2.3 太阳能系统应做到全年综合利用，根据使用地的气候特征、实际需求和适用条件，为建筑物供电、供生活热水、供暖或（及）供冷。

【释读】

本条节自《建筑节能与可再生能源利用通用规范》GB 55015-2021，目的是协调太阳能系统的经济性。

太阳能热利用系统按使用功能可分为热水系统、供暖系统和空调系统，除可向建筑物供热水，还可发挥、供暖和空调等功能。作为一个国家重点推广的战略性技术，按5.2.3要求，需要按全年工作使用设计，以提高太阳能热利用系统的节能收益和经济效益。

系统功能与用户负荷、集热器倾角、安装面积和蓄热容积等因素相关。对单供热水系统而言，应避免设计不当致使系统在夏季过热，发生安全事故。

如果系统同时为建筑提供供暖服务，从满足建筑物的供暖能量需求角度，还需设计更大的集热器面积。因此如果没有考虑全年综合利用，将导致在非供暖季产生的热水过剩，且因系统过热留下安全隐患。为此，适当降低系统的太阳能保证率，合理匹配供暖和供热水的建筑面积（同一系统供热水的建筑面积大于供暖的建筑面积），提供夏季制冷空调，进行季节蓄热等，是实现太阳能全年综合利用、经济高效应用的有效措施。

2 热水系统分区要求

【条文】

3.4.3 当生活给水系统分区供水时，各分区的静水压力不宜大于0.45MPa；当设有集中热水系统时，分区静水压力不宜大于0.55MPa。

【释读】

当设有集中热水系统时，为减少热水系统分区、减少热水系统热交换设备数量，在静水压力不大于卫生器具给水配件最大工作压力前提下，适当加大相应的给水系统的分区静压范围。

【关联条文】

3.4.6 建筑高度不超过100m的建筑的生活给水系统，宜采用垂直分区并联供水或分区减压的供水方式；建筑高度超过100m的建筑，宜采用垂直串联供水方式。

【释读】

本条适合冷水系统，也适合热水系统。按下面6.3.7的第1款第1条，每个闭式系统分区应设本区的水加热器和贮热水罐。

【条文】

6.3.7 集中热水供应系统的分区及供水压力的稳定、平衡，应遵循下列原则：

1 应与给水系统的分区一致，并应符合下列规定：

① 闭式热水供应系统的各区水加热器、贮热水罐的进水均应由同区的给水系统专管供应；② 由热水箱和热水供水泵联合供水的热水供应系统的热水供水泵扬程应与相应供水范围的给水泵压力协调，保证系统冷热水压力平衡；③ 当上述条件不能满足时，应采取保证系统冷、热水压力平衡的措施。

2　（略）

3　当给水管道的水压变化较大且用水点要求水压稳定时，宜采用设高位热水箱重力供水的开式热水供应系统或采取稳压措施。

4　（略）

5　公共浴室淋浴器出水水温应稳定，并宜采取下列措施：
① 采用开式热水供应系统；②③④⑤（略）

【释读】

本节为热水系统选择的相关规范，故略去了6.3.7中与系统选择相关度不高的第2、4款及第5款的部分内容。

本条第1款对集中热水供应系统的分区、供水压力等做了原则性规定：要求应与给水系统的分区一致。

(1) 生活热水主要用于盥洗、淋浴，使用时需要通过冷、热水混合附件调到所需温度。保持热水、冷水系统竖向分区一致，有利于用水点处冷、热水的压力平衡，达到节水、节能、用水舒适的目的。

(2) 高层、多层建筑集中热水供应系统一般分区设置水加热器，且各分区水加热器进水均由相应分区的冷水给水系统专管供应，以较好的保证冷、热水系统压力的相对稳定。当考虑其他因素，采用一个或一组水加热器供应整幢楼热水时，在满足上述第3.4.3条 0.55 MPa分区压力条件下，也可采用减压阀等管道附件来解决冷热水压力平衡的问题。

(3) 对于采用"集热+贮热水箱+热水加压泵"的热水供应系统（较大型的太阳能、热泵热水系统采用这种系统），热水加压泵的扬程应按给水系统在相同用水点的冷水压力选择，以满足冷热水压力的平衡，特别条件下可通过设置减压阀等措施予以保证。

本条第3款提出选用开式系统的条件。闭式热水供热系统具有网路补水量少（循环水量的1%以下），热损失少的优点，也具有水压稳定性较差的缺点。闭式系统冷水可接自高位水箱也可由水加压设备供给，管路相对简单，水质更有保障。开式热水供热系统在水压稳定性方面表现更好，缺点是网路补水量大（循环水量为热水供热系统蒸发水量和热损失补水量之和），这也导致开式热水供热系统设备投资及运行费用远高于闭式热水供热系统。此外，在运行中，闭式热水供热系统如果发现补充水量超过日常补水量，则说明网路存在漏水点，而在开式热水供热系统中，日常热水供应量波动很大，导致热源补充水量的变化无法用来判别热水管网的漏水状况。闭式热水供热系统的缺点是，需设安全阀或膨胀水罐，其中安全阀容易失灵，增加了日常维护工作。但一般来说热水系统采用闭式的居多。

本条第5款提出公共浴室应考虑采用开式系统，并对其中的管路布置提出了要求。

开式系统和闭式系统的组成差异：

闭式系统：系统热水贮存在密闭压力系统中不与外界的空气直接接触，密闭热水罐可设屋顶也可设建筑低层，压力高低不同。水质不宜受外界污染，若设计、运行不当会出现温升引起的超压事故，所以必须设置安全阀或膨胀罐。

开式系统：系统热水贮存在高位敞开式水箱（热或冷）与外界的空气直接接触，同时设开式膨胀水箱或膨胀管接纳水温升高引发的体积膨胀（水压升高不大，不必设安全阀）。敞开水箱水位变化不大，供水水压稳定。

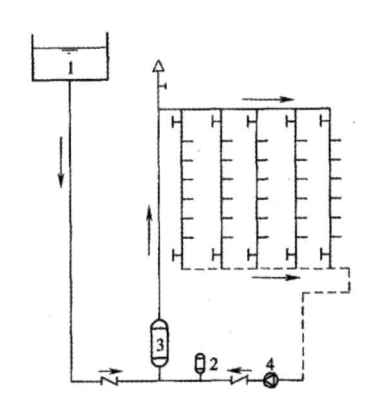

图 4-3 闭式系统（图中箭头指水流方向）

1. 冷水箱；2. 膨胀压力罐；3. 水加热器；4. 循环水泵

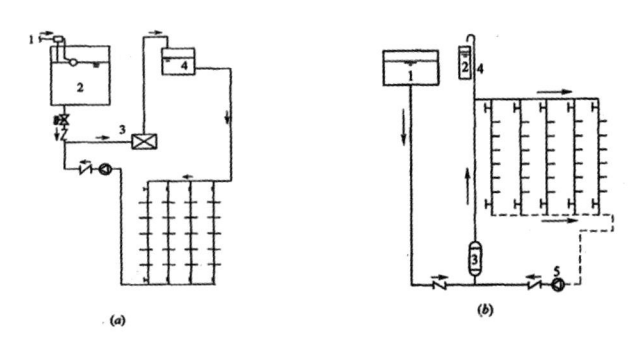

图 4-4 开式系统（图中箭头指水流方向）

(a) 1—冷水；2—冷水箱；3—热水机组；4—贮热水箱（开式）

(b) 1—生活饮用高位水箱；2—非生活饮用高位水箱；3—水加热器；4—膨胀管；5—循环水泵

第2节 水加热设备类型及主要参数

1 水加热设备选择

【条文】

6.5.1 水加热设备应根据使用特点、耗热量、热源、维护管理及卫生防菌等因素选择，并应符合下列规定：

1 热效率高，换热效果好，节能，节省设备用房；

2 生活热水侧阻力损失小，有利于整个系统冷、热水压力的平衡；

3 设备应留有人孔等方便维护检修的装置，并应按本标准第6.8.9条、第6.8.10条配置控温、泄压等安全阀件。

【释读】

水加热设备在热水系统中负责将供给用户的水加热到设计温度，按加热方式分直接加热和间接加热，按运行压力大小分常压和高压设备，还可从热媒、热源角度区分不同类型。本条从节能和维护使用角度给出了水加热设备应满足的要求。

【关联条文】

6.8.9 水加热设备的出水温度应根据其贮热调节容积大小分别采用不同温级精度要求的自动温度控制装置。当采用汽水换热的水加热设备时，应在热媒管上增设切断汽源的电动阀。

6.8.10 水加热设备的上部、热媒进出口管、贮热水罐、冷热水混合器上和恒温混合阀的本体或连接管上应装温度计、压力表；热水循环泵的进水管上应装温度计及控制循环水泵开停的温度传感器；热水箱应装温度计、水位计；压力容器设备应装安全阀，安全阀的接管直径应经计算确定，并应符合锅炉及压力容器的有关规定，安全阀前后不得设阀门，其泄水管应引至安全处。

【条文】

6.5.2 选用水加热设备尚应遵循下列原则：

1 当采用自备热源时，应根据冷水水质总硬度大小、供水温度等采用直接供应热水或间接供应热水的燃油（气）热水机组；

2 当采用蒸汽、高温水为热媒时，应结合用水的均匀性、水质要求、热媒的供应能力、系统对冷热水压力平衡稳定的要求及设备所带温控安全装置的灵敏度、可靠性等，经综合技术经济比较后选择间接水加热设备；

3 当采用电能作热源时，其水加热设备应采取保护电热元件的措施；

4 采用太阳能作热源的水加热设备选择应按本标准第6.6.5条第6款确定；

5 采用热泵作热源的水加热设备选择应按本标准第6.6.7条第3款确定。

【关联条文】

6.6.5 集热系统附属设施的设计计算应符合下列规定：

6 集中集热、集中供热的间接太阳能热水系统的集热系统附属集热设施的设计计算宜符合下列规定：

①当集热器总面积 A_j 小于500 m² 时，宜选用板式快速水加热器配集热水箱（罐），或选用导流型容积式或半容积式水加热器集热；②当集热器总面积 A_j 大于或等于500 m² 时，宜选用板式水加热器配集热水箱集热；

6.6.7 当采用热泵机组供应热水时，其设计应符合下列规定：

3. 水源热泵宜采用快速水加热器配贮热水箱（罐）间接换热制备热水，设计应符合下列规定：（略）

【释读】

本条6.5.2给出不同热源条件下水加热设备选择时应重点注意的问题：如第1款，自备热源时，采用燃油（气）热水机组；第2款，采用蒸汽、高温水时倾向于间接加热设备；第3款，强调电热元件保护装置对电能水加热设备的重要性。此外，规范条文说明中补充了以下一些要求：

1 燃油（气）热水机组还应具备燃料燃烧完全、消烟除尘、机组水套通大气、自动控制水温、火焰传感、自动报警等功能，机组还应设防爆装置。

2 以蒸汽、高温水为热媒时，可按下列原则选择水加热器：①热媒供应能力小于设计小时耗热量时，选用导流型容积式水加热器或加大贮热容积的半容积式水加热器；②热媒供应能力大于或等于设计小时供热量时，选用半容积式水加热器；③热媒供应能力大于或等于设计秒流量所需耗热量且系统对冷热水压力平衡稳定要求不高时选用半即热式水加热器。

3 第3款中采用电能的水加热设备应设阴极保护等防止结垢的措施保护电热元件，其原因是电热元件易结垢，易烧坏，采取阴极保护措施后能大大延长电热元件的使用寿命。

【条文】

6.5.5 局部热水供应设备应符合下列规定：

1 选用设备应综合考虑热源条件、建筑物性质、安装位置、安全要求及设备性能特点等因素；

2 当供给2个及2个以上用水器具同时使用时，宜采用带有贮热调节容积的热水器；

3 当以太阳能作热源时，应设辅助热源；

【释读】

本条就局部热水供应系统中供热设备选择，调节容积设置做了规定。第3款明确要求太阳能热源应设辅助热源。

2 常规水加热设备参数计算

供热设备选型是热水供水系统设计的核心内容，为此需确定设备的基本参数，包括供热量、加热设备加热面积等。本节重新安排规范顺序，从设备选型的关键参数（换热面积）计算出发，逐步导出系统的需热量、供热量等参数，帮助读者迅速理解设计程序及要点。

【条文】

6.5.7 水加热器的加热面积应按下式计算：

$$F_{jr} = \frac{Q_g}{\varepsilon K \cdot \triangle t_j}$$

式中：F_{jr}——水加热器的加热面积（m²）；

Q_g——设计小时供热量（kJ/h）；

K——传热系数 [kJ/（m²·℃·h）]；

ε——水垢和热媒分布不均匀影响传热效率的系数，采用0.6~0.8；

$\triangle t_j$——热媒与被加热水的计算温度差（℃），按本标准第6.5.8条的规定确定。

【关联条文】

6.5.8 水加热器热媒与被加热水的计算温度差应按下列公式计算：

1 导流型容积式水加热器、半容积式水加热器：

$$\Delta t_j = \frac{t_{mc} + t_{mz}}{2} - \frac{t_c + t_z}{2}$$

式中：t_{mc}、t_{mz}——热媒的初温和终温（℃）；

t_c、t_z——被加热水的初温和终温（℃）。

2 快速式水加热器、半即热式水加热器：

$$\Delta t_j = \frac{\Delta t_{max} - \Delta t_{min}}{\ln \dfrac{\Delta t_{max}}{\Delta t_{min}}}$$

式中：Δt_{max}——热媒与被加热水在水加热器一端的最大温度差（℃）；

Δt_{min}——热媒与被加热水在水加热器另一端的最小温度差（℃）。

6.5.9 热媒的计算温度应符合下列规定：

1 热媒为饱和蒸汽时的热媒初温、终温的计算：

①热媒的初温 t_{mc}：当热媒为压力大于 70kPa 的饱和蒸汽时，t_{mc} 应按饱和蒸汽温度计算；压力小于或等于 70kPa 时，t_{mc} 应按 100℃ 计算；

②热媒的终温 t_{mz}：应由经热工性能测定的产品提供，可按 t_{mz} = 50℃ ~ 90℃。

2 热媒为热水时，热媒初温应按热媒供水的最低温度计算；热媒终温应由经热工性能测定的产品提供；当热媒初温 t_{mc} = 70℃ ~ 100℃ 时，可按终温 t_{mz} = 50℃ ~ 80℃ 计算。

3 热媒为热力管网的热水时，热媒的计算温度应按热力管网供回水的最低温度计算。

【释读】

本条给出了水加热设备选型最重要参数（加热设备最小换热面积）的计算方法，用于间接加热设备选型。换热面积大小由热媒出入温度和被加热水进出温度决定，其中关联规范 6.5.8 和 6.5.9 规定了面积计算时的供热温差和热媒温度的计算方法。6.2.6 条则规定了在没有模型时出水温度基本要求，可用于估算加热设备换热面积。本方法也可用于换热设备的最小换热面积计算。

【条文】

6.2.6 集中热水供应系统的水加热设备出水温度应根据原水水质、使用要求、系统大小及消毒设施灭菌效果等确定，并应符合下列规定：

1 进入水加热设备的冷水总硬度（以碳酸钙计）小于 120 mg/L 时，水加热设备最高出水温度应小于或等于 70℃；冷水总硬度（以碳酸钙计）大于或等于 120 mg/L 时，最高出水温度应小于或等于 60℃；

2 系统不设灭菌消毒设施时，医院、疗养所等建筑的水加热设备出水温度应为 60℃ ~ 65℃，其他建筑水加热设备出水温度应为 55℃ ~ 60℃；系统设灭菌消毒设施时水加热设备出水温度均宜相应降低 5℃；

3 配水点水温不应低于 45℃。

【释读】

本条除了用于确定系统热水温度的基本参数（热水出水温度和配水点水温），还给出了被加热水的硬度要求。注意医院的热水出水水温应高于其他建筑。

用6.5.7规定的公式计算加热设备换热面积时，需要先计算用水系统的供热量。设备的供热量大小又和系统贮热能力大小有关：系统贮热量越大，加热设备供热量（设计小时供热量）可以越小。详见下6.4.3。

【条文】

6.4.3 集中热水供应系统中，热源设备、水加热设备的设计小时供热量宜按下列原则确定：

1 导流型容积式水加热器或贮热容积与其相当的水加热器、燃油（气）热水机组应按下式计算：

$$Q_g = Q_h - \frac{\eta \cdot V_r}{T}(t_{r2} - t_1) C \cdot \rho_r$$

式中：Q_g——导流型容积式水加热器的设计小时供热量（kJ/h）；

Q_h——设计小时耗热量（kJ/h）；

η——有效贮热容积系数，导流型容积式水加热器 η 取 0.8~0.9；第一循环系统为自然循环时，卧式贮热水罐 η 取 0.80~0.85；立式贮热水罐 η 取 0.85~0.90；第一循环系统为机械循环时，卧、立式贮热水罐 η 取 1.0；

V_r——总贮热容积（L）；

T_1——设计小时耗热量持续时间（h），全日集中热水供应系统 T_1 取 2h~4h；定时集中热水供应系统 T_1 等于定时供水的时间（h）；当 Q_g 计算值小于平均小时耗热量时，Q_g 应取平均小时耗热量。

2 半容积式水加热器或贮热容积与其相当的水加热器、燃油（气）热水机组的设计小时供热量应按设计小时耗热量计算。

3 半即热式、快速式水加热器的设计小时供热量应按下式计算：

$$Q_g = 3600 q_g (t_r - t_1) C \cdot \rho_r$$

式中：Q_g——半即热式、快速式水加热器的设计小时供热量（kJ/h）；

q_g——集中热水供应系统供水总干管的设计秒流量（L/s）。

t_r——热水温度；

t_1——冷水温度；

C——水的比热；

ρ_r——热水密度。

【释读】

本条给出水加热设备供热能力的要求，设备的设计小时供热量计算。热水供应量与冷水供应量一样都随时间变化，如果水加热设备有一定的贮热能力，某时刻当热水用水要求大于设备最大供热能力时，可以用贮热水箱中热水来补充。因此，不同类型的水加热设备由于有不同的贮热能力，其设计小时供热量和系统设计小时需热量的关系也不同，贮热能力大的，供热能力可小些，无贮热能力的，如半即热式，其供热能力甚至需要按设计秒流量和供热水温来确定。设备的供热能力（设计小时供热量）要求显然与用户的热水需求相关，计算供热前需要先计算用户的热量需要量（设计小时耗热量），计算方法见6.4.1。

【条文】

6.4.1 设计小时耗热量的计算应符合下列规定：

1 设有集中热水供应系统的居住小区的设计小时耗热量，应按下列规定计算：

（1）当居住小区内配套公共设施的最大用水时时段与住宅的最大用水时时段一致时，应按两者的设计小时耗热量叠加计算；

（2）当居住小区内配套公共设施的最大用水时时段与住宅的最大用水时时段不一致时，应按住宅的设计小时耗热量加配套公共设施的平均小时耗热量叠加计算。

2 宿舍（居室内设卫生间）、住宅、别墅、酒店式公寓、招待所、培训中心、旅馆、宾馆的客房（不含员工）、医院住院部、养老院、幼儿园、托儿所（有住宿）、办公楼等建筑的全日集中热水供应系统的设计小时耗热量应按下式计算：

$$Q_h = K_h \frac{m q_r C(t_r - t_l) \rho_r}{T} C_\gamma$$

式中：Q_h——设计小时耗热量（kJ/h）；

m——用水计算单位数（人数或床位数）；

q_r——热水用水定额［L/（人·d）或 L/（床·d）］，按本标准表6.2.1-1中最高日用水定额采用；

t_r——热水温度（℃），tr=60℃；

C——水的比热［kJ/（kg·℃）］，C=4.187kJ/（kg·℃）；

t_l——冷水温度（℃），按本标准表6.2.5取用；

ρ_r——热水密度（kg/L）；

T——每日使用时间（h），按本标准表6.2.1-1取用；

C_γ——热水供应系统的热损失系数，C_γ = 1.10~1.15；

K_h——小时变化系数，可按表6.4.1取用。

表 6.4.1 热水小时变化系数 K_h 值

类别	住宅	别墅	酒店式公寓	宿舍（居室内设卫生间）	招待所培训中心、普通旅馆	宾馆	医院、疗养院	幼儿园、托儿所	养老院
热水用水定额 [L/人（床）·天]	60～100	70～110	80～100	70～100	20～40 40～60 50～80 60～100	120～160	60～100 70～130 110～200 100～160	20～40	50～70
使用人（床）数	100～6000	100～6000	150～1200	150～1200	150～1200	150～1200	50～1000	50～1000	50～1000
K_h	4.8～2.75	4.21～2.47	4.00～2.58	4.80～3.20	3.84～3.00	3.33～2.60	3.63～2.56	4.80～3.20	3.20～2.74

注：1 表中热水用水定额与表 6.2.1-1 中最高日用水定额对应。

2 K_h 应根据热水用水定额高低，使用人（床）数多少取值，当热水用水定额高、使用人（床）数多时取低值，反之取高值。使用人（床）数小于或等于下限值及大于或等于上限值时，K_h 就取上限值及下限值，中间值可用定额与人（床）数的乘积作为变量内插法求得。

3 设有全日集中热水供应系统的办公楼、公共浴室等表中未列入的其他类建筑的 K_h 值可按本标准表 3.2.2 中给水的小时变化系数选值。

3 定时集中热水供应系统，工业企业生活间、公共浴室、宿舍（设公用盥洗卫生间）、剧院化妆间、体育场（馆）运动员休息室等建筑的全日集中热水供应系统及局部热水供应系统的设计小时耗热量应按下式计算：

$$Q_h = \sum q_h C(t_{rl} - t_l) \rho_r n_o b_g C_\gamma$$

式中：Q_h——设计小时耗热量（kJ/h）；

q_h——卫生器具热水的小时用水定额（L/h），按本标准表 6.2.1-2 取用；

t_{rl}——使用温度（℃），按本标准表 6.2.1-2 "使用水温" 取用；

n_o——同类型卫生器具数；

b_g——同类型卫生器具的同时使用百分数。住宅、旅馆、医院、疗养院病房、卫生间内浴盆或淋浴器可按 70%～100% 计，其他器具不计，但定时连续供水时间应大于或等于 2h；工业企业生活间、公共浴室、宿舍（设公用盥洗卫生间）、剧院、体育场（馆）等的浴室内的淋浴器和洗脸盆均按表3.7.8-1的上限取值；住宅一户设有多个卫生间时，可按一个卫生间计算。

4 具有多个不同使用热水部门的单一建筑或具有多种使用功能的综合性建筑，当其热水由同一全日集中热水供应系统供应时，设计小时耗热量可按同一时间内出现用水高峰的主要用水部门的设计小时耗热量，加其他用水部门的平均小时耗热量计算。

【释读】

本条给出了热水系统最重要参数——设计小时耗热量的计算方法：不同类型的建筑热水使用特点不同，采用的计算方法不同，全日集中供热水的按本条第2款计算，定时集中供热的按本条第3款计算，此外，本条第1款给出了居住小区集中供热时，小区内不同建筑的耗热量如何汇总，本条第4款则给出了具有不同使用特点空间分隔的综合建筑的总耗热量计算方法。

【条文】

6.5.11 水加热设施贮热量应符合下列规定：

1 内置加热盘管的加热水箱、导流型容积式水加热器、半容积式水加热器的贮热量应符合表6.5.11的规定。

表6.5.11 水加热设施的贮热量

加热设备	以蒸汽和95℃以上的热水为热媒		以小于或等于95℃的热水为热媒	
	工业企业淋浴室	其他建筑物	工业企业淋浴室	其他建筑物
内置加热盘管的加热水箱	≥30min·Q_h	≥45min·Q_h	≥60min·Q_h	≥90min·Q_h
导流型容积式水加热器	≥20min·Q_h	≥30min·Q_h	≥30min·Q_h	≥40min·Q_h
半容积式水加热器	≥15min·Q_h	≥15min·Q_h	≥15min·Q_h	≥20min·Q_h

注：1 燃油（气）热水机组所配贮热水罐，贮热量宜根据热媒供应情况按导流型容积式水加热器或半容积式水加热器确定。

2 表中Q_h为设计小时耗热量（kJ/h）。

2 半即热式、快速式水加热器，当热媒按设计秒流量供应且有完善可靠的温度自动控制及安全装置时，可不设贮热水罐；当其不具备上述条件时，应设贮热水罐；贮热量宜根据热媒供应情况按导流型容积式水加热器或半容积式水加热器确定。

【释读】

本条给出了水加热设备的贮热量的计算方法，承接6.4.3中导流型和半容积式水加热设备的贮热能力。注意本条计算得到的是贮热量不是贮水量。贮水量应按6.5.10计算。

本条第2款还要求不带贮热水罐的半即热式、快速式水加热器必须设可靠的温度自动控制及安全装置。

【关联条文】

6.5.10 导流型容积式水加热器或加热水箱（罐）等的容积附加系数应符合下列规定：

1 导流型容积式水加热器、贮热水箱（罐）的计算容积的附加系数应按本标准式（6.4.3-1）中的有效贮热容积系数 η 计算；

2 当采用半容积式水加热器、带有强制罐内水循环水泵的水加热器或贮热水箱（罐）时，其计算容积可不附加。

3 太阳能热水供应系统的水加热器、集热水箱（罐）的有效容积可按本标准式（6.6.5-1）、式（6.6.5-2）计算确定，水源、空气源热泵热水供应系统的贮热水箱（罐）的有效容积可按本标准式（6.6.7-2）计算确定。

【释读】

本条给出了不同水加热设备贮热水箱或加热水箱的有效容积计算方法，包括是否计算水加热设备的附加容积，太阳能热水系统的集热水箱贮热容积和热泵系统的贮热水箱容积计算公式，水箱容积可参考下面公式：理论上，集中热水供应系统的热水贮水容积应根据日用热水量小时变化曲线及锅炉、加热器的工作制度和供热能力以及自动温度控制装置等因素按积分曲线计算确定。当缺少资料时，热水贮水有效容积可按下面公式计算：

$$V \geq \frac{T Q_h}{(t_r - t_L) C}$$

式中 V——热水贮水的有效容积，即计算容积（L）；

T——表6.5.11规定的时间（h）；

Q_h——设计小时耗热量（kJ/h）；

C——水的比热，$C = 4.187 \text{kJ/(kg·℃)}$；

t_r——热水温度（℃）；

t_L——冷水温度（℃）。

本条第3款所涉太阳能贮热水箱容积计算相关的规范见本章第6节中6.6.5，所涉热泵供水贮热水箱容积计算相关的规范见本章第6节中6.6.7。本节暂不释读。

【条文】

6.4.2 设计小时热水量可按下式计算：

$$q_{rh} = \frac{Q_h}{(t_{r2} - t_l) C \rho_r C_\gamma}$$

式中：q_{rh}——设计小时热水量（L/h）；

t_{r2}——设计热水温度（℃）；

t_l——设计冷水温度（℃）。

【释读】

本条给出了系统设计小时热水供水量计算方法，与设计小时供热量不同，是按设计小时耗热量与设计水温，冷水设计水温计算出来的，满足用户热水使用要求的热水供应量，选择水加热设备时，除满足设计小时供热量要求外，也应满足热水供水量的要求。

第3节 热水管网布置与计算

热水系统设计除合理选择系统、加热换热设备外，另一重要任务是布置、设计热水管网、热水加压设备和管网控制、检修附件。本节按设计步骤就管道布置、供水管计算及循环管计算相关规范进行梳理并释读。

热水管网系统与冷水管网系统比较，为节省热能，除了有供水管道，大部分热水供水系统还设置了回水循环管道。其中的热水供水管道布置的基本要求和冷水供水管道基本相同：应靠近用水量大的用水设备并减少水头损失；既要避免布置在可能影响建筑使用功能的位置，也要避免设置在可能被外界影响的位置，具体可参见本书第1章第2节第3小节。但热水管网系统，还应考虑减少管道热损失，减少用水点热水响应时间，因此，热水供水立管和回水立管较冷水系统更注重布置在热水用水设备附近。另外，热水供水管布置还需考虑各用水点冷、热水水压平衡的要求，因此应尽可能将管网设置成同程循环模式，若实在不易，则应增加压力平衡设备或附件。

1 热水管道的布设要求

【条文】

6.8.2 热水管道应选用耐腐蚀和安装连接方便可靠的管材，可采用薄壁不锈钢管、薄壁铜管、塑料热水管、复合热水管等。当采用塑料热水管或塑料和金属复合热水管材时，应符合下列规定：

1 管道的工作压力应按相应温度下的许用工作压力选择；
2 设备机房内的管道不应采用塑料热水管。

【释读】

本条就热水系统管材选用作了规定。根据国家有关部门建议，作为热水管道的管材选用顺序为薄壁不锈钢管、薄壁铜管、塑料热水管、塑料和金属复合热水管等。

本条第1款给出：管道工作压力应按相应温度下的许用工作压力选择。塑料管材能承受的压力受温度的影响很大——管内介质温度升高可能使其能承受的压力骤减，因此，挑选管材时应考虑相应介质温度下管材所需承受的工作压力。

本条第2款规定的原因是：设备机房内的管道安装维修时，可能发生碰撞，还可能站人，塑料管材质脆且不禁撞击，不适合用在机房。

【条文】

6.8.1 热水系统采用的管材和管件，应符合国家现行标准的有关规定。管道的工作压力和工作温度不得大于国家现行标准规定的许用工作压力和工作温度。

【释读】

选用的热水管材和管件应符合热水使用的水质及压力、安全要求，生活热水水温不超过100℃，且在线膨胀系数、保温性能等方面与冷水管要求不同，不能混用。

【条文】

6.8.15 室外热水供、回水管道宜采用管沟敷设。当采用直埋敷设时，应采用憎水型保温材料保温，保温层外应做密封的防潮防水层，其外再做硬质保护层。管道直埋敷设应符合国家现行标准《城镇供热直埋热水管道技术规程》CJJ/T 81、《建筑给水排水及采暖工程施工质量验收规范》GB 50242和《设备及管道绝热设计导则》GB/T 8175的规定。

【释读】

热水直埋管保温、防潮、防水，还需做硬质保护层，所以建议室外热水管设在管沟内，安全且便于检修。上述设计成果应反映在设计说明和设计详图中。

【条文】

6.8.14 热水锅炉、燃油（气）热水机组、水加热设备、贮热水罐、分（集）水器、热水输（配）水、循环回水干（立）管应做保温，保温层的厚度应经计算确定并应符合本标准第3.6.12条的规定。

【释读】

热水管应做保温，保温层做法与冷水管的防露层做法一致，计算和构造按现行国家标准《设备及管道绝热设计导则》GB/T 8175 执行。应在设计说明及相关详图中表达。

【条文】

6.8.17 热水管道的敷设应按本标准第 3.6 节中有关条款执行。

【释读】

3.6 节为室内给水管道的铺设要求：给水管道应靠近用水量大的用水设备、减少水头损失；既避免布置在可能影响建筑使用功能的位置，也要避免布置在可能外界影响的位置。

【条文】

6.8.13 塑料热水管宜暗设，明设时立管宜布置在不受撞击处。当不能避免时，应在管外采取保护措施。

【释读】

与冷水管一样，常用的塑料材质热水管也宜暗设，否则应有保护措施。

【条文】

6.8.3 热水管道系统应采取补偿管道热胀冷缩的措施。

【释读】

热水管道因受热膨胀会伸长，如无自由伸缩的余量，管壁会出现超过材料许可的内应力，致使管道变形以致破裂，管道两端固定支架也会产生很大推力。为此，设计时可以考虑利用管道的自然转弯来弥补，也可以采用伸缩器（常用波纹管伸缩补偿器）来弥补较长直线管线的温度变形。

【条文】

6.8.12 热水横干管的敷设坡度上行下给式系统不宜小于 0.005，下行上给式系统不宜小于 0.003。

【释读】

热水机械、自然循环、低压蒸汽的干管敷设坡度不同，敷设的坡度方向分别是：

1、热水循环管道的机械、自然循环管道坡度方向相同，都是沿水流方向管道升高。即水走"抬头"，利于排出空气。

2、低压蒸汽的干管敷设坡度沿水流方向管道下降，即汽走"低头"，利于排出凝结水。

【条文】

6.8.4 配水干管和立管最高点应设置排气装置。系统最低点应设置泄水装置。

【释读】

最高点设置排气阀，有利于排除管道内的溶解氧和二氧化碳，减少管道腐蚀。最低点设置泄水阀，方便系统排水检修。

【条文】

6.8.16 热水管穿越建筑物墙壁、楼板和基础处应设置金属套管，穿越屋面及地下室外墙时应设置金属防水套管。

【释读】

冷水管穿墙和楼板可以用塑料套管，热水管不行。

【条文】

6.3.7 集中热水供应系统的分区及供水压力的稳定、平衡，应遵循下列原则：

1 应与给水系统的分区一致，并应符合下列规定：

①闭式热水供应系统的各区水加热器、贮热水罐的进水均应由同区的给水系统专管供应；②由热水箱和热水供水泵联合供水的热水供应系统的热水供水泵扬程应与相应供水范围的给水泵压力协调，保证系统冷热水压力平衡；③当上述条件不能满足时，应采取保证系统冷、热水压力平衡的措施。

2 由城镇给水管网直接向闭式热水供应系统的水加热器、贮热水罐补水的冷水补水管上装有倒流防止器时，其相应供水范围内的给水管宜从该倒流防止器后引出。

3 当给水管道的水压变化较大且用水点要求水压稳定时，宜采用设高位热水箱重力供水的开式热水供应系统或采取稳压措施。

4 当卫生设备设有冷热水混合器或混合龙头时，冷、热水供应系统在配水点处应有相近的水压。

5 公共浴室淋浴器出水水温应稳定，并宜采取下列措施：

①采用开式热水供应系统；②给水额定流量较大的用水设备的管道应与淋浴配水管道分开；③多于3个淋浴器的配水管道宜布置成环形；④成组淋浴器的配水管的沿程水头损失，当淋浴器少于或等于6个时，可采用每米不大于300Pa；当淋浴器多于6个时，可采用每米不大于350 Pa；配水管不宜变径，且其最小管径不得小于25mm；⑤公共淋浴室宜采用单管热水供应系统或采用带定温混合阀的双管热水供应系统，单管热水供应系统应采取保证热水水温稳定的技术措施。当采用公共浴池沐浴时，应设循环水处理系统及消毒设备。

【释读】

热水管道布置时应考虑冷热水供水管在用水点处的水压是否接近、是否稳定，否则水温忽冷忽热，体验不佳，甚至发生烫伤事故（养老院、幼儿园等类似机构应增加保护措施)。本条给出若干使用条件下平衡冷热水水压、维持热水水压稳定的措施,其中第1款是热水管道布置时首先要考虑的——保证与冷水水压相近,其他款还给出了不同条件下的平衡措施。

2 热水用水量计算及管径的确定

【条文】

6.7.8 热水管道的流速宜按表6.7.8选用。

表6.7.8 热水管道的流速

公称直径（mm）	15~20	25~40	≥50
流速（m/s）	≤0.8	≤1.0	≤1.2

【释读】

对比冷水系统,热水系统增加了加热设备,局部损失更大,为保持用水点水压接近,设计采用的经济流速比冷水经济流速小,以减小水头损失。热水配水管管径通过本条规定的流速以及设计流量确定,回水管管径确定方法原则上和配水管网一致。在多立管系统中,为保证各立管的循环效果,应尽量减少干管的水头损失,故热水配水干管和回水干管按对应最大流量确定的最大管径计算,并保持不变。

【条文】

6.7.1 设有集中热水供应系统的居住小区室外热水干管的设计流量可按本标准第3.13.4条的规定计算确定。建筑物的热水引入管应按其相应热水供水系统总干管的设计秒流量确定。

【释读】

热水室外供水干管和建筑物热水引入管水量计算方法与冷水室外供水干管和冷水引入管计算方法一样。具体详见本书第1章第2节。

【条文】

6.7.2 建筑物内热水供水管网的设计秒流量可分别按本标准第3.7.4条~第3.7.10条计算。

【释读】

热水管道设计秒流量计算方法与冷水管道设计秒流量计算方法一致。具体详见本书第1章第2节。

3 热水循环管网及循环泵计算

【条文】

6.3.10 集中热水供应系统应设热水循环系统,并应符合下列规定:

1 热水配水点保证出水温度不低于45℃的时间,居住建筑不应大于15s,公共建筑不应大于10s;

2 应合理布置循环管道,减少能耗;

3 对使用水温要求不高且不多于3个的非沐浴用水点,当其热水供水管长度大于15m时,可不设热水回水管。

【释读】

集中供热系统规模往往大,热能损耗大,若不设循环系统,能源浪费太多,故提出本条文要求,局部热水供应系统,用水点分散,用水量不大时可不设循环管道。也因本条要求,热水立管的设置与给水立管的设置稍有不同——热水立管尽可能临近热水用水点,给水立管则要求靠近用水点设置。

本条还明确了设循环管应满足的节能要求和用水温度响应时间要求。本条第3款所指"非沐浴用水点"类似洗手池以及厨房洗菜盆。

【条文】

6.3.11 小区集中热水供应系统应设热水回水总管和总循环水泵保证供水总管的热水循环,其所供单栋建筑的热水供、回水循环管道的设置应符合本标准第6.3.12条的规定。

【释读】

小区集中热水供应系统的回水总管水头损失较大,自然压力往往不能满足热水循环要求,应采用循环泵保证热水回水。

【条文】

6.3.12 单栋建筑的集中热水供应系统应设热水回水管和循环水泵保证干管和立管中的热水循环。

【释读】

热水循环类型包括干管循环、立管循环和支管循环,单栋建筑的集中热水供应系统最低要求应设干管和立管循环,支管循环用于水温稳定性要求高和不能满足出水温度时间(见规范6.3.10)要求的供水点。

【条文】

6.3.13 采用干管和立管循环的集中热水供应系统的建筑，当系统布置不能满足第6.3.10条第1款（热水配水点保证出水温度不低于45℃的时间，居住建筑不应大于15s，公共建筑不应大于10s）的要求时，应采取下列措施：

1 支管应设自调控电伴热保温；

2 不设分户水表的支管应设支管循环系统。

【释读】

本条给出设支管循环的条件和替代措施——自调控电伴热保温措施。本条第2款设分户水表计量的建筑不宜设支管循环，其理由：一是支管进、出口若分设水表，易产生计量误差，引发计费纠纷；二是循环管道及阀件太多难以维护管理，难以保证循环效果；三是住宅相对公建，易采取节水措施；四是能耗大；五是当支管敷设在垫层时，施工安装困难。按此要求，建筑如住宅、别墅及酒店式公寓通常只采用立管和干管循环。

【条文】

6.3.14 热水循环系统应采取下列措施保证循环效果：

1 当居住小区内集中热水供应系统的各单栋建筑的热水管道布置相同，且不增加室外热水回水总管时，宜采用同程布置的循环系统。当无此条件时，宜根据建筑物的布置、各单体建筑物内热水循环管道布置的差异等，在单栋建筑回水干管末端设分循环水泵、温度控制或流量控制的循环阀件。

2 单栋建筑内集中热水供应系统的热水循环管宜根据配水点的分布布置循环管道：

① 循环管道同程布置；② 循环管道异程布置，在回水立管上设导流循环管件、温度控制或流量控制的循环阀件。

3 采用减压阀分区时，除应符合本标准第3.5.10条、第3.5.11条的规定外，尚应保证各分区热水的循环。

4 太阳能热水系统的循环管道设置应符合本标准第6.6.1条第6款的规定。

5 设有3个或3个以上卫生间的住宅、酒店式公寓、别墅等共用热水器的局部热水供应系统，宜采用下列措施：

①设小循环泵机械循环；②设回水配件自然循环；③热水管设自调控电伴热保温。

【释读】

同程布置循环管是集中热水供水系统的首选，若因客观条件无法布置，还有一些补救措施可供采用。本条第1款、第2款、第3款给出了上述要求。第5款给出了局部热水供应系统采用循环回水的条件和措施。第4款给了太阳能供水系统的循环管设置条件，具体见6.6.1的第6款。

6.6.1条第6款：集中集热、分散供热太阳能热水系统，采用由集热水箱或由集热、贮热、换热一体间接预热承压冷水供应热水的组合系统，直接向分散带温控的热水器供水，且至最远热水器热水管总长不大于20m时，热水供水系统可不设循环管道。

6 本款规定了集中集热、分散供热太阳能热水系统，在满足条款规定的条件下，供热水管道部分可不设循环管道。

【条文】

6.7.9 热水供应系统的循环回水管管径，应按管路的循环流量经水力计算确定。

6.7.5 全日集中热水供应系统的热水循环流量应按下式计算：

$$q_x = \frac{Q_s}{C \cdot \rho_r \Delta t_s}$$

式中：q_x——全日集中热水供应系统循环流量（L/h）；

Q_s——配水管道的热损失（kJ/h），经计算确定，单体建筑可取（2%~4%）Q_h，小区可取（3%~5%）Q_h；

Δt_s——配水管道的热水温度差（℃），按系统大小确定，单体建筑可取5℃~10℃，小区可取6℃~12℃。

【释读】

6.7.9 要求循环管道管径应据循环流量及经济流速计算确定。其中全日集中热水供应系统的循环流量按6.7.5要求计算确定，该公式循环流量大小取决于配水管道热损失——配水管道热量损耗越大、保温条件越差，循环流量越大。本条公式不仅可用于总循环流量的计算还可以配合流量守恒公式用于各立管循环流量计算。式（6.7.5）中Q_s、Δt_s提出的取值范围可供设计参考，并宜控制$q_x = （0.1~0.15）q_{rh}$（设计小时热水量）。配水管道水温要求见6.2.6。

【关联条文】

6.2.6 集中热水供应系统的水加热设备出水温度应根据原水水质、使用要求、系统大小及消毒设施灭菌效果等确定，并应符合下列规定：

1 进入水加热设备的冷水总硬度（以碳酸钙计）小于120 mg/L时，水加热设备最高出水温度应小于或等于70℃；冷水总硬度（以碳酸钙计）大于或等于120 mg/L时，最高出水温度应小于或等于60℃；

2 系统不设灭菌消毒设施时，医院、疗养所等建筑的水加热设备出水温度应为60℃~65℃，其他建筑水加热设备出水温度应为55℃~60℃；系统设灭菌消毒设施时水加热设

备出水温度均宜相应降低5℃;

3 配水点水温不应低于45℃。

【条文】

6.7.6 定时集中热水供应系统的热水循环流量可按循环管网总水容积的2倍~4倍计算。循环管网总水容积包括配水管、回水管的总容积,不包括不循环管网、水加热器或贮热水设施的容积。

【释读】

定时集中热水供水系统热水循环流量按本条计算,注意<u>循环管网总水容积</u>的范围。

【条文】

6.7.10 集中热水供应系统的循环水泵设计应符合下列规定:

1 水泵的出水量应按下式计算:

$$q_{xh} = K_x \cdot q_x$$

式中: q_{xh}——循环水泵的流量(L/h);

K_x——相应循环措施的附加系数,取 $K_x = 1.5 \sim 2.5$。

2 水泵的扬程应按下式计算:

$$H_b = h_p + h_x$$

式中: H_b——循环水泵的扬程(kPa);

h_p——循环流量通过配水管网的水头损失(kPa);

h_x——循环流量通过回水管网的水头损失(kPa)。

当采用半即热式水加热器或快速水加热器时,水泵扬程尚应计算水加热器的水头损失。当计算 H_b 值较小时,可选 $H_b = 0.05\text{MPa} \sim 0.10\text{MPa}$。

3 循环水泵应选用热水泵,水泵壳体承受的工作压力不得小于其所承受的静水压力加水泵扬程。

4 循环水泵宜设备用泵,交替运行。

5 全日集中热水供应系统的循环水泵在泵前回水总管上应设温度传感器,由温度控制开停。定时热水供应系统的循环水泵宜手动控制,或定时自动控制。

【释读】

集中热水供应系统循环泵设置要求。注意第5款给出了循环泵的控制要求。本条公式中 q_x 为循环流量。

【条文】

6.7.12 设有循环水泵的局部热水供应系统,循环水泵的设置应符合下列规定:

1 可设 1 台循环水泵；

2 循环水泵宜带智能控制或手动控制。

【释读】

局部热水供应系统循环泵设置的要求。可以不设备用，这与定时集中系统要求设备用不同。

【条文】

6.7.4 热水管网的水头损失计算应符合下列规定：

1 单位长度水头损失，应按本标准第 3.7.14 条确定，管道的计算内径 d_j 应考虑结垢和腐蚀引起的过水断面缩小的因素；

2 局部水头损失，可按本标准第 3.7.15 条的规定计算。

【释读】

热水管网水头损失计算公式与冷水一致，沿程损失计算时，代入公式的管道管径应采用内径，但热水管网内径应考虑断面缩小——即原管内径减去垢层的厚度。3.7.14 和 3.7.15 详见第 1 章第 2 节。

【条文】

6.7.3 卫生器具热水给水额定流量、当量、支管管径和最低工作压力，应符合本标准第 3.2.12 条的规定。

【释读】

热水系统流量、水头损失计算所涉额定流量、当量、支管管径和最低工作压力要求与冷水一致（3.2.12）。

【条文】

6.7.11 采用热水箱和热水供水泵联合供水的全日热水供应系统的热水供水泵、循环水泵应符合下列规定：

1 热水供水泵与循环水泵宜合并设置热水泵，流量和扬程应按热水供水泵计算；

2 热水供水泵的流量按本标准第 3.9.3 条计算，并符合本标准第 6.3.7 条的规定；

3 热水泵应按本标准第 3.9.1 条选择，且热水泵不宜少于 3 台；

4 热水总回水管上应设温度控制阀件控制总回水管的开、关。

5 水泵噪声和振动应符合国家现行的有关标准的规定。

【释读】

近年来，随着太阳能、热泵热水系统的推广应用，采用高、低位热水箱配热水供水泵供水的系统日益增多。为了规范这种系统热水供水泵、热水循环水泵的设计计算而规定了本条款。

热水供水泵设置是用来满足用户水量和水压要求，循环水泵设置是用来满足用户水温要求，当系统中同时存在两种设置需求时，按本条第1款可合并，且按供水量要求计算流量和扬程。本条第2款实际上建议热水泵采用变频供水设备，使用时遵循冷水变频泵选用规范3.9.3。第3款要求遵循冷水泵选用普遍原则（3.9.1）条件下，泵台数配置宜大于或等于3台，以利于用水量小时段内，为满足管网循环流量要求，启动低功率水泵能高效工作，节约能源。有关规范3.9.1和3.9.3详见第1章第2节。

第4节 热水系统加热、贮热设备布置

【条文】

6.5.15 水加热设备和贮热设备罐体，应根据水质情况及使用要求采用耐腐蚀材料制作或在钢制罐体内表面衬不锈钢、铜等防腐面层。

【释读】

高温下，普通生活用水因富含杂质，易对水加热设备形成腐蚀，为保证水质及延长设备使用寿命，规定了本条。

【条文】

6.5.16 水加热器的布置应符合下列规定：

1 导流型容积式、半容积式水加热器的侧向或竖向应留有抽出加热管束或盘管的空间；

2 导流型容积式、半容积式水加热器的一侧应有净宽不小于0.7m的通道，其他侧净宽不应小于0.5m；

3 水加热器上部附件的最高点至建筑结构最低点的净距应满足检修的要求，并不得小于0.2m，房间净高不得低于2.2m。

【释读】

布置水加热器时，应注意维护检修对设备安装间距的要求。

【条文】

6.5.17 燃油（气）热水机组机房的布置应符合下列规定：

1 燃油（气）热水机组机房宜与其他建筑物分离独立设置；当机房设在建筑物内时，不应设置在人员密集场所的上、下或贴邻，并应设对外的安全出口；

2 机房的布置应满足设备的安装、运行和检修要求，并靠外墙布置其前方应留不少于机组长度 2/3 的空间，后方应留 0.8m~1.5m 的空间，两侧通道宽度应为机组宽度，且不应小于 1.0m。机组最上部部件（烟囱除外）至机房顶板梁底净距不宜小于 0.8m；

3 机房与燃油（气）机组配套的日用油箱、贮油罐等的布置和供油、供气管道的敷设均应符合有关消防、安全的要求。

【释读】

燃气和燃油热水机房涉及易燃易爆物，设置时应考虑空间位置和安全要求：宜独立、不毗邻要求、安全出口要求；机组一般体积较大，机房内部空间应有足够的搬运空间以便安装；日用油量、贮存量、单独贮存室、防火设置都应按相关消防规范要求设置。

【条文】

6.5.18 设置锅炉、燃油（气）热水机组、水加热器、贮热水罐的房间，应便于泄水、防止污水倒灌，并应有良好的通风和照明。

【释读】

本条所涉为锅炉、燃油（气）热水机组、水加热器、贮热水罐房间。这些房间从散热与操作角度应保持良好的通风，照明。对给排水而言，应该有泄水管道以防事故积水，同时也应保证污水不倒灌，影响上述设备。

【条文】

6.5.5 局部热水供应设备应符合下列规定：（1.2.3略）

4 热水器不应安装在下列位置：

1）易燃物堆放处；

2）对燃气管、表或电气设备有安全隐患处；

3）腐蚀性气体和灰尘污染处。

【释读】

本条第 4 款为局部热水供应设备设置空间的要求，局部热水供应设备体积较小，安装方便，但涉及电和热，也有使用安装禁忌，应注意。其他几款与设备安装无关，此处略。

【条文】

6.5.14 热水箱应加盖，并应设溢流管、泄水管和引出室外的通气管。热水箱溢流水位超出冷水补水箱的水位高度应按热水膨胀量计算。泄水管、溢流管不得与排水管道直接连接。

【释读】

本条所说热水箱为开式系统热水箱，无论是集热水箱还是贮热水箱应按本条设置溢流管、泄水管和通气管,并满足相关要求。

【条文】

6.5.19 在设有膨胀管的开式热水供应系统中,膨胀管的设置应符合下列规定:

1 当热水系统由高位生活饮用冷水箱补水时,可将膨胀管引至同一建筑物的非生活饮用水箱的上空,其高度应按下式计算:

$$h_1 \geq H_1 \cdot \left(\frac{\rho_l}{\rho_r} - 1\right)$$

式中:h_1——膨胀管高出高位冷水箱最高水位的垂直高度(m);

H_1——热水锅炉、水加热器底部至高位冷水箱水面的高度(m);

ρ_l——冷水密度(kg/m³);

ρ_r——热水密度(kg/m³),膨胀管出口离接入非生活饮用水箱溢流水位的高度不应少于100mm。

2 当膨胀管有结冻可能时,应采取保温措施。

3 膨胀管的最小管径应按表6.5.19确定。

表6.5.19 膨胀管的最小管径

热水锅炉或水加热器的加热面积(m²)	<10	≥10且<15	≥15且<20	≥20
膨胀管最小管径(mm)	25	32	40	50

【释读】

开式热水管道系统应设置膨胀管保证系统水加温后体积膨胀可能带来的不利影响。膨胀管的具体设置要求见本条内容。

【关联条文】

6.5.20 膨胀管上严禁装设阀门。

【条文】

6.5.21 在闭式热水供应系统中,应设置压力式膨胀罐、泄压阀,并应符合下列规定:

1 最高日日用热水量小于或等于30m³的热水供应系统可采用安全阀等泄压的措施。

2 最高日日用热水量大于30m³的热水供应系统应设置压力式膨胀罐;膨胀罐的总容积应按下式计算:

$$V_e = \frac{(\rho_f - \rho_r) P_2}{(P_2 - P_1) \rho_r} \cdot V_s$$

式中：V_e——膨胀罐的总容积（m³）；

ρ_f——加热前加热、贮热设备内水的密度（kg/m³），定时供应热水的系统宜按冷水温度确定；全日集中热水供应系统宜按热水回水温度确定；

ρ_r——热水密度（kg/m³）；

P_1——膨胀罐处管内水压力（MPa，绝对压力），为管内工作压力加 0.1MPa；

P_2——膨胀罐处管内最大允许压力（MPa，绝对压力），其数值可取 1.10 倍 P_1，但应校核 P_2 值，并应小于水加热器设计压力；

V_s——系统内热水总容积（m³）。

3 膨胀罐宜设置在水加热设备的冷水补水管上或热水回水管上，其连接管上不宜设阀门。

【释读】

闭式系统膨胀罐是该系统的稳压安全保护装置，为承压设备，与开式系统的膨胀管名字相近，但差距很大。本条第 2、3 款给出了膨胀罐的体积计算方法及设置要求。一般来说，系统热水总容积越大，膨胀罐体积越大。第 1 款则给出了用水量较小的闭式系统不设膨胀罐的替代措施。

【条文】

6.5.13 闭式热水供应系统的冷水补给水管的设置除应符合本标准第 6.3.7 条的要求外，尚应符合下列规定：

1 冷水补给水管的管径应按热水供应系统总干管的设计秒流量确定；

2 有第一循环的热水供应系统，当第一循环采用自然循环时，冷水补给水管应接入贮热水罐，不应接入第一循环的回水管、热水锅炉或热水机组。

【释读】

闭式热水系统的冷水补水管应能满足热水最大供水量要求，否则可能造成系统内压力降低，故设置第 1 款；闭式系统第一循环采用热水做热媒，加热后的热水进入贮热供热水箱，将热量转移到第二循环热水系统，第一循环水温较高，更易结垢，故冷水补水管不接入第一循环回水管、热水锅炉或热水机组，而接入到第二循环回水管或贮热水箱中，可减少第一循环内接入新鲜补水带来的杂质，对机组长期运行有利。

第5节 热水系统附件设置

【条文】

6.8.6 热水系统上各类阀门的材质及阀型应符合本标准第3.5.3条~第3.5.5条和第3.5.7条的规定。

【释读】

热水供水系统各类阀门的设置要求与冷水供水系统基本相同。3.5.3条~第3.5.5条和第3.5.7涉及阀门如调节阀,截止阀,闸阀,球阀,半球阀、多功能水泵控制阀、减压阀、倒流防止器和止回阀的选型和安装要求,详见第1章第2节。

【条文】

6.8.7 热水管网应在下列管段上装设阀门:

1 与配水、回水干管连接的分干管;

2 配水立管和回水立管;

3 从立管接出的支管;

4 室内热水管道向住户、公用卫生间等接出的配水管的起端;

5 水加热设备,水处理设备的进、出水管及系统用于温度、流量、压力等控制阀件连接处的管段上按其安装要求配置阀门。

【释读】

本条给出了区别冷水管网,热水管网特别要求应装设阀门的位置。

【条文】

6.8.8 热水管网应在下列管段上设置止回阀:

1 水加热器或贮热水罐的冷水供水管;

2 机械循环的第二循环系统回水管;

3 冷热水混水器、恒温混合阀等的冷、热水供水管。

【释读】

区别冷水管网,本条给出了热水管网特别要求装设止回阀的位置。

【条文】

6.8.9 水加热设备的出水温度应根据其贮热调节容积大小分别采用不同温级精度要求的自动温度控制装置。当采用汽水换热的水加热设备时,应在热媒管上增设切断汽源的电动阀。

【释读】

水加热设备上应设自动温控装置，贮热调节容积大的出水温度更稳定，温级精度要求可以比调节容积小的低，即热式加热设备温控精度要求最高。和燃气、燃油加热设备一样，汽水换热设备在提供高能量的高温蒸汽管道进口端应设置电动切断阀门。

【条文】

6.8.10 水加热设备的上部、热媒进出口管、贮热水罐、冷热水混合器上和恒温混合阀的本体或连接管上应装温度计、压力表；热水循环泵的进水管上应装温度计及控制循环水泵开停的温度传感器；热水箱应装温度计、水位计；压力容器设备应装安全阀，安全阀的接管直径应经计算确定，并应符合锅炉及压力容器的有关规定，安全阀前后不得设阀门，其泄水管应引至安全处。

【释读】

本条规定了水加热设备、热水循环泵、热水箱、压力容器设备上应设置的附件：热水容积设备应设温度计，压力设备应设压力表，同时加装安全阀。热水循环泵的开停由进水管上温度传感器控制；闭式系统既使采用膨胀罐稳压，也需要装设安全阀。

【条文】

6.8.11 水加热设备的冷水供水管上应装冷水表，设有集中热水供应系统的住宅应装分户热水水表，洗衣房、厨房、游乐设施、公共浴池等需要单独计量的热水供水管上应装热水水表，其设有回水管者应在回水管上装热水水表。水表的选型、计算及设置应符合本标准第3.5.18条、第3.5.19条的规定。

【释读】

热水供水系统中冷水水表和热水水表的安装要求：其中住宅应设分户热水水表。设有分户热水水表，同时设有支管回水管的，需要在回水管上增设热水表。除设置位置、水表选型，热水水表有特殊要求外，计算与冷水系统要求相同。

【关联条文】

3.5.18 水表应装设在观察方便、不冻结、不被任何液体及杂质所淹没和不易受损处。

3.5.19 水表口径确定应符合下列规定：

1. 用水量均匀的生活给水系统的水表应以给水设计流量选定水表的常用流量；2. 用水量不均匀的生活给水系统的水表应以给水设计流量选定水表的过载流量；3. 在消防时除生活用水外尚需通过消防流量的水表，应以生活用水的设计流量叠加消防流量进行校核，校核流量不应大于水表的过载流量；4. 水表规格应满足当地供水主管部门的要求。

【条文】

6.8.18 用蒸汽作热媒间接加热的水加热器应在每台开水器凝结水回水管上单独设疏水器，蒸汽立管最低处、蒸汽管下凹处的下部应设疏水器。

【释读】

蒸汽管最低位置应设疏水器，如蒸汽做热媒的第一循环系统。

第6节 太阳能热水系统

本节内容主要节自《建筑给水排水设计标准》，部分带下划线的条文节自《民用建筑太阳能热水系统应用技术标准》GB 50364-2018。

14 太阳能热水系统选择

【条文】

6.6.1 太阳能热水系统的选择应遵循下列原则：

1 公共建筑宜采用集中集热、集中供热太阳能热水系统；（后文简称集-集或双集）

2 住宅类建筑宜采用集中集热、分散供热太阳能热水系统或分散集热、分散供热太阳能热水系统；（后文简称集分或分分）

3 小区设集中集热、集中供热太阳能热水系统或集中集热、分散供热太阳能热水系统时应符合本标准第6.3.6条的规定；太阳能集热系统宜按分栋建筑设置，当需合建系统时，宜控制集热器阵列总出口至集热水箱的距离不大于300 m；

4 太阳能热水系统应根据集热器构造、冷水水质硬度及冷热水压力平衡要求等经比较确定采用直接太阳能热水系统或间接太阳能热水系统；

5 太阳能热水系统应根据集热器类型及其承压能力、集热系统布置方式、运行管理条件等经比较采用闭式太阳能集热系统或开式太阳能集热系统；开式太阳能集热系统宜采用集热、贮热、换热一体间接预热承压冷水供应热水的组合系统；

6 集中集热、分散供热太阳能热水系统采用由集热水箱或由集热、贮热、换热一体间接预热承压冷水供应热水的组合系统直接向分散带温控的热水器供水，且至最远热水器热水管总长不大于20m时，热水供水系统可不设循环管道；

7 除上款规定外的其他集中集热、集中供热太阳能热水系统和集中集热、分散供热太阳能热水系统的循环管道设置应按本标准第6.3.14条执行。

【释读】

太阳能热水系统,包括集热系统、供热系统两部分。集热系统类似第一循环系统,供热系统为第二循环系统。由于太能阳集热系统供热能力比燃气、燃油供热能力低,常需增设热水辅助加热系统,使得集热、供热系统的分散和集中两种形式各自具备一定适用范围。本条1、2、3款对太阳能热水系统在主要建筑类型采用方式进行了规划:公共建筑采用双集;住宅采用集分或分分;小区采用双集或集分。本条第3款还对小区内的集中集热热水系统的集热半径提出了要求,与规范中第6.3.6条第2款对应。

普通一体式太阳能热水器直接加热供水;分体承压太阳能一般由集热器吸收太阳能的热量先加热循环工质(防冻液),再经过水箱中的盘管或夹套与水箱中的水换热,这个过程需要在加热水箱和集热器之间,通过自然或强制措施形成热水循环,是一种间接加热方式。而分体非承压的太阳能设备,不需要换热,是一种直接加热设备。

本条第4款给出了在第一循环和第二循环间,采用直接加热和间接加热中哪种形式的原则:水质好可考虑直接加热,管网中热水供水系统压力与冷水系统相近,可考虑间接加热,避免集热系统压力影响。

本条第5款虽未给出太阳能热水供水系统选择闭式还是开式的直接标准,但本条推荐了一种开式太阳能集热系统搭配承压间接换热的热水供水系统(该系统集热部分采用开式,供热部分采用有压间接加热供水系统)。

本条第6款将第5款承压间接换热的热水供水系统用于分散供热系统,要求分散供热应带温控,最远供水管长度不超过20米时,可免设回水管。

本条第7款给出了太阳能循环回水管道的设置要求,设置要求同其他热水循环系统6.3.14,即6.3.14中除专门针对太阳能热水供水系统的第4款外,其他1、2、3、5款涉及热水系统中循环管道的普遍设置要求也是太阳能热水系统应该遵守的。

【关联条文】

2.0.2 太阳能热水系统 solar water heating system

将太阳能转换成热能以加热水的系统装置。包括太阳能集热器、贮热水箱、泵、连接管路、支架、控制系统和必要时配合使用的辅助能源。

2.0.3 集中-集中供热水系统 collective-collective hot water supply system

采用集中的太阳能集热器和集中的贮热水箱供给一幢或几幢建筑物所需热水的系统。

2.0.4 集中-分散供热水系统 collective-individual hot water supply system

采用集中的太阳能集热器和分散的贮热水箱供给一幢建筑物所需热水的系统。

2.0.5 分散-分散供热水系统 individual-individual hot water supply system

采用分散的太阳能集热器和分散的贮热水箱供给各个用户所需热水的小型系统。

2.0.6 太阳能直接系统 solar direct system

在太阳能集热器中直接加热水给用户的太阳能热水系统。

2.0.7 太阳能间接系统 solar indirect system

在太阳能集热器中加热某种传热工质，再使该传热工质通过换热器加热水给用户的太阳能热水系统。

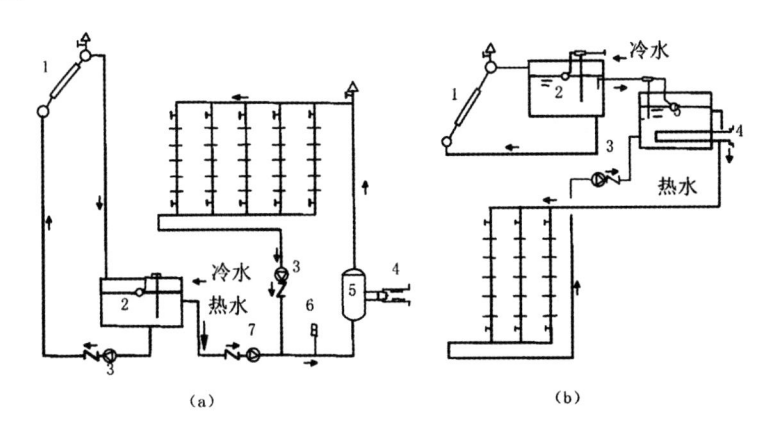

图 4-5 太阳能集热系统直接加热供水方式

（a）闭式系统

1—集热器；2—集热贮热水箱；3—循环泵；4—辅助热源；5—水加热器；6—膨胀罐；7—供热水泵

（b）开式系统

1—集热器；2—集热水箱；3—循环泵；4—辅助热源；5—供热水箱

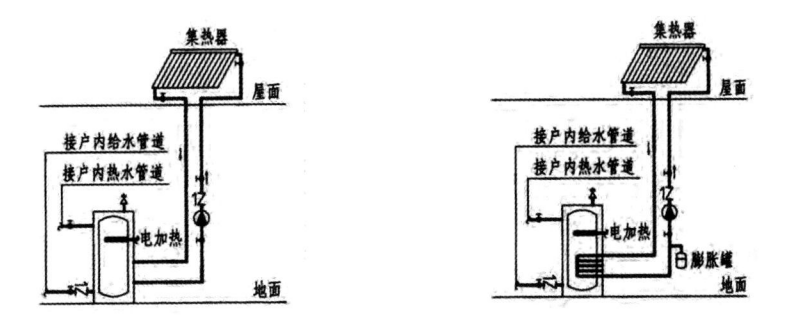

图 4-6 分散供热太阳能系统

（a）分离式直接传热太阳能热水系统　　（b）分离式间接传热太阳能热水系统

【条文】

5.5.1 太阳能产生的热能宜作为预热热媒间接使用，与辅助热源宜串联使用；生活热水宜作为被加热水直接供应到用户末端，生活热水应与生活冷水用一个压力源，给水总流量可按设计秒流量计算，并应符合现行国家标准《建筑给水排水设计规范》GB 50015的规定。

【释读】

本条来自《民用建筑太阳能热水系统应用技术标准》GB 50364-2018，实际上推荐了一种太阳能热水系统的工作方式：采用间接系统，且和辅助热源串联。

传统直接加热系统的贮水水箱为开式系统，水质存在二次污染可能。闭式系统如果冷热水不同源，冷热水压力可能失衡，既降低了热水系统的品质，也不利于节能、节水，因此推荐将太阳能热能作为预热热媒使用。

【条文】

5.6.1 辅助能源设备与太阳能储热装置不宜设在同一容器内，太阳能宜作为预热热媒与辅助热源串联使用。

【释读】

本条来自《民用建筑太阳能热水系统应用技术标准》GB 50364-2018，要求太阳能系统的储热装置和辅助热源应分置，原因如下：当太阳能储热装置与辅助能源设在同一容器内，两种热源的干扰，不利于充分利用太阳能，且增加了辅助能源的控制难度。

对于分-分式太阳能热水系统，辅助加热才设在末端，可采用小型容积式热水器，既贮存太阳能集热器的加热水，也可在其中设置辅助能源。

对于太阳能集中供热水系统，推荐太阳能优先作为预热热媒加热生活冷水，与辅助能源串联使用，生活热水采用闭式水加热器加热，既可保证充分利用太阳能集热，也可保证冷热水压力平衡、避免水质二次污染。

【条文】

5.6.3 辅助能源宜因地制宜进行选择，集中-分散供热水系统、分散-分散供热水系统宜采用电、燃气，集中-集中供热水系统应充分利用暖通动力的热源，当没有暖通动力的热源或不足时，宜采用城市热力管网、燃气、燃油、热泵等。

【释读】

本条来自《民用建筑太阳能热水系统应用技术标准》GB 50364-2018，太阳能集中供热水系统的辅助能源应充分利用暖通动力的热源；当没有暖通动力热源或不足时，才考虑设置电力、燃气等传统能源的热源。辅助能源不建议采用燃油锅炉，因为燃油锅炉运行成本较高；也不推荐设置独立热泵作为辅助能源，因为独立热泵作为热源不能充分发挥热泵的效率，且投资较高，与太阳能同时设置属于重复投资，缺乏工程技术合理性。即热式燃气热水装置技术已经比较成熟，特别推荐在分散式供水系统使用。北方，太阳能辅助能源可以优先考虑供暖能源，但设计时还应充分考虑北方供暖能源可能不能全年可资利用。

本条规范推荐的辅助热源顺序是：城市热力管网、燃气、燃油，最后热泵。太阳能分散供热水系统应在末端设置电、燃气热水器，方便、可靠、经济；当采用燃气热水器时，应采用具有水控、温控双重功能的热水器。

【条文】

5.6.5 辅助能源的水加热设备应根据热源种类及其供水水质、冷热水系统型式，选择采用直接加热或间接加热设备。

【释读】

本条节自《民用建筑太阳能热水系统应用技术标准》GB 50364-2018，推荐了不同条件下采用的辅助能源水加热设备：

1 分散供热系统宜采用常规家用电热水器或燃气热水器。电热水器应为容积式热水器，燃气热水器可采用即热式热水器，和普通燃气热水器只有水力控制不同，燃气热水器应具有水力、水温双控功能，以避免太阳能能源足够时，辅助热源启动导致水温过热。太阳能热水若与热水器串联供水，宜增设选择、混水、恒温组合阀门，保证当太阳能热水在满足使用要求的条件下，直接供应，达到充分利用太阳能热能的目标。

2 集中热水供应系统宜采用城市热力管网、燃气、燃油、热泵等，当采用电辅热时，应经审批。辅助热源的供热量宜按无太阳能时进行设计，并满足现行国家标准《建筑给水排水设计标准》GB 50015-2019的要求。

3 辅助热源的控制应在保证充分利用太阳能集热量的条件下，根据不同的热水供水方式采用手动控制、全日自动控制或定时自动控制。

4 辅助热源采用电力能源受到限制时，可以采用空气源热泵；空气源热泵与太阳能投资重复，经济性较差，一般不建议采用其为辅助能源。

24 太阳能系统设计主要参数

【条文】

6.6.2 太阳能集热系统集热器总面积的计算应符合下列规定：

1 直接太阳能热水系统的集热器总面积应按下式计算：

$$A_{jz} = \frac{Q_{md} \cdot f}{b_j \cdot J_t \cdot \eta_j (1-\eta_1)}$$

式中：A_{jz}——直接太阳能热水系统集热器总面积（m²）；

Q_{md}——平均日耗热量（kJ/d），按本标准式（6.6.3）计算；

f——太阳能保证率，按本标准第6.6.3条第3款确定；

b_j——集热器面积补偿系数，按本标准第6.6.3条第4款确定；

J_t——集热器总面积的平均日太阳辐照量 [kJ/（m²·d）]，可按本标准附录H确定；

η_j——集热器总面积的年平均集热效率，按本标准第6.6.3条第5款确定；

η_1——集热系统的热损失，按本标准第6.6.3条第6款确定。

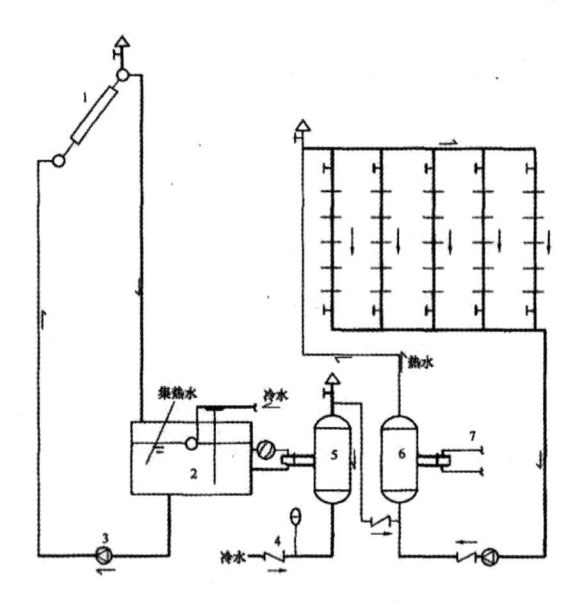

图4-7 太阳能集热系统间接加热供水方式

1—集热器；2—集热贮热水箱；3—循环泵；4—膨胀罐；5—水加热器；6—辅助水加热器；7—辅助热源

2 间接太阳能热水系统的集热器总面积应按下式计算：

$$A_{jj} = A_{jz}\left(1 + \frac{U_L \cdot A_{jz}}{K \cdot F_{jr}}\right)$$

式中：A_{jj}——间接太阳能热水系统集热器总面积（m²）；

U_L——集热器热损失系数 [kJ/（m²·℃·h）] 应根据集热器产品的实测值确定，平板型可取14.4 [kJ/（m²·℃·h）] ~21.6 [kJ/（m²·℃·h）]；真空管型可取3.6 [kJ/（m²·℃·h）] ~7.2 [kJ/（m²·℃·h）]；

K——水加热器传热系数 [kJ/（m²·℃·h）]；

F_{jr}——水加热器加热面积（m²）。

【释读】

太阳能供热系统最重要的选型参数是集热器总面积，本条给出了直接太阳能供热和间接太阳能供热系统的集热器面积计算公式，两个公式有共同处。计算所需 Q_{md} 见条文 6.6.3。

【条文】

6.6.5 集热系统附属设施的设计计算应符合下列规定：

1、2、3、4、5、7、8、9 此处略。

6 集中集热、集中供热的间接太阳能热水系统的集热系统附属集热设施的设计计算宜符合下列规定：

1）当集热器总面积 A_j 小于 500 m² 时，宜选用板式快速水加热器配集热水箱（罐），或选用导流型容积式或半容积式水加热器集热；

2）当集热器总面积 A_j 大于或等于 500 m² 时，宜选用板式水加热器配集热水箱集热；

3）集热系统的水加热器的水加热面积应按本标准式（6.5.7）计算确定；

4）热媒与被加热水的计算温度差 $\triangle t_j$ 可按 5 ℃～10 ℃ 取值。

【释读】

太阳能集热系统主要有平板集热器、全玻璃真空管集热器、和热管式真空管集热器三种类型。本条第 6 条第 1、第 2 款给出了板式快速水加热器和板式水加热器的选用标准，第 3 款给出了集-集系统中间接加热换热器的加热面积计算方法——与前述其他形式供热系统的换热器换热面积计算方法相同。6.6.5 的第 1、2、3、4、5 与集热器无直接关系，此处略。

【条文】

6.6.3 太阳能热水系统主要设计参数的选择应符合下列规定：

1 太阳能热水系统的设计热水用水定额应按本标准表 6.2.1-1 平均日热水用水定额确定。

2 平均日耗热量应按下式计算：

$$Q_{md} = q_{mr} \cdot m \cdot b_1 \cdot C \cdot \rho_r (t_r - t_L^m)$$

式中：q_{mr}——平均日热水用水定额 [L/（人·d），L/（床·d）] 见表 6.2.1-1；

m——用水计算单位数（人数或床位数）；

b_1——同日使用率（住宅建筑为入住率）的平均值应按实际使用工况确定，当无条件时可按表 6.6.3-1 取值。

t_L^m——年平均冷水温度（℃），可参照城市当地自来水厂年平均水温值计算。

【释读】

太阳能供热系统供热能力受环境影响大，从经济角度，设计时按平均日耗热量计算太阳能集热能力，在太阳辐射能量不足时，通过辅助热源补充更好。故本条规定太阳能系统耗热量计算不同于普通水加热设备，采用平均日热水用水定额，而其他水加热设备采用最高日用水定额计算系统耗热量，详见6.4.1。

【条文】

6.6.5 集热系统附属设施的设计计算应符合下列规定：

1 集中集热、集中供热太阳能热水系统的集热水加热器或集热水箱（罐）宜与供热水加热器或供热水箱（罐）分开设置，串联连接，辅热热源设在供热设施内，其有效容积应按下列计算：

（1）集热水加热器或集热水箱（罐）的有效容积应按下式计算：

$$V_{rx} = q_{rjd} \cdot A_j$$

式中：V_{rx}——集热水加热器或集热水箱（罐）有效容积（L）；

A_j——集热器总面积（m²），$A_j = A_{jz}$ 或 $A_j = A_{jj}$；A_{jz}、A_{jj} 意义见6.6.2。

q_{rjd}——集热器单位轮廓面积平均日产60℃热水量［L/（m²·d）］，根据集热器产品的实测结果确定。当无条件时，根据当地太阳能辐照量、集热面积大小等选用下列参数：直接太阳能热水系统 q_{rjd} = 40L/（m²·d）~80L/（m²·d）；间接太阳能热水系统 q_{rjd} = 30 L/（m²·d）~55L/（m²·d）。

（2）供热水加热器或供热水箱（罐）的有效容积应按本标准第6.5.11条确定。

【释读】

太阳能热水系统中涉及两个功能水箱，一个是与集热器直接连接的集热水箱（在一些系统当中也可能省略集热水箱），一个是与供水有关的贮热水箱或称供热水箱、储热水箱，这两个水箱可以分设，也可以简化设为同一个，称为供集热水箱。分设的系统中集热水箱和供热水箱的热量传递也可采用直接加热和间接加热两种方式。本条第1款给了集中集热和集中供热系统中集热水箱和供热水箱的容积计算方法，未给出两个水箱共用系统的水箱容积，可按两个计算结果中更大值确定。

本条第1款给出了集中集热-集中供热系统中集热水箱和供热水箱两个水箱有效体积的计算方法。注意太阳能供热系统中集热水箱有效容积与其他系统区别较大，但供热水箱的有效容积计算方法和其他供热系统的供热水箱计算方法一样，见6.5.11。

【关联条文】

5.4.5 太阳能集热系统储热装置有效容积的计算应符合下列规定：（1略）

2 当贮热水箱与供热水箱分开设置时，供热水箱的有效容积应符合现行国家标准《建筑给水排水设计规范》GB 50015 规定。

3 集中集热、分散供热太阳能热水系统宜设有缓冲水箱，其有效容积一般不宜小于 10 %V_{rx}。

【释读】

本条节自《民用建筑太阳能热水系统应用技术标准》GB 50364-2018，第 1 款是集热水箱的体积计算方法，第 2 款是供热水箱的容积计算方法，详见《建筑给水排水设计标准》GB 50015-2019 中 6.5.11。V_{rx} 为集热水加热器或集热水箱（罐）有效容积。

【条文】

6.6.5 集热系统附属设施的设计计算应符合下列规定：1（略）；

2 分散集热、分散供热太阳能热水系统采用集热、供热共用热水箱（罐）时，其有效容积应按本标准式（6.6.5-1）计算。热水箱（罐）中设置辅热元件时，应符合本标准第 6.6.6 条的规定，其控制应保证有利于太阳能热源的充分利用。

【释读】

6.6.5 条第 2 款给出了分散集热-分散供热系统中共用集、供热水箱的水箱容积计算方法，与 6.6.5 条第 1 款集热水箱容积一致。注意该系统实际上是住宅中各户分别设置太阳能系统的常见方式。$V_{rx} = q_{rjd} \cdot A_j$

分散集热-分散供热系统中辅助热源的选择应符合《建筑给水排水设计标准》GB 50015 中 6.6.6 的要求，与《民用建筑太阳能热水系统应用技术标准》GB 50364 中 5.6.3 等一致。

【关联条文】

6.6.6 太阳能热水系统应设辅助热源及加热设施，并应符合下列规定：

1 辅助热源宜因地制宜选择，分散集热、分散供热太阳能热水系统和集中集热、分散供热太阳能热水系统宜采用燃气、电；集中集热、集中供热太阳能热水系统宜采用城市热力管网、燃气、燃油、热泵等。集热、辅热设施宜按本标准第 6.6.5 条第 1 款和第 2 款的规定设置；

2 辅助热源的供热量宜按无太阳能时参照本标准第 6.4.3 条设计计算；

3 辅助热源的控制应在保证充分利用太阳能集热量的条件下，根据不同的热水供水方式采用手动控制、全日自动控制或定时自动控制；

4 辅助热源的水加热设备应根据热源种类及其供水水质、冷热水系统型式采用直接加热或间接加热设备。

【释读】

本条给出了太阳能热水系统辅助热源的选择依据、计算方法以及设置的基本要求。太阳能热水系统采用平均耗热量计算，辅助热源按最大日需热量计算供热量；为保证太阳能供热稳定性，设置必要的控制措施、保证水质等要求。

【条文】

6.6.5 集热系统附属设施的设计计算应符合下列规定：

1. 2. （见上）

3 集中集热、分散供热太阳能热水系统，当分散供热用户采用容积式热水器间接换热冷水时，其集热水箱的有效容积宜按下式计算：

$$V_{rx1} = V_{rx} - b_1 \cdot m_1 \cdot V_{rx2}$$

式中：V_{rx1}——集热水箱的有效容积（L）；

m_1——分散供热用户的个数（户数）；

V_{rx2}——分散供热用户设置的分户容积式热水器的有效容积（L），应按每户实际用水人数确定，一般 V_{rx2} 取 60L~120L。

b_1——同日使用率（住宅建筑为入住率）的平均值应按实际使用工况确定，当无条件时可按表 6.6.3-1 取值。

V_{rx1} 除按上式计算外，还宜留有调节集热系统超温排回的一定容积。其最小有效容积不应小于 3min 热媒循环泵的设计流量且不宜小于 800L。

4 集中集热、分散供热太阳能热水系统，当分散供热用户采用热水器辅热直接供水时，其集热水箱的有效容积应按本标准式（6.6.5-1）计算。

【释读】

6.6.5 条第 3 款、第 4 款给出集中集热-分散供热系统的集热水箱计算方法。6.6.5 条第 3 款给出系统中分散供热用户采用容积式热水器间接换热条件下集热水箱有效容积的计算方法——在前述集-集条件下集热水箱容积（V_{rx}）基础上减去分散供热用户容积式热水器的部分贮热容积。

6.6.5 条第 4 款给出系统中分散供热用户采用热水器直接供水条件下，不交换热量，热量不足时采用热水器辅助供热时，集热水箱有效容积计算方法——与前述 6.6.5 集-集条件下集热水箱容积有效容积计算方法一致（= Vrx）。

【条文】

6.6.5 集热系统附属设施的设计计算应符合下列规定：

1. 2. 3. 4. （见上）

第4章 建筑热水设计

5 强制循环的太阳能集热系统应设循环水泵，其流量和扬程的计算应符合下列规定：

（1）集热循环水泵的流量等同集热系统循环流量可按下式计算：

$$q_x = q_{gz} \cdot A_j$$

式中：q_x——集热系统循环流量（L/s）；

q_{gz}——单位轮廓面积集热器对应的工质流量 [L/（m²·s）]，按集热器产品实测数据确定。当无条件时，可取 0.015L/（m²·s）~0.020L/（m²·s）。

（2）开式太阳能集热系统循环水泵的扬程应按下式计算：

$$H_b = h_{jx} + h_j + h_z + h_f$$

式中：H_b——循环水泵扬程（kPa）；

h_{jx}——集热系统循环流量通过循环管道的沿程与局部阻力损失（kPa）；

h_j——集热系统循环流量通过集热器的阻力损失（kPa）；

h_z——集热器顶与集热水箱最低水位之间的几何高差（kPa）；

h_f——附加压力（kPa），取 20kPa~50kPa。

（3）闭式太阳能集热系统循环水泵的扬程应按下式计算：

$$H_b = h_{jx} + h_e + h_j + h_f$$

式中：h_e——循环流量通过集热水加热器的阻力损失（kPa）。

【释读】

6.6.5条第5款给出了太阳能热水系统中集热系统（第一循环）循环泵的计算方法，第一循环也可采用自然循环方式，不用循环泵，也不涉及供水泵。第5款第1条给出了循环泵流量计算方法，与常规循环流量计算方法完全不同。第5款第2、第3条，分别给出了开式和闭式循环泵的扬程计算方法。

【条文】

6.6.5 集热系统附属设施的设计计算应符合下列规定：1.2.3.4.5.6.（见上）

7 太阳能集热系统应设防过热、防爆、防冰冻、防倒热循环及防雷击等安全设施，并应符合下列规定：

① 太阳能集热系统应设放气阀、泄水阀、集热介质充装系统；② 闭式太阳能热水系统应设安全阀、膨胀罐、空气散热器等防过热、防爆的安全设施；③ 严寒和寒冷地区的太阳能集热系统应采用集热系统倒循环、添加防冻液等防冻措施；集中集热、分散供热的间接太阳能热水系统应设置电磁阀等防倒热循环阀件。

8 集热系统的管道、集热水箱等应作保温层，并应按当地年平均气温与系统内最高集热温度或贮水温度计算保温层厚度。

9 开式太阳能集热系统应采用耐温不小于100℃的金属管材、管件、附件及阀件；闭式太阳能集热系统应采用耐温不小于200℃的金属管材、管件、附件及阀件。直接太阳能集热系统宜采用不锈钢管材。

【释读】

6.6.5第7、8、9分别给出了太阳能供热系统安全附件、保温层和设备材料的要求。注意第7条第1款要求的集热系统既适用于压力系统也适用于非压力系统。

第7节 热泵热水系统

本节内容主要引自《建筑给水排水设计标准》，部分带下划线的条文引自《空气源热泵热水系统技术规程》T/CECS985-2021。

【条文】

6.6.7 当采用热泵机组供应热水时，其设计应符合下列规定：

1 水源热泵热水供应系统设计应符合下列规定：

① 水源热泵应选择水量充足、水质较好、水温较高且稳定的地下水、地表水、废水为热源；② 水源总水量应按供热量、水源温度和热泵机组性能等综合因素确定；③ 水源热泵的设计小时供热量应按下式计算：

$$Q_g = \frac{m \cdot q_r \cdot C \cdot (t_r - t_l) \rho_r \cdot C_\gamma}{T_5}$$

式中：Q_g——水源热泵设计小时供热量（kJ/h）；

q_r——热水用水定额[L/（人·d）或L/（床·d）]，按不高于本标准表6.2.1-1的最高日用水定额或表6.2.1-2中用水定额中下限取值；

T_5——热泵机组设计工作时间（h/d），取8h~16h。

④ 水源水质应满足热泵机组或水加热器的水质要求，当其不满足时，应采取有效的过滤、沉淀、灭藻、阻垢、缓蚀等处理措施。当以污水、废水为水源时，尚应先对污水、废水进行预处理。

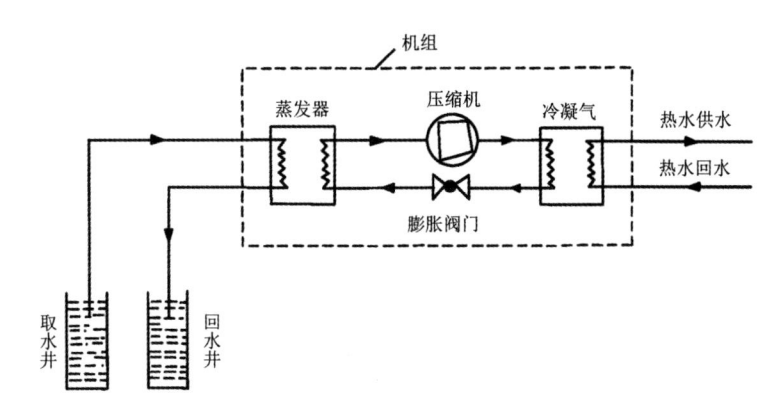

图 4-8 水源热泵机组工作原理

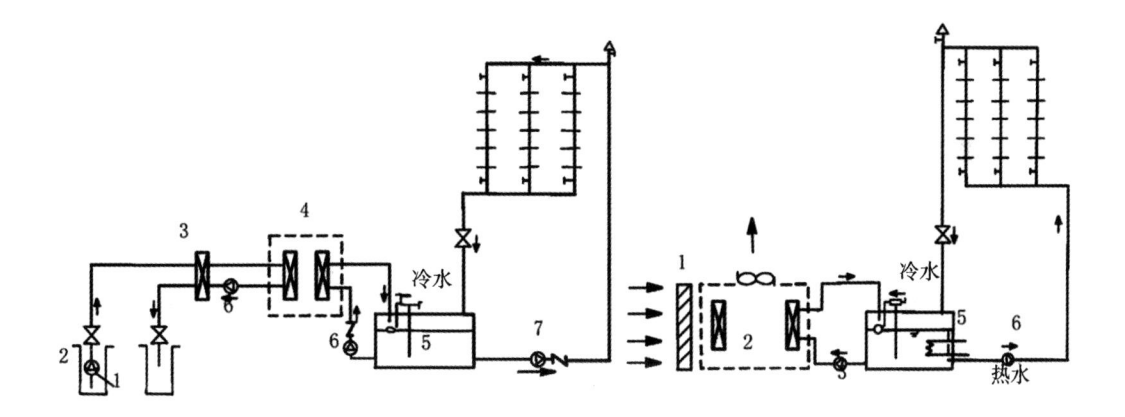

图 4-9 水源热泵机组直接加热供水方式
1—水源泵；2—水源井；3—板式换热器；4—热泵机组；5—贮热水箱；6—循环泵；7—热水加压泵

图 4-10 空气源热泵室外空气源直接加热供水
1—进风；2—热泵机组；3—循环泵；4—贮热水箱；5—辅助热源；6—热水加压泵；

【释读】

热泵工作原理为卡诺循环。依据热源来源的不同，热泵分为水源热泵和空气源热泵两种，6.6.7 概括了两种热泵设计中的重点。水源热泵需要采用岩土体、地下水或地表水作为换热媒介，较空气源热泵复杂，当有较好的水源热泵资源，供热、制冷量相近，供热量较大的公共建筑群多采用水源热泵。

本条第 1 款水源热泵设计中应注意的问题：水源热泵所用水源水质要求（第①、④点），第③点介绍了水源热泵供热量计算方法，该方法跳过了计算用户耗热量的过程，公式 6.6.7-1 直接用于计算热泵设备的供热量，与全日集中耗热量计算公式 6.4.4-1 相近，但少了 6.4.4-1 中的时变化系数 K_h，最大需热量与供热量之间的热量差值，由储热水箱来提供，详见公式 6.6.7-2。

注意该条第 5 款第 6 点指出，该公式也可以用于空气源热泵的供热量计算。

本条第 1 款第②点给出了总供水量计算应考虑的问题，但没有给出水源热泵供水量计算方法。

【条文】

6.6.7 当采用热泵机组供应热水时，其设计应符合下列规定：

1 （略）

2 水源热泵换热系统设计应符合现行国家标准《地源热泵系统工程技术规范》GB 50366 的相关规定。

【释读】

6.6.7 条第 2 款给出水源热泵设计的一种标准。

【条文】

6.6.7 当采用热泵机组供应热水时，其设计应符合下列规定：

3 水源热泵宜采用快速水加热器配贮热水箱（罐）间接换热制备热水，设计应符合下列规定：

① 全日集中热水供应系统的贮热水箱（罐）的有效容积应按下式计算：

$$V_r = k_1 \frac{(Q_h - Q_g) T_1}{(t_r - t_l) C \cdot \rho_r}$$

式中：V_r——贮热水箱（罐）总容积（L）；

k_1——用水均匀性的安全系数，按用水均匀性选值，$k_1 = 1.25 \sim 1.50$；

Q_h——耗热量；Q_g——供热量；T_1——设计小时耗热量持续时间；

② 定时热水供应系统的贮热水箱（罐）的有效容积宜为定时供应热水的全部热水量；

③ 快速水加热器的加热面积应按本标准式（6.5.7）计算，板式快速水加热器 K 值应为 3000 [kJ/（m²·℃·h）]~4000 [kJ/（m²·℃·h）]，管束式快速水加热器 K 值应为 1500 [kJ/（m²·℃·h）]~3000 [kJ/（m²·℃·h）]，Δt_j 应为 3℃~6℃。

④ 快速水加热器两侧与热泵、贮热水箱（罐）连接的循环水泵的流量和扬程应按下列公式计算：

$$q_{xh} = \frac{k_2 \cdot Q_g}{3600 C \cdot \rho_r \cdot \Delta t}$$

$$H_b = h_{xh} + h_{e1} + h_f$$

式中：q_{xh}——循环水泵流量（L/s）；

k_2——考虑水温差因素的附加系数，$k_2 = 1.2 \sim 1.5$；

Δt——快速水加热器两侧的热媒进水、出水温差或热水进水、出水温差,可按 $\Delta t = 5℃\sim10℃$ 取值;

H_b——循环水泵扬程(kPa);

h_{xh}——循环流量通过循环管道的沿程与局部阻力损失(kPa);

h_{e1}——循环流量通过热泵冷凝器、快速水加热器的阻力损失(kPa),冷凝器阻力由产品提供,板式水加热器阻力为 40kPa~60kPa。

Q_g——供热量

【释读】

6.6.7 条第 3 款规定了水源热泵采用快速水加热器+贮热水箱间接供热系统时,贮热水箱容积(第①、②点)、加热器面积(第③点)、循环流量和循环泵压力的计算方法(第④点)。尽管热泵设备的供热量没有考虑热量需求不均衡对最大供热的影响,但其贮热设备容积计算时考虑了供热和需热量(耗热量)的差异,并计算了不均衡系数 k_1。

本条第 5 款第⑦点指出,该公式既可用于水源热泵计算,也可用于空气源热泵计算。

【条文】

6.6.7 当采用热泵机组供应热水时,其设计应符合下列规定:(1.2.3 略)

4 水源热泵机组布置应符合下列规定:

①热泵机房应合理布置设备和运输通道,并预留安装孔、洞;

②机组距墙的净距不宜小于 1.0m,机组之间及机组与其他设备之间的净距不宜小于 1.2m,机组与配电柜之间净距不宜小于 1.5m;

③机组与其上方管道、烟道或电缆桥架的净距不宜小于 1.0m;

④机组应按产品要求在其一端留有不小于蒸发器、冷凝器中换热管束长度的检修位置。

【释读】

6.6.7 条第 4 款给出了水源热泵机房为安装、维修、运行需要的空间布置要求。空气源热泵换热设备应设置在室外通风处,勿需专门的空气源热泵机房,空间布置要求详见本条第 6 款。

【条文】

6.6.7 当采用热泵机组供应热水时,其设计应符合下列规定:

5 空气源热泵热水供应系统设计应符合下列规定:

①最冷月平均气温不小于 10℃的地区,空气源热泵热水供应系统可不设辅助热源;

②最冷月平均气温小于 10℃且不小于 0℃的地区,空气源热泵热水供应系统宜采取设

置辅助热源，或采取延长空气源热泵的工作时间等满足使用要求的措施；

③最冷月平均气温小于0℃的地区，不宜采用空气源热泵热水供应系统；

④空气源热泵辅助热源应就地获取，经过经济技术比较，选用投资省、低能耗热源；

⑤辅助热源应只在最冷月平均气温小于10℃的季节运行，供热量可按补充在该季节空气源热泵产热量不满足系统耗热量的部分计算；

⑥空气源热泵的供热量可按本标准式（6.6.7-1）计算确定；当设辅助热源时，宜按当地农历春分、秋分所在月的平均气温和冷水供水温度计算；当不设辅助热源时，应按当地最冷月平均气温和冷水供水温度计算。

⑦空气源热泵采取直接加热系统时，直接加热系统要求冷水进水总硬度（以碳酸钙计）不应大于120mg/L，其贮热水箱（罐）的总容积应按本标准式（6.6.7-2）计算。

【释读】

6.6.7 第5款给出了空气源热泵设置的环境条件（第③条）、采用辅助热源的环境条件（第①、②条）、供热量计算方法（第⑤、⑥条）和直接加热系统中贮热水箱容积（第⑦条）计算方法。供热量计算方法与水源热泵供热量计算方法一致。直接式的储热水箱的总容积计算方法也和水源热泵的储热水箱总容积计算方法一致。耗热量 Q_h 计算同普通热水供水系统。

【关联条文】

5.2.4 在夏热冬暖及温和地区，按冬季最冷月平均气温和冷水温度设计和选型的空气源热泵热水系统可不配置辅助热源。

5.2.5 在夏热冬冷地区，按春分、秋分所在月的平均气温和冷水温度选型的空气源热泵热水系统宜配置辅助热源；按冬季最冷月平均气温和冷水温度设计和选型，且符合下列条件之一的空气源热泵热水系统，可不配置辅助热源：

1 当冬季最冷月平均气温不低于10℃；

2 当冬季最冷月生活热水用水量减少，通过相应措施后制热量能满足要求时。

5.2.6 在寒冷及严寒地区，空气源热泵热水系统应配置辅助热源，且宜按春分、秋分所在月的平均气温和冷水温度计算设计小时供热量，冬季室外气温低于热泵最低运行温度时可采用降低出水温度的运行方式。

5.4.5 辅助热源的加热能力应按冬季最冷月平均冷水温度下的设计小时供热量确定，且可扣除相应气温条件时热泵机组在设计运行时段的供热量。

【释读】

上述4条来自《空气源热泵热水系统技术规程》T/CECS985-2021，与6.6.7中第5

条补充对应。

气候分区	代表城市
夏热冬冷地区	南京、蚌埠、盐城、南通、合肥、安庆、九江、武汉、黄石、鄂州、岳阳、汉中、安康、上海、杭州、宁波、温州、宜昌、长沙、南昌、株洲、永州、赣州、韶关、桂林、重庆、达州、万州、涪陵、南充、宜宾、成都、遵义、凯里、绵阳、南平
夏热冬暖地区	福州、莆田、龙岩、梅州、兴宁、英德、河池、柳州、贺州、泉州、厦门、广州、深圳、湛江、汕头、南宁、北海、梧州、海口、三亚
温和地区	昆明、贵阳、丽江、会泽、腾冲、保山、大理、楚雄、曲靖、沪西、屏边、广南、独山、瑞丽、耿马、临沧、澜沧、思茅、江城、蒙自
严寒地区	博克图、伊春、呼玛、海拉尔、满洲里、阿尔山、玛多、黑河、嫩江、海伦、齐齐哈尔、富锦、哈尔滨、牡丹江、大庆、安达、佳木斯、二连浩特、多伦、大柴旦、阿勒泰、那曲、长春、通化、四平、抚顺、阜新、沈阳、本溪、鞍山、呼和浩特、包头、鄂尔多斯、赤峰、额济纳旗、大同、乌鲁木齐、克拉玛依、酒泉、西宁、日喀则、甘孜、康定
寒冷地区	丹东、大连、张家口、承德、唐山、青岛、洛阳、太原、阳泉、晋城、天水、榆林、延安、宝鸡、银川、平凉、兰州、喀什、伊宁、阿坝、拉萨、林芝、北京、天津、石家庄、保定、邢台、济南、德州、兖州、郑州、安阳、徐州、运城、西安、咸阳、吐鲁番、库尔勒、哈密

【条文】

5.2.2 空气源热泵热水机组的额定输入功率应根据热泵的能效比、系统供热量，按下式计算：

$$Q_r = (Q_g/3600)/COP$$

式中：Q_r——热泵机组的额定输入功率（kW）；

COP——能效比，采用设计工况条件下的实际值。

【释读】

本条节自《空气源热泵热水系统技术规程》T/CECS985-2021，规定了热泵热水机组输入功率的计算公式。空气源热泵热水机组名义工况（室外气温20，初始水温15，终止水温55）能效比（即名义工况COP）可以达到3.7~4.63，但受气温、冷热水温度等影响，在实际使用过程中，其能效比达不到名义工况下的数值。

【条文】

4.2.1 住宅建筑及公共建筑中局部热泵热水系统的选择，宜符合下列规定：

1 宜选择闭式家用型空气源热泵热水机组；
2 根据室外平台等空间大小可选择整体式或分体式空气源热泵热水机组。

4.2.2 公共建筑中集中热泵热水系统的选择，应根据建筑物类型、使用功能及要求、气候及安装条件等因素综合确定，并应符合下列规定：

1 宾馆客房、医院住院部、疗养院、休养所、酒店式公寓等建筑应选择闭式商用型空气源热泵热水系统；
2 宿舍等宜选择闭式商用型空气源热泵热水系统；
3 公共浴室、职工与学生食堂可选择开式商用型空气源热泵热水系统。

4.2.3 集中热泵热水系统宜控制供热系统规模，按分栋建筑或单元设置。

【条文说明】

上述3条来自《空气源热泵热水系统技术规程》。4.2.1中分体式热泵热水机组包括空气源热泵机组、空调室外机、贮热水箱等设备，占用空间较大，选择时应重视，无空间布置贮热水箱时，可采用整体式空气源热泵热水机组，节约空间。这一原则不仅适用于局部热水系统也适用于集中热水系统。水量要求大、水压要求稳定的功能建筑（如4.2.2条中第3款建筑）可设置开式系统。家用型空气源热泵和商用型空气源热泵以3kw为界，制热量不同。家用型执行《家用和类似用途热泵热水器》GB/T 23137，商用型执行《商业或工业用及类似用途的热泵热水机》GB/T 21362。4.2.3条为了减少热损耗，降低热泵热水系统的输入功率配置，需按分栋建筑或单元控制热水供回水管网的规模。

【条文】

5.2.11 当空气源热泵热水机组作为医院集中热水系统的热源时，台数不得少于2台，一台检修时，其余热泵机组的总供热能力不得小于设计小时供热量的60%；当作为其他建筑集中热水系统的热源时，台数不宜少于2台。

【条文说明】

本条来自《空气源热泵热水系统技术规程》，强调医院的热泵机组应设备用泵，即不少于两台，且单台总供热能力不得小于设计小时供热量的60%。普通建筑热水量较小，采用小型空气源热泵热水系统时可放宽为1台，不备用。

【条文】

5.4.1 空气源热泵热水系统可采用工业余热、废热、城市热网、燃油、燃气、电或其他热源作辅助热源。在局部热水供应系统中宜采用燃气或电作为辅助热源。

【释读】

本条来自《空气源热泵热水系统技术规程》。空气源热泵热水系统的辅助热源，应视各种能源的价格、使用便利角度等进行确定。辅助热源宜首选工业余热、废热、地热;具备全年供热能力的地区,在取得当地热力公司同意的情况下,可采用城市热网作为辅助热源。

当无以上各辅助热源时,则可采用燃油、燃气或电等作为辅助热源,但电能常常受负荷配置影响,其热流量无法与燃油、燃气相比。

【条文】

6.6.7 当采用热泵机组供应热水时,其设计应符合下列规定:(1、2、3、4、5略)

6 空气源热泵机组布置应符合下列规定:

①机组不得布置在通风条件差、环境噪声控制严及人员密集的场所;②机组进风面距遮挡物宜大于1.5m,控制面距墙宜大于1.2m,顶部出风的机组,其上部净空宜大于4.5m;③机组进风面相对布置时,其间距宜大于3.0m。

【释读】

6.6.7 第6款给出了空气源热泵机组室外空间布置的要求。通风条件差、噪声影响大和人员较多的空间不适合布置热泵机组。

【条文】

5.1.6 空气源热泵机组不得布置在人员密集及环境噪声控制严的场所,当超过噪声控制要求时应采取降噪措施。

【释读】

《空气源热泵热水系统技术规程》5.1.6条与"建规标准"中6.6.7中第6款第1点对应。

【条文】

5.2.9 成组布置的空气源热泵热水机组应采用并联换热方式,连接管路应采用同程布置。

【释读】

《空气源热泵热水系统技术规程》5.2.9条,规定了成组布置的空气源热泵热水机组的管路布置原则,即应采用并联方式,若采用异程布置易造成机组之间工作的不均衡。

【条文】

5.6.6 管道系统的阀门设置应符合下列规定:

1. 设备进出口应设置检修阀门;2. 当补水压力超过设备承压能力时,应在补水管上设置减压措施;3. 应根据控制要求设置电动阀。

【释读】

《空气源热泵热水系统技术规程》5.6.6条是对管路系统阀门设置的一般要求。

第1款提及需要设置检修阀门的设备包括空气源热泵机组、水泵、贮热水箱（罐）等，以便检修时关闭该设备阀门以减少泄水量。当部分设备间的接管距离很小或组合为一体时（例如水泵与热泵机组为成套整体设备时），也可共用检修阀门；

为满足热水系统的控制要求，第3款提出在空气源热泵机组或贮热水箱（罐）等设备进出口设置电动控制阀门。

【条文】

5.6.7 管道系统的附件设置应符合下列规定：

1 补水管上应设置过滤器；

2 管道上翻高处应设自动排气阀，最低处应设泄水阀。

【释读】

《空气源热泵热水系统技术规程》5.6.7条要求设补水管过滤器、自动排气阀和泄水阀。

【条文】

5.6.3 在闭式热水供应系统中应设置膨胀罐或安全阀，并应符合下列规定：

1 日用热水量小于或等于30m³的热水供应系统可采用安全阀等泄压措施；

2 日用热水量大于30m³的热水供应系统应设置压力式膨胀罐；膨胀罐的总容积计算应符合现行国家标准《建筑给水排水设计标准》GB50015的有关规定；

3 膨胀罐宜设置在水加热设备的冷水补水管上或热水回水管上，膨胀罐的连接管上不宜设阀门。

【释读】

注意《空气源热泵热水系统技术规程》中5.6.3条要求膨胀罐连接管上不设阀门的要求。

【条文】

5.6.4 空气源热泵热水系统的冷水进水管上应有防止回流措施。

【释读】

《空气源热泵热水系统技术规程》5.6.4条是为了防止热水系统中的热水回流至冷水系统，造成热污染。空气间隙、止回阀等防回流措施的选择，还可参阅现行国家标准《建筑给水排水设计标准》GB 50015的有关规定。

第 5 章 建筑防火设计

建筑的火灾危险等级是设置建筑防火设施的基础，设计人员应据建筑功能、内部物品易燃、易爆性及人员密集程度、经济损失可能设置建筑防火措施。

建筑防火措施包括主动型扑救措施和被动型防范措施。

本章涉及的被动型防范措施有建筑防火间距、防火等级、防火分区、防烟措施等，主动型扑救措施包括消防通道，消防扑救面、室内外消火栓系统、自动喷水灭火系统和惰性气体灭火系统等。设计人员在开展水消防设计前应对上述系统有完整的认识。

本章条文主要节选自《建筑设计防火规范》GB 50016-2014（2018 年版），不是此规范的条文采用下划线提示，同时在释读中标明出处。与《建筑防火通用规范》GB 55037-2022 不一致的地方也会在释读中标出，方便读者对比。

第 1 节 建筑的火灾危险性判断

【条文】

1.0.2 本规范适用于下列新建、扩建和改建的建筑：

1. 厂房；2. 仓库；3. 民用建筑；4. 甲、乙、丙类液体储罐（区）；5. 可燃、助燃气体储罐（区）；6. 可燃材料堆场；7. 城市交通隧道。

【释读】

条文要求根据火灾危险性、火灾燃烧特点、发生火灾后的后果来区分建筑防火类型，本条文将厂房和仓库从民用建筑中区分出来，厂房、仓库和民用建筑分属不同的防火特征类型。还有些特殊功能建筑，如人民防空工程、石油和天然气工程、石油化工工程和火力发电厂与变电站等的建筑防火应遵照专门的国家标准设计，不在本标准中。

【条文】

1.0.3 本规范不适用于火药、炸药及其制品厂房（仓库）、花炮厂房（仓库）的建筑防火设计。

【释读】

本条所说建筑的防火要求应按照现行国家标准《民用爆破器材工程设计安全规范》GB 50089、《烟花爆竹工厂设计安全规范》GB 50161 等规范设计，不受《建筑设计防火规范》约束。

【条文】

1.0.4 同一建筑内设置多种使用功能场所时，不同使用功能场所之间应进行防火分隔，该建筑及其各功能场所的防火设计应根据本规范的相关规定确定。

【释读】

当在同一建筑物内设置两种或两种以上使用功能的场所时，如住宅与商店的上下组合建造，幼儿园、托儿所与办公建筑或电影院、剧场与商业设施合建等，不同使用功能区或场所之间需要进行防火分隔，以保证火灾不会相互蔓延，相关防火分隔要求应符合本规范及国家其他有关标准的规定。同一建筑内，还可能存在多种用途的房间或场所，当它们共同为实现某一建筑功能服务时，可认定为同一功能区域。如办公建筑内设置的会议室、餐厅、锅炉房等。

【条文】

3.1.1 生产的火灾危险性应根据生产中使用或产生的物质性质及其数量等因素划分，可分为甲、乙、丙、丁、戊类，并应符合表 3.1.1 的规定。

【释读】

本条为厂房定性的基础标准。需理解生产用品常用危险等级及甲、乙、丙类液体闪点的标准。

凡在常温环境下遇火源能引起闪燃的液体属于易燃液体，列入甲类火灾危险性范围。考虑到我国南方城市的最热月平均气温在 28℃ 左右，厂房的设计温度在冬季一般采用 12℃~25℃。将甲类火灾危险性的液体闪点标准确定为小于 28℃；乙类为液体闪点大于或等于 28℃ 至小于 60℃ 类物质；丙类，为液体闪点大于或等于 60℃ 类物质。

火灾危险性分类中可燃气体爆炸下限的基准

由于绝大多数可燃气体的爆炸下限均小于 10%，一旦设备泄漏，在空气中很容易达到爆炸浓度，所以将爆炸下限小于 10% 的气体划为甲类；少数气体的爆炸下限大于 10%，在空气中较难达到爆炸浓度，所以将爆炸下限大于或等于 10% 的气体划为乙类。但任何一种可燃气体的火灾危险性，不仅与其爆炸下限有关，而且与其爆炸极限范围值、点火能量、混合气体的相对湿度等有关，设计时要具体分析。

丙类火灾危险性的生产特性

"丙类"第1项类物质为闪点不小于60℃的液体，包括可熔化的可燃固体，如石蜡、沥青等。"丙类"第2项类物质为可燃固体：物质燃点较高，空气中受到火焰或高温作用时能够着火或微燃，火源移走后仍能持续燃烧或微燃，如木料、棉花加工、橡胶等的加工和生产。

【条文】

3.1.3 储存物品的火灾危险性应根据储存物品的性质和储存物品中的可燃物数量等因素划分，可分为甲、乙、丙、丁、戊类，并应符合表3.1.3的规定。

【释读】

本条为仓库、库房定性的基础标准。丙类储存物品包括可燃固体物质和闪点大于或等于60℃的可燃液体，特性是液体闪点较高、不易挥发。可燃固体在空气中受到火焰和高温作用时能发生燃烧，即使移走火源，仍能继续燃烧。

对于粒径大于或等于2mm的工业成型硫黄（如球状、颗粒状、团状、锭状或片状），提据公安部天津消防研究所与中国石化工程建设公司等单位共同开展的"散装硫黄储存与消防关键技术研究"成果，其火灾危险性为丙类固体。

丁类储存物品指难燃烧物品，其特性是在空气中受到火焰或高温作用时，难着火、难燃或微燃，移走火源，燃烧即可停止。

戊类储存物品指不会燃烧的物品，其特性是在空气中受到火焰或高温作用时，不着火、不微燃、不碳化。

【条文】

3.3.1 除本规范另有规定外，厂房的层数和每个防火分区的最大允许建筑面积应符合表3.3.1的规定．

【释读】

本条为厂房建筑的防火等级、火灾危险等级、楼层数及防火分区面积要求。《建筑防火通用规范》2022中已废止本条，但通用规范尚未对厂房及仓库的楼层和防火分区面积做确定性安排，因此按通用规范编制要求，《建筑设计防火规范》2018版中的本条，在配套新的建筑设计防火标准出台前依然有效。本书保留该条文，旨在让读者认识厂房和仓库的防火设计与建筑火灾危险性的关系。

表 3.3.1　厂房的层数和每个防火分区的最大允许建筑面积

生产的火灾危险性类别	厂房的耐火等级	最多允许层数	每个防火分区的最大允许建筑面积（m²）			
			单层厂房	多层厂房	高层厂房	地下或半地下厂房（包括地下或半地下室）
甲	一级	宜采用单层	4000	3000	—	—
	二级		3000	2000	—	—
乙	一级	不限	5000	4000	2000	—
	二级	6	4000	3000	1500	—
丙	一级	不限	不限	6000	3000	500
	二级	不限	8000	4000	2000	500
	三级	2	3000	2000	—	—
丁	一、二级	不限	不限	不限	4000	1000
	三级	3	4000	2000	—	—
	四级	1	1000	—	—	—
戊	一、二级	不限	不限	不限	6000	1000
	三级	3	5000	3000	—	—
	四级	1	1500	—	—	—

上表概括如下：

甲乙类厂房必须采用一级或二级耐火等级，且随着耐火等级降低，其防火分区的最大允许建筑面积也相应降低。甲类厂房可采用多层，但推荐采用单层。

乙类厂房可采用一二级不得采用3级。乙类厂房可采用高层。乙类厂房采用二级时，其楼层数限定为6层。

丙类厂房可采用三级，但不得采用四级，采用三级时，楼层数不得超过两层。

丁类厂房可采用三级和四级。采用三级时楼层数不得超过3层。采用四级时楼层数不得超过1层。

【条文】

3.3.2　除本规范另有规定外，仓库的层数和面积应符合表3.3.2的规定。

【释读】

本条为仓库建筑的防火等级、火灾危险等级、楼层数及防火分区面积要求，《建筑防火通用规范》2022中已废止，此处保留原因同前。

甲乙丙三类储存品细分如下：

甲类储存品为：1. 闪点小于28℃的液体。2. 爆炸下限小于10%的气体。受到水或空气中水蒸气的作用能产生爆炸下限小于10%气体的固体物质。3. 常温下能自行分解或在空气中氧化能导致迅速自燃或爆炸的物质。4. 常温下受到水或空气中水蒸气的作用能产生可燃气体并引发燃烧或爆炸的物质。5. 遇酸，受热，撞击，摩擦以及有机物或硫磺等异常的极易引起燃烧或爆炸的强氧化剂。6. 受撞击、摩擦，或与氧化剂有机物接触时能引起燃烧或爆炸的物质。

乙类储存品：1. 闪点不小于28℃，但小于60℃的液体。2. 爆炸下限不小于10%的气体。3. 不属于甲类的氧化剂。4. 不属于甲类的易燃固体。5. 助燃气体。6. 常温下与空气接触能缓慢氧化，因热不散引起自燃的物品。

丙类储存品：1. 闪点不小于60℃的液体。2. 可燃固体。

表 3.3.2 仓库的层数和面积

储存物品的火灾危险性类别		仓库的耐火等级	最多允许层数	每座仓库的最大允许占地面积和每个防火分区的最大允许建筑面积（m²）						
				单层仓库		多层仓库		高层仓库		地下或半地下仓库（包括地下或半地下室）
				每座仓库	防火分区	每座仓库	防火分区	每座仓库	防火分区	防火分区
甲	3、4项	一级	1	180	60	—	—	—	—	—
	1、2、5、6项	一、二级	1	750	250	—	—	—	—	—
乙	1、3、4项	一、二级	3	2000	500	900	300	—	—	—
		三级	1	500	250	—	—	—	—	—
	2、5、6项	一、二级	5	2800	700	1500	500	—	—	—
		三级	1	900	300	—	—	—	—	—

丙	1项	一、二级	5	4000	1000	2800	700	—	—	150
		三级	1	1200	400	—	—	—	—	—
	2项	一、二级	不限	6000	1500	4800	1200	400	1000	300
		三级	3	2100	700	1200	400	—	—	—
丁		一、二级	不限	不限	3000	不限	1500	4800	1200	500
		三级	3	3000	1000	1500	500	—	—	—
		四级	1	2100	700	—	—	—	—	—
戊		一、二级	不限	不限	不限	不限	2000	6000	1500	1000
		三级	3	3000	1000	2100	700	—	—	—
		四级	1	2100	700	—	—	—	—	—

上表概括如下：

甲类仓库将3、4类储存品限定在一级仓库中，1、2、5、6类储存品限定在一级和二级建筑中。甲类用储存品必须存于单层建筑中。

乙类储存品可存放在三级仓库中。当涉及在三级仓库中时，楼层数限定为一层。当储存在一、二级建筑当中时，据储存物品种类区分楼层限制，1、3、4类储存物限定在3层建筑中，2、5、6类储存物限定在5层建筑。

丙类储存品也可存放在三级仓库中，不得存放于四级仓库。当涉及液体储存时，其最高楼层不得超过5层，且为一、二级建筑。若采用三级建筑，楼层数限定为1层。储存固体物质时，若采用三级建筑，其楼层数不得超过3层。若采用一、二级建筑，楼层数不限。

丁戊类储存品，可采用三级、四级建筑，当采用三级建筑时，楼层数不得超过3。当采用四级建筑时，楼层数不得超过1。

第2节 民用建筑的分类与对应的防火措施

1 民用建筑耐火等级及建筑消防措施

【条文】

5.3.1 下列民用建筑的耐火等级应为一级：1. 一类高层民用建筑；2. 二层和二层半式、多层式民用机场航站楼；3. A类广播电影电视建筑；4. 四级生物安全实验室。

5.3.2 下列民用建筑的耐火等级不应低于二级：1. 二类高层民用建筑；2. 一层和一层半式民用机场航站楼；3. 总建筑面积大于1500m²的单、多层人员密集场所；4. B类广播电影电视建筑；5. 一级普通消防站、二级普通消防站、特勤消防站、战勤保障消防站；6. 设置洁净手术部的建筑，三级生物安全实验室；7. 用于灾时避难的建筑。

【释读】

本条节自《建筑防火通用规范》GB 55037-2022，代替《建筑设计防火规范》GB 50016-2018中5.1.3条，5.1.3条见后。不同耐火等级的建筑构件的耐火极限以及建筑防火分区的大小都不尽相同。建筑防火设计时应先明确耐火等级。

5.1.3 民用建筑的耐火等级应根据其建筑高度、使用功能、重要性和火灾扑救难度等确定，并应符合下列规定：

1 地下或半地下建筑（室）和一类高层建筑的耐火等级不应低于一级；

2 单、多层重要公共建筑和二类高层建筑的耐火等级不应低于二级。

关于<u>重要公共建筑</u>，《汽车加油加气加氢站技术标准》GB 50156-2021附录B第0.1款有如下说明：

<u>B.0.1 重要公共建筑物应包括下列内容：</u>

<u>1 地市级及以上的党政机关办公楼。</u>

<u>2 设计使用人数或座位数超过1500人（座）的体育馆、会堂、影剧院、娱乐场所、车站、证券交易所等人员密集的公共室内场所。</u>

<u>3 藏书量超过50万册的图书馆，地市级及以上的文物古迹、博物馆、展览馆、档案馆等建筑物。</u>

<u>4 省级及以上的银行等金融机构办公楼，省级及以上的广播电视建筑。</u>

5　设计使用人数超过5000人的露天体育场、露天游泳场和其他露天公众聚会娱乐场所。

6　使用人数超过500人的中小学校及其他未成年人学校；使用人数超过200人的幼儿园、托儿所、残障人员康复设施；150张床位及以上的养老院、医院的门诊楼和住院楼；这些设施有围墙者，从围墙中心线算起；无围墙者，从最近的建筑物算起。

7　总建筑面积超过20000m²的商店（商场）建筑，商业营业场所的建筑面积超过15000m²的综合楼。

8　地铁的车辆出入口和经常性的人员出入口、隧道出入口。

【条文】

5.1.3　建筑高度大于100m的工业与民用建筑楼板的耐火极限不应低于2.00h。一级耐火等级工业与民用建筑的上人平屋顶，屋面板的耐火极限不应低于1.50h；二级耐火等级工业与民用建筑的上人平屋顶，屋面板的耐火极限不应低于1.00h。

【释读】

本条节自《建筑防火通用规范》GB 55037-2022，取代《建筑设计防火规范》GB 50016-2018版中5.1.4条。

除按5.3.1要求依据耐火等级确定建筑构件的耐火极限，本条规定建筑个别构件的防火要求。

5.1.4　建筑高度大于100m的民用建筑，其楼板的耐火极限不应低于2.00h。

一、二级耐火等级建筑的上人平屋顶，其屋面板的耐火极限分别不应低于1.50h和1.00h。

【条文】

5.2.2　民用建筑之间的防火间距不应小于表5.2.2的规定，与其他建筑的防火间距，除应符合本节规定外，尚应符合本规范其他章的有关规定。

表5.2.2　民用建筑之间的防火间距（m）

建筑类别		高层民用建筑	裙房和其他民用建筑		
		一、二级	一、二级	三级	四级
高层民用建筑	一、二级	13	9	11	4
裙房和其他民用建筑	一、二级	9	6	7	9
	三级	11	7	8	10
	四级	14	9	10	12

第 5 章 建筑防火设计

【释读】

注意民用建筑耐火等级越低，间距越大这个规律，另外，一般多层建筑防火间距 6 米，高层建筑 13 米。建筑之间的防火间距与火灾扑救相关，或者涉及消防车通行、停靠、操作或者与火灾辐射对扑救火灾的操作影响有关。

本条来自《建筑设计防火规范》GB 50016-2018，《建筑防火通用规范》GB 55037-2022 中取消了本条的强制性，在新的防火设计标准未出现的条件下依然有效。

《建筑防火通用规范》中 3.3.1 条规定了建筑高度大于 100m 的建筑与相邻建筑的防火间距，具体如下。

【关联条文】

3.3.1 除裙房与相邻建筑的防火间距可按单、多层建筑确定外，建筑高度大于 100m 的民用建筑与相邻建筑的防火间距应符合下列规定：

1. 与高层民用建筑的防火间距不应小于 13m；2. 与一、二级耐火等级单、多层民用建筑的防火间距不应小于 9m；3. 与三级耐火等级单、多层民用建筑的防火间距不应小于 11m；4. 与四级耐火等级单、多层民用建筑和木结构民用建筑的防火间距不应小于 14m。

【条文】

5.3.1 除本规范另有规定外，不同耐火等级建筑的允许建筑高度或层数、防火分区最大允许建筑面积应符合表 5.3.1 的规定。

表 5.3.1 不同耐火等级建筑的允许建筑高度或层数、防火分区最大允许建筑面积

名称	耐火等级	允许建筑高度或层数	防火分区的最大允许建筑面积（m²）	备注
高层民用建筑	一、二级	按本规范第 5.1.1 条规定	1500	对于体育馆、剧场的观众厅，防火分区的最大允许建筑面积可适当增加
单、多层民用建筑	一、二级	按本规范第 5.1.1 条规定	2500	
	三级	5 层	1200	
	四级	2 层	600	

地下或半地下建筑（室）	一级	—	500	设备用房的防火分区最大允许建筑面积不应大于 1000 m²

注：(1) 表中规定的防火分区最大允许建筑面积，当建筑内设置自动灭火系统时，可按本表的规定增加 1.0 倍；局部设置时，防火分区的增加面积可按该局部面积的 1.0 倍计算。

(2) 裙房与高层建筑主体之间设置防火墙时，裙房的防火分区可按单、多层建筑的要求确定。

(3) 设置在地下的设备用房主要为水、暖、电等保障用房，火灾危险性相对较小，且平时只有巡检人员，故将其防火分区允许建筑面积规定为 1000m²。

【释读】

高层民用建筑的防火分区通常为 1500m²。单多层建筑的防火分区面积通常为 2500m²。当建筑内设有自动喷水灭火系统时，防火分区面积和相应增加一倍，即高层增加为 3000m²，单多层建筑增加为为 5000m²。地下建筑的防火分区通常为 1000m²，若设有自喷系统可为 2000m²。特殊的地下室的设备用房防火分区面积 1000m²。

本条节自《建筑设计防火规范》GB 50016-2018，《建筑防火通用规范》GB 55037-2022 中取消了本条的强制性，在新的防火设计标准尚未出现时依然有效。

《建筑防火通用规范》中类似涉及楼层的条文见 4.3.3~4.3.10。涉及防火分区的条文还包括 4.3.15 和 4.3.16，具体如下：

4.3.15 一、二级耐火等级建筑内的商店营业厅，当设置自动灭火系统和火灾自动报警系统并采用不燃或难燃装修材料时，每个防火分区的最大允许建筑面积应符合下列规定：

1. 设置在高层建筑内时，不应大于 4000m²；2. 设置在单层建筑内或仅设置在多层建筑的首层时，不应大于 10000m²；3. 设置在地下或半地下时，不应大于 2000m²。

4.3.16 除有特殊要求的建筑、木结构建筑和附建于民用建筑中的汽车库外，其他公共建筑中每个防火分区的最大允许建筑面积应符合下列规定：

1 对于高层建筑，不应大于 1500m²。2. 对于一、二级耐火等级的单、多层建筑，不应大于 2500m²；对于三级耐火等级的单、多层建筑，不应大于 1200m²；对于四级耐火等级的单、多层建筑，不应大于 600m²。3. 对于地下设备房，不应大于 1000m²；对于地下其他区域，不应大于 500m²。4. 当防火分区全部设置自动灭火系统时，上述面积可以增加

1.0倍；当局部设置自动灭火系统时，可按该局部区域建筑面积的1/2计入所在防火分区的总建筑面积。

【条文】

7.3.1 下列建筑应设置消防电梯：

1 建筑高度大于33m的住宅建筑；

2 一类高层公共建筑和建筑高度大于32m的二类高层公共建筑、5层及以上且总建筑面积大于3000m^2（包括设置在其他建筑内五层及以上楼层）的老年人照料设施；

3 设置消防电梯的建筑的地下或半地下室，埋深大于10m且总建筑面积大于3000m^{2}的其他地下或半地下建筑（室）。

【释读】

消防电梯和普通电梯不同，保障要求高，采用了独立的消防电源，其运行速度也比普通电梯快。其他消防要求可见7.3.2和7.3.7，与给排水设计相关的有7.3.7。

本条来自《建筑设计防火规范》GB 50016-2018，《建筑防火通用规范》GB 55037-2022中取消了本条的强制性，在新的防火设计标准未出现的条件下依然有效。

"建筑防火通用规范"中类似涉及消防电梯的条文见2.2.6，具体如下：

2.2.6 除城市综合管廊、交通隧道和室内无车道且无人员停留的机械式汽车库可不设置消防电梯外，下列建筑均应设置消防电梯，且每个防火分区可供使用的消防电梯不应少于1部：

1. 建筑高度大于33m的住宅建筑；2. 5层及以上且建筑面积大于3000m^2（包括设置在其他建筑内第五层及以上楼层）的老年人照料设施；3. 一类高层公共建筑，建筑高度大于32m的二类高层公共建筑；4. 建筑高度大于32m的丙类高层厂房；5. 建筑高度大于32m的封闭或半封闭汽车库；6. 除轨道交通工程外，埋深大于10m且总建筑面积大于3000m^{2}的地下或半地下建筑（室）。

【条文】

7.3.7 消防电梯的井底应设置排水设施，排水井的容量不应小于2m^3，排水泵的排水量不应小于10 L/s。消防电梯间前室的门口宜设置挡水设施。

2 建筑消防的水灭火系统

【条文】

8.1.2 城镇（包括居住区、商业区、开发区、工业区等）应沿可通行消防车的街道设置市政消火栓系统。

民用建筑、厂房、仓库、储罐（区）和堆场周围应设置室外消火栓系统。

用于消防救援和消防车停靠的屋面上，应设置室外消火栓系统。

注：耐火等级不低于二级且建筑体积不大于3000m³的戊类厂房，居住区人数不起过500人且建筑层数不超过两层的居住区，可不设置室外消火栓系统。

【释读】

本条节自《建筑设计防火规范》GB 50016-2018，《建筑防火通用规范》GB 55037-2022中取消了本条的强制性，在新的防火设计标准尚未发布前依然有效。

民用建筑通常都要设室外消火栓系统。小型居住区居住人数不超过500，建筑层数不超过两层为标准时，可不设置室外消火栓系统。

本条为强制性条文。建筑室外消火栓系统包括水源、水泵接合器、室外消火栓、供水管网和相应的控制阀门等。室外消火栓是设置在建筑室外消防给水管网上，供消防车取水向建筑室内消防给水系统供水的设施。单多层建筑发生火灾时，经消防车加压连接后也可以直接灭火。本条规定了应设置室外消火栓系统的建筑，个别建筑耐火等级高、体积较小，室内无可燃物或可燃物较少，灭火用水量较小，可依靠消防车所带水灭火，可不设置室外消火栓。

为保证消防车在火灾时便于从市政管网中取水灭火，需沿城镇中可供消防车通行的街道设置市政消火栓系统。

《建筑防火通用规范》GB 55037-2022与其相关的条文有8.1.4，和8.1.5，具体如下：

8.1.4 除居住人数不大于500人且建筑层数不大于2层的居住区外，城镇（包括居住区、商业区、开发区、工业区等）应沿可通行消防车的街道设置市政消火栓系统。

8.1.5 除城市轨道交通工程的地上区间和一、二级耐火等级且建筑体积不大于3000m³的戊类厂房可不设置室外消火栓外，下列建筑或场所应设置室外消火栓系统：

1. 建筑占地面积大于300m²的厂房、仓库和民用建筑；2. 用于消防救援和消防车停靠的建筑屋面或高架桥；3. 地铁车站及其附属建筑、车辆基地。

【条文】

8.1.7 除不适合用水保护或灭火的场所、远离城镇且无人值守的独立建筑、散装粮食仓库、金库可不设置室内消火栓系统外，下列建筑应设置室内消火栓系统：

1. 建筑占地面积大于300m²的甲、乙、丙类厂房；

2. 建筑占地面积大于300m²的甲、乙、丙类仓库；

3. 高层公共建筑，建筑高度大于21m的住宅建筑；

4. 特等和甲等剧场，座位数大于800个的乙等剧场，座位数大于800个的电影院，座位数大于1200个的礼堂，座位数大于1200个的体育馆等建筑；

5. 建筑体积大于5000m³的下列单、多层建筑：车站、码头、机场的候车（船、机）建筑，展览、商店、旅馆和医疗建筑，老年人照料设施，档案馆，图书馆；

6. 建筑高度大于15m或建筑体积大于10000m³的办公建筑、教学建筑及其他单、多层民用建筑；

7. 建筑面积大于300m²的汽车库和修车库；

8. 建筑面积大于300m²且平时使用的人民防空工程；

9. 地铁工程中的地下区间、控制中心、车站及长度大于30m的人行通道，车辆基地内建筑面积大于300m²的建筑；

10. 通行机动车的一、二、三类城市交通隧道。

【释读】

本条来自《建筑防火通用规范》GB 55037-2022，《建筑设计防火规范》GB 50016-2018中的对应条文作废。

室内消火栓系统设置依据包括建筑的类型以及建筑的体积和高度。建筑如前区分出工业建筑的厂房、仓库和民用建筑，民用建筑类型又细分出住宅建筑、候车建筑、展览建筑、商店建筑、旅馆建筑、医疗建筑、办公建筑、教学建筑、图书馆建筑、老年人照料设施建筑、剧场和电影院建筑、礼堂建筑和体育馆。一般来说高层建筑必须设置室内消火栓系统，单多层的民用建筑要分别依据建筑类型和建筑体积、座位个数、建筑高度等标准来判定。21米及以下的住宅可不设室内消火栓。

室内消火栓是控制建筑内初期火灾的主要灭火、控火设备，但通常需要专业训练人员才能操作。本条规定了室内消火栓系统的设置范围，实际设计中还应参考对应类型建筑的专项设计标准。在本条所定规模以下的建筑或场所，从安全角度，也可以设置室内消火栓，具体按照各地实际要求确定。

【条文】

8.1.9 除建筑内的游泳池、浴池、溜冰场可不设置自动灭火系统外，下列民用建筑、场所和平时使用的人民防空工程应设置自动灭火系统：

1 一类高层公共建筑及其地下、半地下室；

2 二类高层公共建筑及其地下、半地下室中的公共活动用房、走道、办公室、旅馆的客房、可燃物品库房；

3 建筑高度大于100m的住宅建筑；

4 特等和甲等剧场，座位数大于1500个的乙等剧场，座位数大于2000个的会堂或礼堂，座位数大于3000个的体育馆，座位数大于5000个的体育场的室内人员休息室与器材间等；

5 任一层建筑面积大于1500m²或总建筑面积大于3000m²的单、多层展览建筑、商店建筑、餐饮建筑和旅馆建筑；

6 中型和大型幼儿园，老年人照料设施，任一层建筑面积大于1500m²或总建筑面积大于3000m²的单、多层病房楼、门诊楼和手术部；

7 除本条上述规定外，设置具有送回风道（管）系统的集中空气调节系统且总建筑面积大于3000m²的其他单、多层公共建筑；

8 总建筑面积大于500m²的地下或半地下商店；

9 设置在地下或半地下、多层建筑的地上第四层及以上楼层、高层民用建筑内的歌舞娱乐放映游艺场所，设置在多层建筑第一层至第三层且楼层建筑面积大于300m²的地上歌舞娱乐放映游艺场所；

10 位于地下或半地下且座位数大于800个的电影院、剧场或礼堂的观众厅；

11 建筑面积大于1000m²且平时使用的人民防空工程。

【释读】

本条节自《建筑防火通用规范》GB 55037-2022，《建筑设计防火规范》GB 50016-2018中的对应条文作废。

自动灭火系统包括：自动喷水、水喷雾、七氟丙烷、二氧化碳、泡沫、干粉、细水雾、自动水炮灭火系统等，它们对于扑救和控制建筑物内的早期火灾，避免火情发展，减少损失，作用明显。设计应据不同灭火系统的特点及适用范围，考查设置场所的消防安全要求，经技术、经济等多方面比较后选用。

本条文规定了应设置自动灭火系统的建筑或场所，这些建筑或场所具有火灾危险性大、火灾导致经济损失大、社会影响大或人员伤亡大的特点。条文有的明确了具体的设置部位，有的规定了建筑类型。对于按类型规定的建筑，除了不适用设置自动灭火系统或可燃物很少的部位，其他部位全部要求设置自动灭火系统。

自动灭火系统的设置原则是重点部位、重点场所，重点防护，因此不同分区，重要性不可，措施可能不同。另外，要能保证整座建筑物的消防安全，特别要考虑设置的灭火系统能防止一个防火分区内的火灾蔓延到另一个防火分区。

本条所涉民用建筑为高层建筑、单多层建筑以及地下建筑三大类型。同一规范中8.1.8条和8.1.10条规定了厂房、仓库以及车库设置自动灭火系统的条件和要求。

在选择灭火系统时，还应考虑同一座建筑物内尽量采用同一种或同一类型的灭火系统，以便维护管理，简化系统设计。

【条文】

8.3.8　下列场所应设置自动灭火系统，并宜采用水喷雾灭火系统：

1　单台容量在40MV·A及以上的厂矿企业油浸变压器，单台容量在90MV·A及以上的电厂油浸变压器，单台容量在125MV·A及以上的独立变电站油浸变压器；

2　飞机发动机试验台的试车部位；

3　充可燃油并设置在高层民用建筑内的高压电容器和多油开关室。

注：设置在室内的油浸变压器、充可燃油的高压电容器和多油开关室，可采用细水雾灭火系统。

【释读】

本条来自《建筑设计防火规范》GB 50016-2018。《建筑防火通用规范》GB 55037-2022中取消了本条的强制性，在新的防火设计标准发布前依然有效。

水喷雾灭火系统喷出的水滴粒径一般在1mm以下，形成的水雾能吸收大量的热量，具有良好的降温作用，同时水在热作用下会迅速变成水蒸气，并包裹保护对象，发挥窒息灭火的作用。水喷雾灭火系统对于重质油品具有良好的灭火效果，所以常用于保护重质油变压器和带燃料油和润滑油的飞机发动机试验台。

室内的油浸变压器、可燃油的高压电容器和多油开关室，可以选用①水喷雾灭火系统、②二氧化碳等气体灭火系统以及③细水雾灭火系统和④自动喷水加泡沫的联用系统。室外上述装置可考虑采用水喷雾灭火系统、细水雾灭火系统，不考虑CO_2灭火系统。

【条文】

8.1.11　下列建筑或部位应设置雨淋灭火系统：

1　火柴厂的氯酸钾压碾厂房；

2　建筑面积大于100m²且生产或使用硝化棉、喷漆棉、火胶棉、赛璐璐胶片、硝化纤维的场所；

3　乒乓球厂的轧坯、切片、磨球、分球检验部位；

4　建筑面积大于60m²或储存量大于2t的硝化棉、喷漆棉、火胶棉、赛璐璐胶片、硝化纤维的库房；

5　日装瓶数量大于3000瓶的液化石油气储配站的灌瓶间、实瓶库；

6　特等、甲等剧场、超过1500个座位的其他等级剧场和超过2000个座位的会堂或礼堂的舞台葡萄架下部；

7 建筑面积不小于400m²的演播室,建筑面积不小于500m²的电影摄影棚。

【释读】

本条节自《建筑防火通用规范》GB 55037-2022。雨淋灭火系统是自动喷水灭火系统的一种。本条规定的"厂房"和"仓库"是指具有燃烧猛烈、蔓延快等火灾特征的车间和库房,同一厂房、仓库中不具该火灾特征的部位或场所可以采用其他类型的灭火设施。雨淋系统的使用场所在《自动喷水灭火设计规范》GB 50084-2017 中 4.2.6 也有定性描述,具体如下。

4.2.6 具有下列条件之一的场所,应采用雨淋系统:

1. 火灾的水平蔓延速度快、闭式喷头的开放不能及时使喷水有效覆盖着火区域的场所;2. 室内净空高度超过本规范 6.1.1 条的规定,且必须迅速扑救初期火灾的场所;3. 火灾危险等级为严重危险级Ⅱ级的场所。

【条文】

8.3.5 根据本规范要求难以设置自动喷水灭火系统的展览厅、观众厅等人员密集的场所和丙类生产车间、库房等高大空间场所,应设置其他自动灭火系统,并宜采用固定消防炮等灭火系统。

【释读】

本条节自《建筑设计防火规范》GB 50016-2018。《建筑防火通用规范》GB 55037-2022 中取消了本条的强制性,但未规定固定消防炮灭火系统的具体设置场所,在新的防火设计标准发布前依然有效。

对于以可燃固体燃烧物为主的高大空间,根据"建筑防火设计规范"第 8.3.1 条~第 8.3.4 条的规定需要设置自动灭火系统,但自动喷水灭火系统、气体灭火系统、泡沫灭火系统等都不合适,按照本条,此类场所可以采用固定消防炮或自动跟踪定位射流等类型的灭火系统进行保护。

消防炮水量集中,流速快、冲量大,水流可以直接接触燃烧物而作用到火焰根部,将火焰剥离燃烧物使燃烧中止,能有效扑救高大空间蔓延较快或火灾荷载大的火灾。固定消防炮灭火系统可以自动搜索火源、对准着火点、自动喷洒水或其他灭火剂进行远程控制灭火,可与火灾启动报警系统联动,通过手动和自动操作,用于扑救大空间内的早期火灾。

固定消防炮灭火系统的设计还应符合现行国家标准《固定消防炮灭火系统设计规范》GB 50338 的有关规定。

【条文】

8.3.9 下列场所应设置自动灭火系统,并宜采用气体灭火系统:

1 国家、省级或人口超过 100 万的城市广播电视发射塔内的微波机房、分米波机房、米波机房、变配电室和不间断电源（UPS）室；

2 国际电信局、大区中心、省中心和一万路以上的地区中心内的长途程控交换机房、控制室和信令转接点室；

3 两万线以上的市话汇接局和六万门以上的市话端局内的程控交换机房、控制室和信令转接点室；

4 中央及省级公安、防灾和网局级及以上的电力等调度指挥中心内的通信机房和接制室；

5 A、B级电子信息系统机房内的主机房和基本工作间的巴已记录磁（纸）介质库；

6 中央和省级广播电视中心内建筑面积不小于120m²的音像制品库房；

7 国家、省级或藏书量超过 100 万册的图书馆内的特藏库；中央和省级档案馆内的珍藏岸和非纸质档案库；大、中型博物馆内的珍品库房；一级纸绢质文物的陈列室；

8 其他特殊重要设备室。

注：1 本条第1、4、5、8款规定的部位，可采用细水雾灭火系统。

2 当有备用主机和备用已记录磁（纸）介质，且设置在不同建筑内或同一建筑内的不同防火分区内时，本条第 5 款规定的部位可采用预作用自动喷水灭火系统。

【释读】

本条节自《建筑设计防火规范》GB 50016-2018。《建筑防火通用规范》GB 55037-2022 中取消了本条的强制性，但未规定气体灭火系统的具体设置场所，在新的相关条文发布前依然有效。

气体灭火系统包括高低压二氧化碳、三氟甲烷、氮气、七氟丙烷、IG541、IG55 等灭火系统。该类灭火剂具有不导电、不造成二次污染的特点（高浓度二氧化碳可能使人窒息，故应设置在不经常有人停留的场所），是扑救电子设备、精密仪器、贵重仪器和档案图书等纸质、绢质或磁介质材料信息载体的良好灭火剂。该系统必须在密闭的空间里才能发挥良好的灭火效果，且投资较高，因此常常设置在一些重要的机房、贵重设备室、珍藏室、档案库内。

高层民用建筑内火灾危险性大，发生火灾后对生产、生活产生严重影响的配电室等，也属于特殊重要设备室。

【条文】

8.3.11 餐厅建筑面积大于1000m²的餐馆或食堂，其烹饪操作间的排油烟罩及烹饪部位应设置自动灭火装置，并应在燃气或燃油管道上设置与自动灭火装置联动的自动切断装置。

食品工业加工场所内有明火作业或高温食用油的食品加工部位宜设置自动灭火装置。

【释读】

厨房火灾是主要发生在灶台及其排烟道。炉灶或排烟道部位一旦着火，发展迅速且扑灭后，还易发生复燃，加上烟道内的火扑救困难，故规定该部位应采用自动灭火装置灭火。

设计应注意选用能自动探测与自动灭火动作且灭火前能自动切断燃料供应、具有防复燃功能且灭火效能（一般应以保护面积为参考指标）较高的产品，同时在排烟管道内设置喷头，辅助灭火。具体实施可参考《厨房设备灭火装置技术规程》CECS 233 的规定。

本条规定的餐馆根据国标《饮食建筑设计规范》JGJ 64 的规定指餐馆、食堂中的就餐部分，该部分"建筑面积大于1000㎡"的餐馆或食堂适用本条。

【关联条文】

细水雾灭火系统技术规范 GB50898-2013

2.1.2 细水雾灭火系统：由供水装置，过滤装置，控制阀，细水雾喷头等组件和供水管道组成，能自动和人工启动并喷放细水雾进行灭火或控火的固定灭火系统。

1.0.3 用灭火系统适用于扑救相对封闭空间内的可燃固体表面火灾，可燃液体火灾和带电设备的火灾。

细水雾灭火系统不适用于扑救下列火灾：1. 可燃固体的深位火灾；2. 人与水发生剧烈反应或产生大量有害物质的活泼金属及其化合物的火灾；3. 可燃气体火灾。

【条文】

8.1.12 下列建筑应设置与室内消火栓等水灭火系统供水管网直接连接的消防水泵接合器，且消防水泵接合器应位于室外便于消防车向室内消防给水管网安全供水的位置：

1 设置自动喷水、水喷雾、泡沫或固定消防炮灭火系统的建筑；

2 6层及以上并设置室内消火栓系统的民用建筑；

3 5层及以上并设置室内消火栓系统的厂房；

4 5层及以上并设置室内消火栓系统的仓库；

5 室内消火栓设计流量大于 10L/s 且平时使用的人民防空工程；

6 地铁工程中设置室内消火栓系统的建筑或场所；

7 设置室内消火栓系统的交通隧道；

8 设置室内消火栓系统的地下、半地下汽车库和5层及以上的汽车库；

9 设置室内消火栓系统，建筑面积大于10000m²或3层及以上的其他地下、半地下建筑（室）。

【释读】

本条节自《建筑防火通用规范》GB 55037-2022,《建筑设计防火规范》GB 50016-2018 中相关的 8.1.3 废止。

本条应和"建筑防火通用规范"的 8.1.7 条对比理解。水泵接合器可用于连接消防车,火灾时向室内消火栓给水系统、自动喷水或水喷雾等水灭火系统或设施供水。按照本条规定,不超过 5 层(含 5 层)的公共建筑和其他单多层民用建筑,当设置室内消火栓系统时,可不设置水泵结合器。不超过 4 层(含 4 层)的工业厂房可以不设水泵结合器。低于 21 米的住宅如果不设消火栓,也就不设水泵结合器,但当设置有室内消火栓时,应设水泵结合器。

总结:占地面积决定厂房和仓库是否设室内消火栓,而室内消火栓系统设水泵接合器则是按楼层数确定。高层建筑不区分建筑类型必须设置水泵结合器,且因有多种灭火系统需要设多组。单多层公共建筑依据建筑类型判定是否设置室内消火栓系统,再依据建筑高度是否超过 5 层来判定是否设置水泵结合器。

对需设置水泵结合器的建筑,市政消火栓可用作室外消火栓的距离要求相应提高:最远距离从 100 降低到 40 米,见《消防给水及消火栓系统技术规范》GB 50974-2014 中 6.1.5 和 5.4.7。

【关联条文】

6.1.5 市政消火栓或消防车从消防水池吸水向建筑供应室外消防给水时,应符合下列规定:1.(略);2. 距建筑外缘 5m~150m 的市政消火栓可计入建筑室外消火栓的数量,但当为消防水泵接合器供水时,距建筑外缘 5m~40m 的市政消火栓可计入建筑室外消火栓的数量。

5.4.7 水泵接合器应设在室外便于消防车使用的地点,且距室外消火栓或消防水池的距离不宜小于 15m,并不宜大于 40m。

3 建筑的其他相关消防措施

【条文】

8.2.1 下列部位应采取防烟措施:

1. 封闭楼梯间;2. 防烟楼梯间及其前室;3. 消防电梯的前室或合用前室;4. 避难层、避难间;5. 避难走道的前室,地铁工程中的避难走道。

【释读】

本条节自《建筑防火通用规范》GB 55037-2022,《建筑设计防火规范》GB 50016-2018 中相关的 8.5.1 废止。

建筑物内的防烟楼梯间、消防电梯间前室或合用前室、避难区域等，都是建筑物着火时的安全疏散、救援通道。火灾时，或者通过①自然排烟设施将烟气排出，或者采用②机械加压送风设施，防止烟气侵入疏散通道或疏散安全区。

根据"建筑防火设计规范"3.7.6、5.3.5、5.5.10、5.5.12 和 5.5.28 要求，下列人员较多，自然排烟困难的建筑需要设置防烟楼梯间：1. 高层厂房类：建筑高度大于 32m 且任一层人数超过 10 人的高层厂房，应设置防烟楼梯间或室外楼梯。2. 地下商店类：当地下商店总建筑面积大于 20000m² 时，应设防烟楼梯间。3. 地下建筑类：地下商店和设置歌舞娱乐放映游艺场所的地下建筑（室），当地下层数为 3 层及 3 层以上，地下室内地面与室外出入口地坪高差大于 10m 时，应设置防烟楼梯间。4. 高层汽车库：建筑高度超过 32m 的高层汽车库的室内疏散楼梯应设置防烟楼梯间。5. 高层建筑类：一类高层民用建筑和建筑高度超过 32m 的二类高层民用建筑以及塔式住宅，均应设防烟楼梯间。6. 特别的楼梯间：建筑的楼梯间当不能天然采光和自然通风时，应按防烟楼梯间的要求设置。7. 人防工程：人防工程的下列公共活动场所，当底层室内地坪与室外出入口地面高差大于 10m 时，应设置防烟楼梯间。

避难走道用于解决大型建筑中疏散距离过长，或难以按照规范要求设置直通室外的安全出口等问题。设置条件详见《建筑设计防火规范》2018 中 5.3.5 条，设置要求详见 6.4.14。

【条文】

8.2.2 除不适合设置排烟设施的场所、火灾发展缓慢的场所可不设置排烟设施外，工业与民用建筑的下列场所或部位应采取排烟等烟气控制措施：

1 建筑面积大于 300m²，且经常有人停留或可燃物较多的地上丙类生产场所，丙类厂房内建筑面积大于 300m²，且经常有人停留或可燃物较多的地上房间；

2 建筑面积大于 100m² 的地下或半地下丙类生产场所；

3 除高温生产工艺的丁类厂房外，其他建筑面积大于 5000m² 的地上丁类生产场所；

4 建筑面积大于 1000m² 的地下或半地下丁类生产场所；

5 建筑面积大于 300m² 的地上丙类库房；

6 设置在地下或半地下、地上第四层及以上楼层的歌舞娱乐放映游艺场所，设置在其他楼层且房间总建筑面积大于 100m² 的歌舞娱乐放映游艺场所；

7 公共建筑内建筑面积大于100m²且经常有人停留的房间；

8 公共建筑内建筑面积大于300m²且可燃物较多的房间；

9 中庭；

10 建筑高度大于32m的厂房或仓库内长度大于20m的疏散走道，其他厂房或仓库内长度大于40m的疏散走道，民用建筑内长度大于20m的疏散走道。

【释读】

本条来自《建筑防火通用规范》GB 55037-2022，《建筑设计防火规范》GB 50016-2018中相关的8.5.3废止。

防烟可保证逃生安全，排烟更多是为了降低火场烟气浓度，保证火场内人员安全，因此防烟措施设置在疏散通道，而排烟设施多设置在建筑火场内。

排烟应采用主动方式，故需设置机械排烟设施，使烟气有序运动并排出建筑物，使各楼层的烟气层维持在一定的楼层平面高度以上，为人员赢得必要的逃生时间。

疏散走道与火场没有前室分隔，所以一般设排烟措施，不设防烟措施。另外，人在浓烟中低头掩鼻的最大行走距离为20~30 m，为此，本条规定民用建筑内长度大于20m的疏散走道应设排烟设施。

【条文】

10.1.2 除筒仓、散装粮食仓库及工作塔外，下列建筑的消防用电负荷等级不应低于一级：

1 建筑高度大于50m的乙、丙类厂房；

2 建筑高度大于50m的丙类仓库；

3 一类高层民用建筑；

4 二层式、二层半式和多层式民用机场航站楼；

5 Ⅰ类汽车库；

6 建筑面积大于5000m²且平时使用的人民防空工程；

7 地铁工程；

8 一、二类城市交通隧道。

【释读】

本条节自《建筑防火通用规范》GB 55037-2022，《建筑设计防火规范》GB 50016-2018中相关的10.1.1废止。

消防用电可靠性是保证建筑消防设施可靠运行的基本保证。本条根据建筑扑救难度和建筑的功能及其重要性以及建筑发生火灾后可能的危害与损失、消防设施的用电情况，规定了按一级负荷对消防设施供电的相关建筑范围。

"消防用电"包括消防控制室照明、消防水泵、消防电梯、防烟排烟设施、火灾探测与报警系统、自动灭火系统或装置、疏散照明、疏散指示标志和电动的防火门窗、卷帘、阀门等9类设施、设备正常和应急情况下的用电。甲类厂房仓库消防供电不需一级负荷，乙丙类厂库房高度不大时消防供电也可不需一级负荷。一类高层建筑消防供电应采用一级负荷。

【条文】

10.1.3 下列建筑的消防用电负荷等级不应低于二级：

1 室外消防用水量大于30L/s的厂房；

2 室外消防用水量大于30L/s的仓库；

3 座位数大于1500个的电影院或剧场，座位数大于3000个的体育馆；

4 任一层建筑面积大于3000m²的商店和展览建筑；

5 省（市）级及以上的广播电视、电信和财贸金融建筑；

6 总建筑面积大于3000m²的地下、半地下商业设施；

7 民用机场航站楼；

8 Ⅱ类、Ⅲ类汽车库和Ⅰ类修车库；

9 本条上述规定外的其他二类高层民用建筑；

10 本条上述规定外的室外消防用水量大于25L/s的其他公共建筑；

11 水利工程，水电工程；

12 三类城市交通隧道。

【释读】

本条来自《建筑防火通用规范》GB 55037-2022，《建筑设计防火规范》GB 50016-2018中相关的10.1.2废止。

按照国标《供配电系统设计规范》GB 50052的要求，一级负荷供电应由两个电源供电，具备下列条件之一的供电，可视为一级负荷：①电源来自两个不同发电厂；②电源来自两个区域变电站（电压一般在35kV及以上）；③电源来自一个区域变电站，另一个设置自备发电设备。例如两个独立的变电所供电，也可一路电源加柴油发电机。

二级负荷的供电系统，要尽可能采用两回线路供电，双回路电源，不要求两个独立电源，同一变电所双回路供电，或者从旁边单位引一路电源过来，都满足二级负荷的要求。

当电网只能提供一路电源时，为满足对一、二级负荷的供电要求，一般应设置柴油发电机组，此时柴油发电机组将作备用电源及应急电源使用；

当一级负荷中有特别重要的负荷时，还应设柴油发电机组作为应急电源，若城市电网能提供二路独立电源（一用一备或相互备用），则可不设柴油发电机组；

大、中型商业建筑中也宜设柴油发电机组。由于城市电网不可能完全独立，存在同时出故障的可能，因此，即使有两路或以上电源供电，为确保民用建筑中消防及其他重要设备（如智能化设备、通讯设备等）的可靠供电，一般也要设置柴油发电机组。

【条文】

10.2.2 按二级负荷供电的建筑，宜采用柴油机泵作备用泵。

【释读】

本条节自《自动喷水灭火设计规范》GB 50084-2017，按本条，消防电源保证率应高于普通电源，若无法从室外引入二级负荷，可采用柴油机泵作备用泵。

第6章 建筑消防给水及消火栓系统设计

建筑消火栓系统对扑救已发生的建筑火灾作用明显，是一种历史久远且稳定安全的扑救措施。

建筑消火栓系统包括建筑室外消火栓系统和室内消火栓系统两套系统。前者借助消防车除了可以协助室内灭火系统扑救火灾，还可以保护火场临近建筑，日常满足10~14m水柱的低压即可。建筑室内消火栓系统则主要用于扑救室内火灾，除了需要提供水压形成10~13米的充实水柱保证消防员灭火安全外，还需要提供必需的供水压力克服楼层高度的影响。建筑室内消火栓灭火系统在建筑消防中处于核心地位，该系统若不能正常工作，火灾可能将建筑完全摧毁，也因此，消火栓系统设计，应充分保证供水的可靠性——消防水量足够、消防水压符合要求，也是人类社会长期与火灾斗争中取得的宝贵经验。

室外消火栓系统设计需要注意市政消火栓系统与建筑室外消火栓系统的区别，市政消火栓系统设置在城市交通道路上，以备周边建筑发生火灾时消防车取水；室外消火栓则是针对某一建筑设置（个别相邻建筑也存在共用室外消火栓的情况），为该建筑火灾时提供消防用水，室外消火栓数量依据保护对象的灭火水量要求设置，应靠近被保护建筑（满足和建筑的距离要求），沿建筑周边均匀布置，并保证满足灭火的全部用水量（确保室外消火栓数量）。市政消火栓只有与建筑的距离满足建筑室外消火栓距建筑的距离要求时，设计中才可将其作为一个室外消火栓使用。

本章第1节中节选的相关规范规定了建筑消防系统中市政消火栓系统、室外消火栓系统及室内消火栓系统的关系，也对三个系统的基本设定做出了规范性要求。

本章规范主要来自《消防给水及消火栓系统技术规范》GB 50974-2014（简称"消水规"），部分非该规范的条文以下划线标识，并在释读中载明了出处。

第1节　市政消火栓系统

【条文】

6.1.2　城镇消防给水宜采用城镇市政给水管网供应，并应符合下列规定：1. 城镇市政给水管网及输水干管应符合现行国家标准《室外给水设计规范》GB 50013 的有关规定；2. 工业园区、商务区和居住区，应采用两路消防供水；3. 当采用天然水源作为消防水源时，每个天然水源消防取水口宜按一个市政消火栓计算，或根据消防车停放数量确定；4. 当市政给水为间歇供水或供水能力不足时，宜建设市政消防水池，且建筑消防水池宜有作为市政消防给水的技术措施。5. 城市避难场所宜设置独立的城市消防水池，且每座容量不宜小于200m³。

4.2.1　当市政给水管网连续供水时，消防给水系统可采用市政给水管网直接供水。

【释读】

6.1.2 规定了消防可选水源及要求：消防用水可采用市政给水管网，也可采用天然水源，或由消防水池提供，特别是当市政供水管网不能满足水量要求时，应考虑设市政消防水池。本条第 2 款还要求工业园区、商务区和居住区应采用两路消防供水。关于两路供水的具体特点见 4.2.2。

4.2.1 确定了市政给水作为建筑消防供水的条件：连续供水。

【关联条文】

4.2.2　用作两路消防供水的市政给水管网应符合下列要求：

1　市政给水厂应至少有两条输水干管向市政给水管网输水；

2　市政给水管网应为环状管网；

3　应至少有两条不同的市政给水干管上不少于两条引入管向消防给水系统供水。

【释读】

符合两路市政供水的管网特征，设计时重点落实第 3 款要求。

【条文】

7.1.1　市政消火栓和建筑室外消火栓应采用湿式消火栓系统。

7.1.5　严寒、寒冷等冬季结冰地区城市隧道及其他构筑物的消火栓系统应采取防冻措施，并宜采用干式消火栓系统和干式室外消火栓。

【释读】

7.1.1 和 7.1.5 给出了室外消火栓采用湿式还是干式消火栓的标准。

【条文】

7.2.4 市政桥桥头和城市交通隧道出入口市政公用设施处应设置市政消火栓。

【释读】

当路桥很长时，比如超3千米桥上应设置消火栓，市政桥头和隧道出入口属于交通密集，人流量大，交通事故易发生地点，设置市政消火栓，以备交通事故引发的火灾能够及时扑救。

【条文】

7.2.5 市政消火栓的保护半径不应超过150米，间距不应大于120米。

【释读】

本条给出了市政消火栓布置的距离要求。

【条文】

7.2.1 市政消火栓宜采用地上式室外消火栓，在严寒、寒冷等冬季结冰地区宜采用干式地上式室外消火栓，严寒地区宜增设水鹤。当采用地下式室外消火栓时，地下消火栓井的直径不宜小于1.5米，且当地下室室外消火栓的取水口在冰冻线以上时，应采取保温措施。

【释读】

本条给出地上式消火栓和地下式消火栓的选择标准。

【条文】

7.2.6 市政消火栓应布置在消防车易于接近的人行道和绿地等地点，且不应妨碍交通，并应符合下列规定：1. 市政消火栓距路边不易小于0.5米，并不应大于2.0米；2. 市政消火栓距建筑外墙或外墙边缘不易小于5.0米；3. 市政消火栓应避免设置在机械易撞击的地点，确有困难时应采取防撞措施。

【释读】

本条给出了街道上市政消火栓的设置要求。

【条文】

7.2.8 当市政给水管网设有市政消火栓时，其平时运行工作压力不应小于0.14MPa，火灾时水力最不利市政消火栓的出流量不应小于15L/s，且供水压力从地面算起，不应小于0.1MPa。

【释读】

本条规定了市政消火栓的最低压力（0.14MPa）和流量（15L/s）要求。

第6章 建筑消防给水及消火栓系统设计

【条文】

8.1.1 当市政给水管网设有市政消火栓时,应符合下列规定:1. 设有市政消火栓的市政给水管网宜为环状管网,但当城镇人口小于2.5万人时,可为枝状管网;2. 接市政消火栓的环状给水管网的管径不应小于DN150,枝状管网的管径不宜小于DN200。当城镇人口小于2.5万人时,接市政消火栓的给水管网的管径可适当减少,环状管网的管径不应小于DN100,枝状管管的管径不宜小于DN150;3. 工业园区、商务区和居住区等区域采用两路消防供水,当其中一条引入管发生故障时,其余引入管在保证满足70%生产生活给水的最大小时设计流量的条件下,应仍满足本规范规定的消防给水设计流量。

【释读】

本条第1款规定市政消防设置要求,人口在2.5万以下,当受经济限制时,可以考虑先建设枝状管网。6.1.3条要求建筑室外消防<20L/s时,可采用一路供水,但这是针对建筑而言,市政消防给水一般都要求环状供水。

本条第3款对工业园区商务区和居住区采用两路消防供水时,引入管的设计流量作出了规定。所谓"仍能满足"是指水压水量能满足至少0.14MPa。

工业园区、商务区和居住区是否采用两路和市政给水条件有关,市政能满足条件时应和6.1.3条一样采用两路供水。两路供水有特定的标准,如果工业园区、商务区和居住区的市政供水条件无法达到两路供水的要求时,则应加设消防水池。

【条文】

6.1.5 市政消火栓或消防车从消防水池吸水,向建筑供应室外消防给水时应符合下列规定:供消防车吸水的室外消防水池的每个取水口宜按一个室外消火栓计算,且其保护半径不应大于150米;距建筑外墙5~150米的市政消火栓,可计入建筑室外消火栓的数量,但当为消防水泵接合器供水时,距建筑外缘5~40米的市政消火栓可计入建筑室外消火栓的数量;当市政给水管网为环状时,符合本条上述内容的室外消火栓出流量,宜计入建筑室外消火栓设计流量;但当市政给水管为枝状时,计入建筑的室外消火栓设计流量不宜超过一个市政消火栓的出流量。

【释读】

本条确定了当建筑依靠消防水池供水时,消防水池的有效性条件:每个取水口算一个消火栓,保护半径150米。本条还确定了市政消火栓与建筑的室外消火栓的关系,建筑室外消火栓关涉建筑的室外消防用水量。本条强调如果是为消防水泵接合器供水,据建筑外缘5~40米的市政消火栓,才可计入建筑室外消火栓。有水泵接合器的室内消火栓系统一般是高度较高的建筑,室外消火栓系统的功能是向室内消火栓系统供水,这时市政消火栓是否算入该建筑的室外消火栓,以距水泵接合器的位置来判断。

第 2 节　建筑室外消火栓系统

建筑室外消火栓设计包括确定室外消火栓数量、位置，确定管网形式（环状或枝状），布置引入管及控制附件。另外，为确保供水可靠性，需要核实水源情况（包括供水压力，非市政水源的供水保证措施）。

设计步骤可概括如下：

1. 确定建筑功能、性质。

2. 确定建筑室外消火栓设计流量。方法：按局部功能以总体积分别计算，取大值。

3. 确定室外消火栓系统的供水水源情况（由市政消防供水系统供水还是由室内消防水池供水），并核实①室外管道供水压力，管径，判断是否能满足室外消防流量；判断②市政压力是否满足室外消火栓灭火要求？判断室外是需要高压消火栓系统还是采用临时高压系统？

4. 核实最近市政消火栓距离本建筑距离，判断可否作为本建筑的室外消火栓使用。

5. 按室外设计流量，确定本建筑所需最少室外消火栓数量（每个消火栓 15~20L/s）。

6. 确定建筑消防扑救面位置，再沿建筑外墙一定距离（注意消火栓距离外墙的距离和消火栓间间距），环状均匀布置室外消火栓。消防扑救面需设两个消火栓。

室外消火栓布置要明确以下问题：

1. 室外消火栓布置间距最大多少？

2. 室外消火栓保护半径多大？

3. 室外消火栓距离建筑最远和最近距离是多少？

4. 是否有地下出入口？（地下出口处必设一个）

5. 是否需要设环状管网？（个别建筑不需设环状管网）

6. 室外消火栓系统和室内消火栓系统及市政消火栓系统的关系怎样？怎么连接？

【条文】

4.1.3　消防水源应符合下列规定：市政给水、消防水池、天然水源等可作为消防水源且宜采用市政给水。

【释读】

消防水源推荐市政给水，条件不足时，可采用消防水池、天然水源。

第6章 建筑消防给水及消火栓系统设计

【条文】

4.1.6 雨水清水池、中水清水池、水井和游泳池必须作为消防水源时,应有保证在任何情况下均能满足消防给水系统所需的水量和水质的技术措施。

【释读】

用于消火栓系统的水源必须确保用水水量,当采用蓄水池做消防水源时,应采用两个独立池,每个水池有效容积都应该大于一次火灾灭火用水量。游泳池作为消防水源时,消防泵吸水依然应从吸水池中吸水,因此需要按照消防水池吸水池做法布置吸水池,天然水源类似。

【条文】

4.2.1 当市政给水管网连续供水时,消防给水系统可采用市政给水管网直接供水。

【释读】

本条说明了市政给水管网作为水源向消防给水系统供水的条件——连续且不间断,但没有强调该水源是否满足水压和水量的要求。如不能保证连续,如一些小城镇,应设市政消防水池。

城市市政给水管网不能连续供水时,小区和建筑的消防给水系统(包括室内消防给水和室外消火栓系统)依然应有措施保证室外给水系统的最低水压水量,保证室内消防给水系统有足够的消防用水。

【条文】

6.1.2 城镇消防给水宜采用城镇市政给水管网供应,并应符合下列规定:1. 城镇市政给水管网及输水干管应符合现行国家标准《室外给水设计规范》GB 50013 的有关规定;2. 工业园区、商务区和居住区应采用两路消防供水;3. 当采用天然水源作为消防水源时,每个天然水源消防取水口宜按一个市政消火栓计算或根据消防车停放数量确定;4. 当市政给水为间歇供水或供水能力不足时,宜建设市政消防水池,且建筑消防水池宜有作为市政消防给水的技术措施。

【释读】

消防用水可采用市政给水管网,也可设消防水池供水,故当市政供水管网不能满足水量要求时,应考虑设市政消防水池。本条第2款还要求工业园区、商务区和居住区应采用两路消防供水。

【关联条文】

4.2.2 用作两路消防供水的市政给水管网应符合下列要求:

1 市政给水厂应至少有两条输水干管向市政给水管网输水;

2 市政给水管网应为环状管网；

3 应至少有两条不同的市政给水干管上不少于两条引入管向消防给水系统供水。

【释读】

符合两路市政供水的管网特征，设计时重点落实第3款要求。

【条文】

6.1.3 建筑物室外宜采用低压消防给水系统，当采用市政给水管网供水时，应符合下列规定：

1 应采用两路消防供水，除建筑高度超过54米的住宅外，室外消火栓设计流量小于等于20 L/s时可采用一路消防供水；

2 室外消火栓应由市政给水管网直接供水。

【释读】

本条第1款提出了建筑室外消防给水可以设一路的条件——室外用水量小于20L/s的建筑或高度大于54米的住宅建筑（此类住宅建筑室外消防流量是小于20L/s），第2款要求建筑室外消火栓应由市政给水管网直接供水，一般来说市政给水管网能保证20 L/s的连续供水，也能保证室外消防供水压力，但并不一定能保证建筑室内室外全部的消防水量，更不能百分百保证室内供水压力（例如，高层建筑）。

因此本条的执行应是：建筑室外消火栓管网和市政给水管网需直接连接，个别满足第1款条件的可只设一个引入管，不满足的均采用两路供水。本条设置目标为大概率保证室外大消防用水量建筑的消防用水。本条不涉及室内消防用水是否需两路供水，也不涉及是否设消防水池的问题。

另外，据6.1.2第2款，工业园区、商务区和居住区必须两路消防供水，和本条的建筑一路消防供水存在设置环境的差异。

【条文】

8.1.4 室外消防给水管网应符合下列规定：

1 室外消防给水采用两路消防供水时应采用环状管网，但当采用一路消防供水时可采用枝状管网；

2 管道的直径应根据流量、流速和压力要求经计算确定，但不应小于DN100；

3 消防给水管道应采用阀门分成若干独立段，每段内室外消火栓数量不宜超过5个。

【释读】

本条针对建筑外或小区内的室外消防管网。承接6.1.3条，进一步明确室外消防给水采用一路或两路消防供水时的管网布置要求：两路供水应采用环状，一路供水时可枝状。

6.1.3要求①室外给水管网应采用市政给水管网供水，②如果室外流量≤20L/s（除50米以上高层住宅外），可以枝状，否则③室外>20 L/s，或50米以上住宅，必须环状。6.1.3条和8.1.4的第1款对应。

建筑室外消防给水管网形式（环状或枝状）与工程项目的市政给水管网是一路还是两路供水有关（采用一路的很少），也就是说当建筑需要两路消防供水时，市政给水管网既使枝状，建筑室外消防给水管网也应采用环状管网。

【条文】

7.3.2 建筑室外消火栓的数量应根据室外消火栓设计流量和保护半径经计算确定，保护半径不应大于150m，每个室外消火栓的出流量宜按10~15L/s计算。

7.3.3 室外消火栓宜沿建筑周围均匀布置，且不宜集中布置在建筑一侧；建筑消防扑救面一侧的室外消火栓数量不宜少于2个。

【释读】

本条涉及建筑室外消火栓的布置。室外消火栓的布置数量应根据室外消火栓设计流量和每个室外消火栓的给水量计算确定，同时要满足最大保护半径、最大间距，以及消火栓平面布置规范7.3.3的要求，实践中分别按上述要求规划、计算室外消火栓数量，取其大值。

确定了室外消火栓数量后，还要复核7.3.3条（扑救面两个）和7.3.4条（地下出入口一个）的要求，以及7.2.6（布置位置及距离建筑）的要求。

保护半径不等于消火栓间距，建筑外市政消火栓能否算入建筑室外消火栓，按6.1.8要求复核。

本条的保护半径与7.2节规定一致，但消火栓出水量和强条7.2.8条不一致，按本条执行，7.2.8条指的是市政给水管网，市政消火栓15L/s。

7.3.3所述消防登高面又叫建筑消防登高面、消防平台，是登高消防车靠近高层主体建筑，开展消防车登高作业、及消防队员进入高层建筑内部，抢救被困人员、扑救火灾的建筑立面，高层建筑必须设消防登高面，且不能做其他用途。

【条文】

3.3.2 建筑物室外消火栓设计流量不应小于表3.3.2的规定。

表 3.3.2　建筑室外消火栓设计流量（L/s）

耐火等级	建筑物名称及类别			V≤1500	1500<V≤3000	3000<V≤5000	5000<V≤20000	20000<V≤50000	V>50000
一、二级	工业建筑	厂房	甲	15	20	25	30	35	
			乙	15	20	25	30	40	
			丁、戊	15				20	
		仓库	甲	15		25		—	
			乙	15		25	35	45	
			丁、戊	15				20	
	民用建筑	住宅		15				
		公共建筑	单层及多层	15		25	30	40	
			高层	—		25	30	40	
	地下建筑（包括地铁）、平战结合的人防工程			15		25	25	30	
三级	工业建筑		乙、丙	15	20	30	40	45	—
			丁、戊	15		20	25	35	
	单层及多层民用建筑			15	20	25	30	—	
四级	丁、戊类工业建筑			15	20	25	—		
	单层及多层民用建筑			15	20	25	—		

注：1　成组布置的建筑物应按消火栓设计流量较大的相邻两座建筑物的体积之后确定；

2　火车站、码头和机场的中转库房，其室外消火栓设计流量应按相应耐火等级的丙类物品库房确定；

3　国家及文物保护单位的重点砖木、木结构的建筑物室外消火栓设计流量，按三级耐火等级民用建筑物消火栓设计流量确定；

4　当单座建筑的总面积大于500000m²时，建筑物室外消火栓设计流量应按本表规定的最大值增加一倍。

【释读】

建筑室外消火栓用水量由建筑类型、耐火等级及建筑体积决定。

【条文】

3.3.3 宿舍、公寓等非住宅类居住建筑的室外消火栓设计流量,应按本规范表3.3.2中的公共建筑确定。

【释读】

宿舍和公寓属于居住建筑,但非普通住宅,计算室外消火栓用水量时按公共建筑确定。

【条文】

7.3.4 人防工程、地下工程等建筑应在出入口附近设置室外消火栓,且距出入口的距离不宜小于5米,并不宜大于40米。

【释读】

该消火栓作用类似建筑物内消防电梯前室的消火栓。

【条文】

7.3.10 室外消防给水引入管当设有倒流防止器,且火灾时因其水头损失导致室外消火栓不能满足本规范第7.2.8条的要求时,应在该倒流防止器前设置一个室外消火栓。

【释读】

室外消防供水当从市政给水管网采用两路环状供水,以及从生活给水管道系统引出消防用水管时需要设倒流防止器。详见第1章第2节"管道系统的必要附件"中3.3.8条。

第3节 室内消火栓系统

大部分建筑需要设置室内消火栓系统,但也有极少数危险性不大,可依靠室外消火栓系统灭火的建筑可以不设。具体条件详见上一章第2节。

室内消火栓系统设计包括供水方案确定、消火栓布置、管网布置、消防水箱和消防水池容积计算、消防泵流量与扬程计算、控制附件设置等。设计前要充分了解建筑类型、建筑功能对室内消火栓系统的规定性要求,设计过程中还要充分考虑系统的可靠性要求,保证火灾发生后,系统能及时启动并发挥灭火作用。

室内消防供水方案选择的内容包括确定采用哪种压力系统类型(常高压系统、临时高压系统和稳压系统);确定高压系统分区情况;确定消防水池、消防泵、消防水箱和稳压泵的设置与否及设置位置等。

消火栓需要按防火分区布置,应在保证消防员安全条件下,满足建筑扑救火灾时对消火栓充实水柱和消防水枪支数的要求。

采用环状消火栓管网可以提高消防用水的保证率，布置时先用立管联通上下楼层相近平面位置的消火栓，随后在系统底部用环状横干管将各立管联系起来，使泵房出水进入立管的管道联系不再单一。立管顶部系统一般也会设置横干管将立管联系起来，进一步提高消火栓系统的供水可靠性。

市政系统为建筑提供消防供水时，如果存在市政供水条件不能完全满足供水压力或供水水量（室内、室外所有水灭火系统的用水量）问题时，建筑消防系统需要设置消防水池来保障火灾期间亏欠的消防用水量。设计者应准确计算市政系统火灾期间可提供的水量，以确定消防水池的最小储水量。

大部分建筑需要设置高位水箱用于消防，当高位水箱不能满足设置高度要求时，需设置稳压泵来保障系统最不利点的消火栓压力要求。基于高位水箱和稳压泵的设置情况，消火栓系统区分出称为临时高压系统（有高位水箱无稳压泵）和稳压高压系统（既有高位水箱又有稳压泵）。

室内消火栓设计步骤概括如下：

1. 确定建筑室内消火栓用水量：了解建筑性质、功能、消防等级，了解是否有分业功能，按照建筑内部分业性质，确定该建筑的室内消火栓最小设计流量。

2. 确定是否需要设消防水池，并计算消防水池容积：核实室外供水系统在供给室外消防流量后，能否满足室内消火栓供水要求（包括水量和水压要求，水量要求不满足需设水池、水压要求不满足需设加压泵）；按室内同时启动的最大消防用水量计算消防水池容积（采用连续两路供水的水池容积可减去火灾延续时室外可连续供给的部分水量）。

3. 依室外压力情况，确定是否设消防水泵，并确定增压形式：常高压或临时高压。室内消火栓所需压力应按最不利点消火栓出口压力要求确定，这个压力由①充实水柱要求；②最低消火栓出口压力要求（0.25或0.35MPa）决定。一般来说室内消火栓所需压力较大，室外消防供水压力无法满足消火栓最不利点压力要求，必须设消防水泵。

4. 确定消防水池和消防水泵房的楼层和具体位置（检查已有的设置位置是否满足规范要求：不能设在地下三层及以下楼层，保证消防水泵房地面与室外地面高差≥10米，消防水池设置高度应保证消防泵能够自灌启动）

5. 确定消火栓系统分区情况（消火栓系统的压力分区，按静压为1.0MPa，自动喷水灭火系统工作压力1.6 MPa），多分区时，确定低区到高区供水的供水方式（串联接力供水还是多立管并联供水）。

6. 确定各分区高位消防水箱容积、高度与位置。（设置高度若不能满足最不利消火栓的静压要求则需加高水箱高度，或增设稳压泵）

7. 确定各层消火栓的位置。几个原则：①满足建筑内任何一个点在两个消火栓保护半径内；②不同层消火栓尽可能设在相同平面位置，要求：不能隐蔽，明显且方便寻找，如走道、疏散通道、楼梯间和平台、防烟楼梯间和平台；③消防电梯前室必设；④注意各防火分区的消火栓可通过防火门借用，但注意：防火分区被防火卷帘分隔时，相邻防火分区的消火栓无法借用。

8. 布置消防立管：结合各层消火栓位置，用立管串接各层同一平面位置上的消火栓，注意立管应靠柱、靠墙，且不穿越规范明确要求不允许布置的房间。

9. 布置消防水泵房所在层的消防横干管。几个要求：①该横干管应连成环状，位置应靠近消防立管，靠墙、贴梁，或贴楼板布置在过道平面；②该层消火栓应直接从横干管引出；③该层横干管如引出枝状竖管连接消火栓，数量一般不超过两个，且宜在上下方向，不可在平面上通过枝状管连接两个消火栓。

10. 布置顶层和立管转换层的消火栓横管。为提高供水可靠性，消火栓管道需布置成环网，环状形式不仅要求将底层消防横干管连接成水平环，还要求各消防立管在楼层顶部或立管转换层进行应联通，使管道系统面形成垂直环，避免单个立管只有一路供水方向。立管顶部横干管可布置在顶层或转换层的天花下，也可布置在屋面层上方。

11. 连接顶部横干管和高位消防水箱出水管（高位消防水箱进水由生活水泵提供）。

12. 布置水泵结合器、实验消火栓及其附件。

13. 布置横管和立管上的检修阀门（立管的底部和顶部、横管按两个阀门间消火栓数量不超过 5 个设置）

14. 布置单向控制阀（位置：水泵出水管、水箱出水管及其他）。

15. 计算最不利点消火栓到消防泵的水头损失（在计算草图上断开顶部连接横管、断开底部环状管网，确定最不利及次不利立管、确定最不利消火栓，计算从最不利消火栓到泵房出水口的水头损失，计算时需叠加沿途消火栓实际计算流量，直至叠加流量超过室内消火栓设计流量，此后后续管水头损失可按规范要求的室内消火栓设计流量计算）。

16. 计算消防水池最低水位、最高水位。

17. 计算消防水泵设计扬程。

18. 选定消火栓系统消防泵：按照计算扬程和设计流量后，选定消防泵。

19. 核算是否存在超压消火栓（栓口压力>0.7MPa 的消火栓），如有，增设减压孔板或改用减压消火栓。

20. 核算高位消防水箱高度。如水箱高度不能满足最不利消火栓静压要求，增设稳压泵，同时①确定稳压泵位置（屋顶或是泵房）；②确定稳压泵扬程、流量；③选定稳压设备。

室内消火栓平面位置布置步骤:

消火栓布置时应按计算的保护半径,靠近走道布置在柱网、墙边,且能明显发现的位置,并确保建筑内每一个灭火点至少被两个消火栓保护范围覆盖。

布置前,先要据建筑性质确定规范中要求的灭火所需充实水柱长度(10m 或 13m)、消火栓栓口最小压力(0.25 MPa 或 0.35 MPa),计算消火栓的最大保护半径,还要据建筑性质确定灭火时需要几个水枪同时灭火(1个或2个,一般是2个),具体步骤如下:

1. 计算消火栓保护半径(参数:充实水柱长度、消火栓及水枪类型、栓口最小压力);
2. 确定同时灭火水枪(消火栓)支数;
3. 以建筑平面的通道为中线,柱连线、墙线为边线,分隔建筑平面为若干长方形块(柱、墙通常是布置消火栓的位置,因此长方形块应以柱、墙为节点划分),长方形块的宽度即为消火栓保护宽度 b;
4. 计算消火栓最大间距 S:$S = \sqrt{R^2 - b^2}$;
5. 从长方形某短边段向另一短边段移动布置消火栓(布置在墙、柱附近),确保平面内所有点都在规定最小数量(2个)消火栓的保护半径内;
6. 考虑消防前室、楼梯、走道等必须布置和适宜布置消火栓的位置,调整前一步骤已经布置的个别消火栓位置;
7. 对应楼层消火栓位置,调整各层消火栓基本处于同一平面位置。

1 系统方案选择

【条文】

6.1.8 室内应采用高压或临时高压消防给水系统,且不应与生产生活给水系统合用。但当自动喷水灭火系统为局部应用系统和仅设有消防软管卷盘的轻便水龙的室内消防给水系统时,可以生产生活给水系统合用。

【释读】

本条明确室内消防给水系统应采用高压或临时高压系统,且不与生产、生活给水系统合用。高压系统通常设置高位消防水池以保证系统全部灭火供水量,且满足最不利消火栓供水压力。

【关联条文】

2.1.2 高压消防给水系统:能始终保持满足水灭火设施所需的工作压力和流量,火灾时无须消防水泵直接加压的供水系统。

【释读】

高压消防系统可区分为泵压管网高压系统和水池重力高压系统。

【条文】

4.3.11 高位消防水池的最低有效水位应能满足其所服务的水灭火设施所需的工作压力和流量,且其有效容积应能满足火灾延续时间内所需消防用水量,并符合下列规定。1.(略);2.(略);3. 除一路可消防供水的建筑外,向高位消防水池供水的给水管不应少于两条;4. 当高层民用建筑采用高位消防水池供水的高压消防给水系统时,高位消防水池储存室内消防用水量确有困难,但火灾时补水可靠时,其总有效容积不应小于室内消防用水量的50%。

【释读】

本条涉及常高压消防系统。超高层建筑消防常采用高位消防水池的常高压系统保证低区的消防用水。本条给出了高压消防灭火系统需要满足的条件:①至少有两路以上独立可靠的供水接入消防系统,同时满足任意水源供水管最小流量,不小于消防给水设计流量。②任意水源供水管最小压力不小于消防系统最不利点所需供水压力。

高位消防水池灭火系统属于重力高压消防水灭火系统,应由高位水池至少引出两路供水进入消防系统。同时,高位水池的水量应满足灭火用水总量;高位水池高度应满足灭火系统压力,高位消防水池任意出水管(需要设置两条以上)最小流量不小于消防给水的设计流量。

本条未提及高位消防水池的进水要求。但据第3条,即使水池储水量全部满足,也需要两条给水管供水。另外第4条给出了减少高位消防水池容积的条件:如果高位消防水池有补水措施且可靠,高位消防水池的体积可以小于火灾灭火用水总量。

8.1.3条还从供水可靠性角度要求,高位消防水池到灭火设施、灭火系统的供水管路必须有两个,且每根管流量不小于消防给水设计流量。具体见本节第4部分"消防管网"。

本条①②与系统选择无关,此处略去。

【条文】

6.1.9 室内采用临时高压消防给水系统时,高位消防水箱的设置应符合下列规定:

1. 高层民用建筑必须设置高位消防水箱。总建筑面积大于1万平方米,且层数超过两层的公共建筑和其他重要建筑必须设置高位消防水箱。

2. 其他建筑应设置高位消防水箱,但设置高位消防水箱确有困难,且采用安全可靠的消防给水形式时,可不设高位消防水箱,但应设稳压泵。

3. 当市政供水管网的供水能力,在满足生产、生活最大小时用水量后,仍能满足初期火灾所需的消防流量和压力时,市政直接供水可替代高位消防水箱:

【关联条文】

2.1.3 临时高压消防给水系统：平时不能满足水灭火设施所需的工作压力和流量，火灾时能自动启动消防水泵以满足水灭火设施所需的工作压力和流量的供水系统。

【释读】

临时高压系统一般设置高位水箱，为消火栓系统提供火灾初期消防用水，该水箱出水管上设置的水流信号阀是系统启动消防泵灭火的重要附件。本条就临时高压消防给水系统上的高位消防水箱设计原则作了规定，该系统可以在火灾发生时才进入高压状态，也因此需要依靠高位水箱保障火灾初期消防供水的压力和水量。大部分建筑室内消防供水采用临时高压系统（由火灾时启动消防泵保障消防供水压力最经济）。本条第1款为强制性条款，必须严格执行，即高层建筑必设高位消防水箱，多层建筑中总建筑面积大于1万平方米的公共建筑必设，单层建筑可不设高位消防水箱。当设置高位消防水箱确有困难时，也可不设，如建筑高度不大于27米的住宅，根据7.4.13设置干式消防竖管时，可不设置高位消防水箱。建筑高度大于27米的住宅属于高层建筑应设置高位消防水箱。

本条第2款所指可靠措施为带有气压罐的稳压装置，且能同时保证一定的消防水量。

【条文】

5.2.2 高位消防水箱的设置位置应高于其所服务的水灭火设施，且最低有效水位应满足水灭火设施最不利点处的静水压力，并应按下列规定确定：

1 一类高层公共建筑，不应低于0.10MPa，但当建筑高度超过100m时，不应低于0.15MPa；

2 高层住宅、二类高层公共建筑、多层公共建筑，不应低于0.07MPa，多层住宅不宜低于0.07MPa；

3 工业建筑不应低于0.10MPa，当建筑体积小于20000m³时，不宜低于0.07MPa；

4 自动喷水灭火系统等自动水灭火系统应根据喷头灭火需求压力确定，但最小不应小于0.10MPa；

5 当高位消防水箱不能满足本条第1款~第4款的静压要求时，应设稳压泵。

【释读】

接6.1.9，高位水箱的高度设置要求，不能满足高度设置要求的，应设稳压泵。

【条文】

5.2.1 临时高压消防给水系统的高位消防水箱的有效容积应满足初期火灾消防用水量的要求，并应符合下列规定：

1 一类高层公共建筑，不应小于36m³，但当建筑高度大于100m时，不应小于50m³，当建筑高度大于150m时，不应小于100m³；

2 多层公共建筑、二类高层公共建筑和一类高层住宅,不应小于18m³,当一类高层住宅建筑高度超过100m时,不应小于36m³;

3 二类高层住宅,不应小于12m³;

4 建筑高度大于21m的多层住宅,不应小于6m³;

5 工业建筑室内消防给水设计流量当小于或等于25L/s时,不应小于12m³,大于25L/s时,不应小于18m³;

6 总建筑面积大于10000m²且小于30000m²的商店建筑,不应小于36m³,总建筑面积大于30000m²的商店,不应小于50m³,当与本条第1款规定不一致时应取其较大值。

【释读】

接6.1.9,本条规定了高位消防水池的容积大小要求。

【条文】

6.1.10 当室内临时高压消防给水系统仅采用稳压泵稳压,且为室外消火栓设计流量大于20升/秒的建筑和建筑高度大于54米的住宅时,消防水泵的供电和备用动力应符合下列要求:消防水泵应按一级负荷要求供电,当不能满足一级负荷要求供电时应采用柴油发电机组作为备用动力。此外,工业建筑备用泵宜采用柴油机消防水泵。

【释读】

一般情况下,一类高层才需要一级负荷供电,二类高层可以采用二级负荷供电。但在"仅采用稳压泵稳压"(即没有设高位消防水箱)情况下,室外消火栓设计流量大于20L/s的建筑和建筑高度大于54米的住宅需要采用一级负荷供电。

【条文】

6.1.11 建筑群共用临时高压消防水给水系统时,应符合下列规定:

1. 工矿企业消防供水的最大保护半径不宜超过1200米,且占地面积且不宜大于200 hm²; 2. 居住小区消防供水的最大保护建筑面积不宜超过50万平方米; 3. 公共建筑宜为同一产权或物业管理单位。

【释读】

本条规定了共用临时高压消防给水系统的建筑群规模标准。限制居住小区消防供水的最大保护建筑面积是为了控制系统规模,减少管网的渗漏,增加系统的可靠性,避免出现两次火灾的争议。

【条文】

6.2.1 符合下列条件时,消防给水系统应分区供水:

1 系统工作压力大于2.40MPa;

2 消火栓栓口处静压大于1.00MPa;

3 自动灭火系统报警阀处的工作压力大于1.6MPa或喷头处的工作压力大于1.2MPa。

【释读】

本条给出消防给水分区的三个条件，前两个是针对消火栓系统，第三个针对自动灭火系统：在满足第1款条件——2.40MPa时，应采用完全分区，满足第2款，消火栓栓口静压大于1.0MPa时，可采用减压阀分区，另外，按7.4.12条，即使1.0MPa分区的条件下，消火栓栓口动压力不应大于0.50 MPa；当大于0.70 MPa时必须设置减压装置，此时一般考虑采用减压孔板。在《自动喷水灭火系统设计规范》6.2.4中，还限制报警阀组最高与最低位置洒水喷头高程差不宜大于50m。

系统工作压力按8.2.2条和8.2.3条计算，应按系统可能出现最大压力点计算系统工作压力，系统工作压力计算中，消防泵的零流量压力按实际样本特性曲线确定，若无样本曲线可在1.2~1.4倍设计工作压力的范围内，指定其零流量压力，再复核系统工作压力是否超限。

【条文】

5.5.12 消防水泵房应符合下列规定：

1 独立建造的消防水泵房耐火等级不应低于二级；

2 附设在建筑物内的消防水泵房，不应设置在地下三层及以下，或室内地面与室外出入口地坪高差大于10m的地下楼层；

3 附设在建筑物内的消防水泵房，应采用耐火极限不低于2.0h的隔墙和1.50h的楼板与其他部位隔开，其疏散门应直通安全出口，且开向疏散走道的门应采用甲级防火门。

【释读】

本条规定可确保火灾发生时，管理人员能迅速、安全地到达消防水泵房，解决故障问题，开展扑救工作。

注意消防水泵房的楼层位置和地坪高度限制。

【关联条文】

8.1.7 设置火灾自动报警系统和需要联动控制的消防设备的建筑（群）应设置消防控制室。消防控制室的设置应符合下列规定：

1. 单独建造的消防控制室，其耐火等级不应低于二级；2. <u>附设在建筑内的消防控制室，宜设置在建筑内首层或地下一层，并宜布置在靠外墙部位</u>；3. 不应设置在电磁场干扰较强及其他可能影响消防控制设备正常工作的房间附近；4. 疏散门应直通室外或安全出口；5. 消防控制室内的设备构成及其对建筑消防设施的控制与显示功能以及向远程监控系统传输相关信息的功能，应符合现行国家标准《火灾自动报警系统设计规范》GB 50116和《消防控制室通用技术要求》GB 25506的规定。

2 消防水源与消防水池布置

【条文】

4.3.1 符合下列规定之一时，应设置消防水池：

1 当生产、生活用水量达到最大时，市政给水管网或入户引入管不能满足室内、室外消防给水设计流量；

2 当采用一路消防供水或只有一条入户引入管，且室外消火栓设计流量大于20L/s或建筑高度大于50米；

3 市政消防给水设计流量小于建筑室内外消防给水设计流量。

【释读】

本条为判断市政给水能否满足消防用水水量要求的必要条件，也是设置消防水池的必要条件，不满足其中任何一款都需要设置消防水池。

本条第1款针对消防给水与生产生活由同一个引入管引入的情况。市政给水管网供水引入小区后，室外的消防系统与生活给水系统一般合并，建筑室内的消防用水通常由小区消防加压泵统一加压，如果市政给水管网提供的水量不能满足生活用水量达到最大时的消防设计流量，还应增设消防水池。核算时将小区内生活用水与建筑室内室外消防流量一起考虑，至于设置的消防水池及流量是只储存室内水量还是只储存室外水量，或是储存室内水量加部分室外水量，或是部分室内水量由4.3.2来确定。

对建筑而言，市政管网引至建筑周边，既要引出管道至室外消火栓系统（前提是市政压力能满足室外消防的供水量和最低压力，如不能满足则需从建筑消防水池及加压系统供给），也要引出供水管向消防水池和生活给水系统供水。

当市政无法提供两路可靠消防供水，只有一路供水条件，且用水量较大，建筑符合"室外消火栓设计流量大于20L/s或建筑高度大于50米"标准时，应设消防水池。

总结设消防水池的两个条件：①一般来说，市政管网的管径与市政压力能满足生活用水量，也能满足室外消防流量，若不能满足室内消防流量时，需要设消防水池。②一路消防供水，且室外消防流量大于20L/s应设（一路消防供水但室外消防流量小于20L/s时可以不设）。

本条还要注意和6.1.3条（见上节）结合使用。6.1.3规定，除大于54米的住宅建筑，当建筑室外消防流量小于等于20L/s时，该建筑室外消防系统可以采用一路供水。结合本条第2款，对于小于50米的住宅建筑（室外消防水量为10L/s）可以设一条引入管，且不设消防水池，对其他非住宅建筑，只有室外消防流量不大于20L/s且建筑高度不大于50米，才可以不设消防水池。

对室外消防水量大于 20 L/s 的建筑，按 6.1.3，在采用市政管网供室外消火栓用水时，应设两路供水，是否设消防水池应遵照本条第 1 款和第 3 款要求，如果该建筑应设置两路却未设置两路供水，则必定需要设消防水池。

【条文】

4.3.2 消防水池有效容积的计算应符合下列规定：

1 当市政给水管网能保证室外消防给水设计流量时，消防水池的有效容积应满足火灾延续时间内室内消防用水量的要求；

2 当市政给水管网不能保证室外消防给水设计流量时，消防水池的有效容积应满足火灾延续时间内室内消防用水量和室外消防用水量不足部分之和的要求；

【释读】

本条规定了消防水池容积的计算思路，具体计算方法见 3.6.1。室外消防水池容积大小与市政给水管网的供水能力有关。一般来说室外消防水池和室内消防水池可以共用。当市政给水管网在满足生活用水量时，还能保证室外消防水量、最低室外压力，那么可单设室内用消防水池，如果市政给水还不能满足室外消防水量，那么消防水池，既要储存室内消防用水量，也要储存室外消防用水量。如果室外管网满足室外消防用水之后还能有补水能力，在室内消防水池能确保两路供水时，有效容积可以按补水容积折减。但是也要满足 4.3.4 的最小容积要求——50 m³ 或者是 100 m³。

什么情况市政给水管网能保证室外消防水量？即什么样的条件能保证室外消防给水设计流量？这两个问题需要通过核算市政给水管网接入引入管之后的消火栓压力是否满足消火栓的最小压力（0.14MPa），并以此压力为基础，配合水龙带直径、长度和栓口局部损失计算可供水量。简单估算表明：如果市政给水管网采用最低压力 0.14MPa，150mm 的管径已能满足 20L/s 的室外消防用水量，室外消防用水量见本章第 2 节 3.3.2 条。

【条文】

4.3.4 当消防水池采用两路消防供水且在火灾情况下连续补水能满足消防要求时，消防水池的有效容积应根据计算确定，但不应小于 100 m³，当仅设有消火栓系统时，不应小于 50 m³。

【释读】

火灾时如果供水系统满足两路供水且连续补水，供水量满足消防用水量要求，原则上是不需要设消防水池，但因为直接从市政管网抽水时，周边水压可能下降太大，且还存在市政断水的可能，从安全性考虑，要求大部分建筑必须设置消防水池（具体条件见 4.3.1），本条实际上规定了即使两路供水，消防泵依然不能直接从市政管网吸水的原因：即使消防水池两路供水，如果抽水时，周边压力下降太多也要避免直接抽水。理论上当满足两路供水水量要求时，消防水池的有效容积应按消防水泵最短运行时间和消防流量的乘积确定,而不能只有消防泵的5分钟流量。

【条文】

3.6.1 消防给水一起火灾灭火用水量应按需要同时作用的室内外消防给水用水量之和计算,两座及以上建筑合用时,应取最大者,并应按下列公式计算:

$$V = V_1 + V_2$$

$$V_1 = 3.6\sum_{i=1}^{i=n} q_{1i} t_{1i}$$

$$V_2 = \sum_{i=1}^{i=m} q_{2i} t_{2i}$$

式中:V——建筑消防给水一起火灾灭火用水总量(m^3);

V_1——室外消防给水一起火灾灭火用水量(m^3);

V_2——室内消防给水一起火灾灭火用水量(m^3);

q_{1i}——室外第 i 种水灭火系统的设计流量(L/s);

t_{1i}——室外第 i 种水灭火系统的火灾延续时间(h);

n——建筑需要同时作用的室外水灭火系统数量;

q_{2i}——室内第 i 种水灭火系统的设计流量(L/s);

t_{2i}——室内第 i 种水灭火系统的火灾延续时间(h);

m——建筑需要同时作用的室内水灭火系统数量。

【释读】

本条给出了为扑救一次需储备的用水量,包括一次火灾扑救室外、室内火灾的全部用水量。当一个建筑消防供水不足,需要采取贮水措施来保证救火用水,如果室外管网能满足室外消防用水时,可只贮存室内消防用水。对一栋建筑而言,因意外建筑内火灾发生点为一个的假设符合风险要求,基于此,不同功能空间点消防用水总量可能不同,在为该建筑预备消防用水时,按最大用水量要求储备用水即可。

【条文】

3.6.2 不同场所消火栓系统和固定冷却水系统的火灾延续时间不应小于表 3.6.2 的规定。

【释读】

表 3.6.2 见后,可概括为:不同类型建筑的火灾延续时间不同,经消防部门经长年数据结果统计,一般可按 2 小时计,特别危险的按 3 小时计。自动灭火系统的火灾延续时间,按各自的设计规范确定,一般不小于 1 小时。详见 3.6.3。

【关联条文】

3.6.3 自动喷水灭火系统、泡沫灭火系统、水喷雾灭火系统、固定消防炮灭火系统、自动跟踪定位射流灭火系统等水灭火系统的火灾延续时间,应分别按现行国家标准《自动喷水灭火系统设计规范》GB 50084、《泡沫灭火系统设计规范》GB 50151、《水喷雾灭火系统设计规范》GB 50219和《固定消防炮灭火系统设计规范》GB 50338的有关规定执行。

【条文】

3.6.4 建筑内用于防火分隔的防火分隔水幕和防护冷却水幕的火灾延续时间,不应小于防火分隔水幕或防护冷却火幕设置部位墙体的耐火极限。

表3.6.2 不同场所的火灾延续时间

建筑			场所与火灾危险性	火灾延续时间（h）
建筑物	工业建筑	仓库	甲、乙、丙类仓库	3.0
			丁、戊类仓库	2.0
		厂房	甲、乙、丙类仓库	3.0
			丁、戊类仓库	2.0
	民用建筑	公共建筑	高层建筑中的商业楼、展览楼、综合楼,建筑高度大于50m的财贸金融楼、图书馆、书库、重要的档案室、科研楼和高级宾馆	3.0
			其他公共建筑	2.0
		住宅		2.0
	人防工程		建筑面积小于3000m²	1.0
			建筑面积大于或等于3000m²	2.0
	地下建筑、地铁车站			

【条文】

4.3.3 消防水池进水管应根据其有效容积和补水时间确定,补水时间不宜大于48小时,但当消防水池有效容积大于2000立方时,不应大于96小时。消防水池进水管管径应经计算确定,且不应小于DN100。

【释读】

本条限制消防水池补水时间,即限制了补水管管径。补水量除了受补水管管径影响外,还受室外消防管网压力影响,如果没有室外管网的压力数据,可按最低水压0.1MPa估算。

【条文】

4.3.5 火灾时消防水池连续补水应满足下列规定:

1 消防水池应采用两路消防给水;

2 火灾延续时间内的连续补水流量应按消防水池最不利进水管供水量计算,并可按下式计算:

$$q_f = 3600Av$$

式中:q_f——火灾时消防水池的补水流量(m³/h);

A——消防水池进水管断面面积(m²);

v——管道内水的平均流速(m/s)。

3 消防水池进水管管径和流量应根据市政给水管网或其他给水管网的压力、入户引入管管径、消防水池进水管管径,以及火灾时其他用水量经水力计算确定,当计算条件不具备时,给水管的平均流速可不宜大于1.5 m/s。

【释读】

本条规定火灾时需要补水的消防水池(因为建筑内空间不大,消防水池容量受限,消防用水不能存足的水池)应采用两路消防给水进水管向水池供水,当然如容积足够,不需要在火灾时连续补水的,也可采用一路消防给水管进向水池供水。

【条文】

4.3.6 消防水池的总蓄水有效容积大于500 m³时,宜设两格能独立使用的消防水池,当大于1000 m³时,应设置能独立使用的两座消防水池,每隔或座消防水池应设置独立的出水管,并应设置满足最低有效水位的连通管,且其管径应能满足消防给水设计流量的要求。

【释读】

本条确定了联通管设置要求,和消防水池的分隔或分座设置要求,除此之外,我们要区分一下消防水池的几个水位的关系:

消防水池的①<u>最低有效水位</u>是消防有效容积对应的低水位,也是本条要求的连通管设置位置。本规范5.1.9条第5款中,当消防水池最低水位位于离心水泵出水管中心线下,或水源水位不能保证离心水泵吸水时可采用轴流深井泵,并应采用湿式深坑的安装方式安装于消防水池等消防水源上,该款表明当消防水池最低水位位于离心水泵出水管中心线下,离心泵就不能使用,因此消防水池最低水位为消防泵运行的最低水位即<u>离心泵出水管中心线</u>。

据此结论,能自灌启动的消防泵,其②<u>自灌保证水位(启动水位)——卧式水泵的泵</u>

顶，立式多级泵吸水端第1级泵体，应不低于最低设计水位，启动时采用重力流冲入泵体的引水方式。一般来说泵顶标高、或立式多级泵吸水管第1级泵体高度会大于出水管中心线高度。另外，自灌水位显然应超过最低设计水位一定高度，否则一启动即关闭。

③水泵吸水淹没水位，该水位是保证离心泵吸水不吸气的安全水位高度，是确保消防水泵正常运行的关键技术措施：消水规5.1.13条第4款要求消防水泵吸水口的淹没深度应满足消防水泵在最低水位运行安全的要求，按照旋流防止器或吸水喇叭口确定的水泵吸水淹没水位，应该不超过最低运行水位。水泵正常运行时，应避免通过吸水管吸入空气，这要求水池水位应在水泵吸水淹没水位以上，包括最低运行水位。那么在水泵的高程设计上，只要将水泵吸水淹没水位与离心泵出水管中心线对齐即保证了最低运行水位高于水泵吸水淹没水位。此时自灌水位，当然也会高于水泵吸水淹没水水位。

消防泵首次启动最低水位，自灌水位，水泵吸水淹没水位三个水位，哪一个是最低有效水位？一般情况下不加旋流防止器的消防水泵吸水口的淹没深度（超出吸水口0.6m）能满足自灌要求，但能否满足消防水泵的首次启动水位（不能过于接近水泵吸水淹没水位，否则启动不了太久，就要停泵），要按消防水泵的流量大小来确定。加旋流防止器的水泵吸水口的淹没深度（超出吸水口0.2m）比不加旋流防止器的低，故能否满足自灌要求，要据所选水泵形式型号慎重确定。一般而言，首次启动最低水位高于自灌水位，且在最高水位和最低水位中间高度位置的1/3处。

一般卧式消防水泵如果能满足水泵首次启动水位，消防水池最低有效水位应是水泵吸水淹没水位。立式消防水泵首次启动水位一般高于吸水口淹没深度，其所对应的消防水池最低水位应满足自灌要求，为出水管中心线高度。

为降低最低有效水位以下的储存水量，采用立式多级离心水泵时，因消防泵出水管口比较高，影响消防水池最低水位，减少消防蓄水量。为降低水池最低水位，提高消防蓄水量，应降低水泵房标高或抬高消防水池底标高，该方法会影响水深，增大建筑面积，对结构专业，建筑专业有一定影响，采用卧式多级离心泵时，因消防泵出水管口比较低，基本与吸水口相平，那么在确保水泵吸水淹没水位的前提下，泵体本身不会影响消防水池的最低有效水位，也不会影响消防泵房的标高，是目前较好的方法，但卧式多级的型号比立式多级的型号占地面积大，会增加泵房的建筑面积，对建筑专业也有一定影响，但总体比采用立式多级离心泵更好。——即平面空间足够时用卧式，可降低最低水位距离池底的高度，平面空间不足时考虑立式，但对泵房所在地面标高有影响。

【条文】

4.1.5 严寒、寒冷等冬季结冰地区的消防水池，水塔和高位消防水池等应采取防冻措施。

【释读】

不少地方有因未采取防冻措施造成灭火失败的惨痛实例。

3 消火栓的布置

【条文】

7.4.2 室内消火栓的配置应符合下列要求：

1 应采用DN65的室内消火栓，并可于消防软管卷盘或轻便水龙设置在同一箱体内；

2 应配置公称直径65，有内衬里的消防水带，长度不宜超过25米，消防软管卷盘应配置内径不小于φ19的消防软管，其长度宜为30米，轻便水龙应配置公称直径25，有内衬里的消防水带，长度亦为30米；

3 宜配置当量喷嘴直径16mm或19mm的消防水枪，但当消火栓设计流量为2.5L/s，宜配置当量喷嘴直径11毫米或13毫米的消防水枪，消防软管卷盘和轻便水龙应配置当量喷嘴直径6毫米的消防水枪。

【释读】

当消火栓设计流量为2.5L/s时，配置当量喷嘴直径11毫米或13毫米的消防水枪时，仍应采用dn65室内消火栓。没强制要求设消防按钮。

【条文】

7.4.12 室内消火栓栓口压力和消防水枪充实水柱，应符合下列规定：

1 消火栓栓口动压力不应大于0.5MPa，当大于0.7MPa时，必须设置减压装置；

2 高层建筑、厂房、库房和室内净高度超过8m的民用建筑等场所，消火栓栓口动压不应小于0.35MPa，且消防水枪充实水柱应按13m计算；其他场所消火栓栓口动压不应小于0.25MPa，且消防水枪充实水柱应按10m计算。

【释读】

栓口动压过大，不易操作，栓口压力太小充实水柱不足，充实水柱长度应保证至少有本条规定长度。

【条文】

7.4.3 设置室内消火栓的建筑，包括设备层在内的各层均应设置消火栓。

【释读】

本条要求消火栓每层设置。有的建筑在某层属于不宜用水扑救的场所，为预防不确定性（临时堆放），本条也要求设置消火栓。另外设备层设置消火栓对扑救建筑物火灾有利。

【条文】

7.4.7 建筑室内消火栓的设置位置应满足火灾扑救要求，并应符合下列规定：

1 室内消火栓应设置在楼梯间及其休息平台和前室、走道等明显易于取用，以及便于火灾扑救的位置；

2 住宅的室内消火栓宜设置在楼梯间及其休息平台；

3 汽车库内消火栓的设置不应影响汽车的通行和车位的设置，并应确保消火栓的开启；

4 同一楼梯间及其附近不同层设置的消火栓，其平面位置宜相同；

5 冷库的室内消火栓应设置在常温穿堂或楼梯间内。

【释读】

消火栓设置的平面位置应易寻、固定、不易受损、环境温度合适。从"易发现"的角度，可将消火栓布置在公共空间、疏散通道内。

【条文】

7.4.6 室内消火栓的布置应满足同一平面内有两支消防水枪的两股充实水柱同时达到任何部位的要求，但建筑高度小于或等于24m，且体积小于或等于5000 m³的多层仓库建筑、高度小于或等于54m且每单元设置一部疏散楼梯的住宅，以及本规范表3.5.2规定可采用一支消防水枪的场所，可采用一支消防水枪的一股充实水柱到达室内任何部位。

【释读】

室内消火栓布置，应保证同层每个防火分区有两只水枪的充实水柱同时到达任何部位。

但也有特例，如本条指出的两种建筑。另外消水规3.5.2条还通过表格"室内消火栓设计流量"的规定也明确了可采用一支消防水枪灭火的建筑。具体可详见该表。

住宅采用一股水柱的实用范围：①当一股消火栓都无法保护到跃层最不利处时（一般情况能满足，但也有些户型可能会出现不利情况），应在跃层休息平台或跃层前室增设消火栓。②当建筑高度超过54m或每个单元设置两个及以上楼梯间疏散口时，跃层的下层需按普通住宅常规设计，满足任何部位两股充实水柱到达，符合本条的跃层，可采用一股充实水柱。另据7.4.15的条文说明，住宅和商业网点的跃层及所属下层可视为同一扑救平面。

【关联条文】

3.5.2 建筑物室内消火栓设计流量不应小于表3.5.2的规定的竖管流量。（此处表略）

【释读】

总结表3.5.2条中可接一支水枪灭火的建筑有：①人防工程中的展览厅，影院，剧场，礼堂，健身体育场所，当其体积小于1000 m³时；②人防工程中的商场餐厅、旅馆医院等体积小于5000 m³时；③人防工程中丁、戊类生产车间、自行车库体积小于2500 m³时；④人防建筑：当属于丙、丁、戊类物品，库房图书资料档案库，且体积小于3000 m³时。

本条在考虑人防工程时，应注意人防工程总体积V的限制要求，即使在工程中有多种平时使用功能房间，采用本条时也应按人防工程总体积计算，同时还应注意，非人防工程类，这样的场所不应采用此规定，应按本条其他要求判定是否可采用一支消防水枪。

室内消火栓按同一平面，而不是同一防火分区有两股充实水柱同时到达任何部位的原则布置，当相邻两个防火分区之间的防火墙上，设有防火门，室内消火栓，可以穿过防火门跨区借用，如果相邻两个防火分区之间只有防火卷帘或防火墙，无防火门时则要考虑防火卷帘会彻底放下，无法跨区借用，此时按防火分区布置消火栓。

【条文】

7.4.15 跃层住宅和商业网点的室内消火栓应满至少满足一股充实水柱到达室内任何部位，并宜设置在户门附近。

【释读】

引条文说明：本条降低了跃层住宅和商业网点的室内消火栓布置要求，并对布置位置做出优先选择原则：①栓口压力取值，对于跃层住宅，不管消火栓设在下层的前室还是休息平台，栓口压力应以跃层楼层处标高加1.1m为基准高度计算；②室内消火栓的保护距离应计算至跃层最不利点处，户内楼梯按其水平投影的1.5倍计。

【条文】

7.4.5 消防电梯前室应设置室内消火栓，并应计入消火栓使用数量。

【释读】

消防电梯前室设置的室内消火栓，可计入使用消火栓。

【条文】

7.4.10 室内消火栓宜按直线距离计算，其布置间距并应符合下列规定：

1 消火栓按两支消防水枪的两股充实水柱布置的建筑物，消火栓的布置间距不应大于30米；

2 消火栓按一支消防水枪的一股充实水柱布置的建筑物，消火栓的布置间距不应大于50米。

【释读】

注意，本条讲的是消火栓布置间距，不是消火栓到最不利灭火点的距离，考虑充实水柱、水带长度，房屋折角因素后，消火栓到最不利灭火点的距离即为消火栓保护半径，一般为27米，注意复核。

布置消火栓时，应保证相邻消火栓的水枪（不是双出口消火栓）充实水柱同时到达其保护范围内的室内任何部位如图7-1所示。

此时消火栓的间距按 $S = \sqrt{R^2 - b^2}$ 计算。

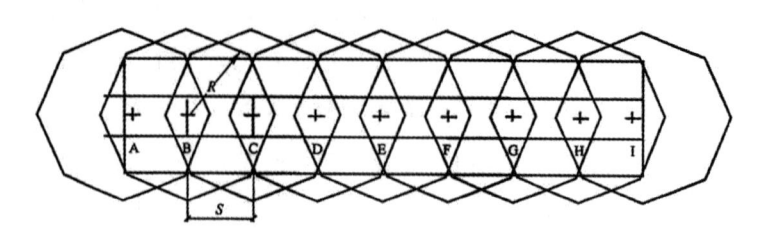

图7-1 两个消火栓保护的室内布置

A, B, C, D, E, F, G, H, I——消火栓

同时使用水枪的数量只有一只时，应保证室内任意一支水枪的充实，水柱能到达其保护范围内的室内任何部位，消火栓的布置如下图所示。

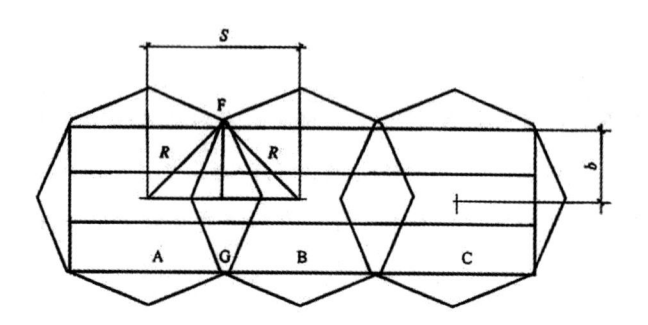

图7-2 一个消火栓保护的室内布置

消火栓的间距。按 $S = 2\sqrt{R^2 - b^2}$ 计算。

实际应用时，可以建筑通道一侧的墙柱为中线（疏散通道位置的柱、墙通常是布置消火栓的位置，因此上述图中长方形块应以柱、墙为节点划分），附近的柱连线、墙线为边线，分隔建筑平面为若干长方形块，形成如上述两图的矩形保护空间，矩形块的宽度即为消火栓保护宽度 b，结合消火栓保护半径 R 既可算出相邻两消火栓的间距 S。

【条文】

10.2.1 室内消火栓的保护半径可按下式计算：

$$R_0 = k_3 L_d + L_s$$

式中：R_0——消火栓保护半径（m）；

k_3——消防水带弯曲折减系数，宜根据消防水带转弯数量取 0.8~0.9；

L_d——消防水带长度（m）；

L_s——水枪充实水柱长度在平面上的投影长度。按水枪倾角为45°时计算，取 $0.71S_k$（m）；

S_k——水枪充实水柱长度,按本规范第7.4.12条第2款和第7.4.16条第2款的规定取值(m)。

【释读】

S_K应按下面两式计算,H_1:层高,H_2:消防水枪距楼层地面垂直高度,可取1m。计算结果与7.4.12和7.4.16条第2款比较充实水柱或最小压力值,取其大值。α取水枪倾角,45°。

$$S_k = \frac{H_1 - H_2}{\sin\alpha} \qquad S_k = \frac{H_{层高} - 1}{\sin\alpha}$$

【条文】

7.4.9 设有室内消火栓的建筑应设置带有压力表的试验消火栓,其设置位置应符合下列规定:

1 多层和高层建筑应在其屋顶设置,严寒、寒冷等冬季结冰地区可设置在顶层出口处或水箱间内等便于操作和防冻的位置;

2 单层建筑宜设置在水力最不利处且应靠近出入口。

【释读】

单层建筑试验消火栓设置在最不利点处。

4 消防管网布置要求

【条文】

8.1.5 室内消防给水管网应符合下列规定:

1 室内消火栓系统管网应布置成环状,当室外消火栓设计流量不大于20L/s,且室内消火栓不超过10个时,除本规范第8.1.2条外,可布置成枝状;

2 当由室外生产生活消防合用系统直接供水时,合用系统除应满足室外消防给水设计流量以及生产和生活最大小时设计流量的要求外,还应满足室内消防给水系统的设计流量和压力要求;

3 室内消防管道管径应根据系统设计流量、流速和压力要求经计算确定;室内消火栓竖管管径应根据竖管最低流量经计算确定,但不应小于DN100。

8.1.2 下列消防给水应采用环状给水管网:

1. 向两栋或两座及以上建筑供水时;2. 向两种及以上水灭火系统供水时;3. 采用设有高位消防水箱的临时高压消防给水系统时;4. 向两个及以上报警阀控制的自动水灭火系统供水时。

【释读】

8.1.5规定了室内消防给水管网的设置要求：其中第1款指出室内消火栓成环状布置和枝状布置的分界标准。8.1.2条规定了需要设置环状管网的室内消火栓系统和室外消火栓系统。

【条文】

8.1.3 向室外、室内环状消防给水管网供水的输水干管不应少于两条，当其中一条发生故障时，其余的输水干管应仍能满足消防给水设计流量。

【释读】

本条强调输水干管应具备完全输水能力，因此向环状管网供水的干管不少于两条。水力计算时应按一条故障，其余通过全部流量计算。本条也适用自动灭火系统。

【条文】

8.1.6 室内消火栓给水管道检修时应符合下列规定：1. 室内消火栓竖管应保证检修管道时关闭停用的竖管不超过一根，但竖管超过4根时，可关闭不相邻的两根。2. 每根竖管与供水横干管相接处应设置阀门。

【释读】

本条就消火栓管网上阀门设置提出了要求，据第1款，各竖管上下两端应设阀门，据第2款，竖管与横干管处应设阀门，注意是竖管，但在横干管上是否设阀门，本条未给出要求，按《"消防给水及消火栓系统技术规范"GB50974-2014实施指南》，高层建筑消火栓竖管上下端应设水平环管；水平环管（横干管）上阀门间消火栓个数不超过5个。

5 消防泵布置

【条文】

5.1.10 消防水泵应设置备用泵，其性能应与工作泵性能一致，但下列建筑除外：1. 建筑高度小于54米的住宅和室外消防给水设计流量小于等于25 L/s的建筑；2. 室内消防给水设计流量小于等于10 L/s的建筑。

【条文解读】

本条规定消防水泵应设置备用泵，工作能力应与消防工作泵一致。本条也给出了不设备用泵的例外：当工厂仓库堆场和储罐的室外消防用水量小于等于25L/s或建筑的室内消防用水量小于等于10L/s时可不设置备用泵。注意，据第1、2款得到的结果可能不一致，如，建筑高度小于等于24m的甲、乙、丙、丁、戊类厂房可不设备用泵，但根据第1款建筑体积大于2万立方米的甲、乙、丙类厂房则要设备用泵。建议从严要求，理由如下：全文强制性规范《城镇给水工程项目规范》GB 55026-2022的6.0.4条要求给水泵站应设置备用泵，其中给水泵站显然包括生活泵站，生产泵站和消防泵站。

【条文】

5.1.12 消防水泵吸水应符合下列规定：1. 消防水泵应采用自灌式吸水；2. 消防水泵从市政管网直接抽水时，应在消防水泵出水管上设置空气隔断的倒流防止器。

【释读】

消防水泵应保持随时启动状态，故应采用自灌式，为减少吸水管段上的水头损失，应将倒流防止器设于出水管上。自灌式启动要求启动时水位高于卧式泵的泵顶部，高于立式泵的第一节泵的出水口。

【条文】

5.1.13 离心式消防水泵吸水管、出水管和阀门等应符合下列规定：

1 一组消防水泵吸水管不应少于两条，当其中一条损坏或检修时，其余吸水管应能通过全部消防给水设计流量；

2 消防水泵吸水管布置应避免形成气囊；

3 一组消防水泵应设不少于两条的输水干管与消防给水环状管网连接，当其中一条输水管检修时，其余输水管应仍能供应全部消防给水设计流量。

【释读】

第1款要求计算消防水泵的水损时，按一根故障，其余管通过全部流量的条件。

【条文】

5.1.14 当有两路消防供水且允许消防水泵直接吸水时，应符合下列规定：

1 每一路消防供水应满足消防给水设计流量和火灾时必须保证的其他用水；

2 火灾时室外给水管网的压力从地面起不应小于0.1兆帕；

3 消防水泵扬程应按室外给水管网的最低水压计算，并应以室外给水的最高水压校核消防水泵的工作工况。

【释读】

针对建筑从室外管网直接吸水情况，本条提出水泵3个设计要求。是否能从室外管网直接吸水，应以当地供水管理要求为准。本款第1条也可用于指导设计两个吸水管从水池吸水的工况。

6 消防水箱和稳压泵布置

前述第1部分系统方案选择中6.1.9条规定了临时高压消防给水系统高位水箱和稳压

泵的设置条件，并在5.2.1和5.2.2中就一般建筑中高位消防水箱的体积和高度进行了规定，注意5.2.1给出的水箱容积为有效容积。本小节将讨论此外的其他一些关键规范。

【条文】

7.1.13 设置高压给水系统的汽车库、修车库，当能保证最不利点消火栓和自动喷水灭火系统等的水量和水压时，可不设置消防水箱。设置临时高压消防给水系统的汽车库、修车库，应设置屋顶消防水箱，其容量不应小于12m³，并应符合现行国家标准《消防给水及消火栓系统技术规范》GB 50974的有关规定。消防用水与其他用水合用的水箱，应采取保证消防用水不作他用的技术措施。

【释读】

本条来自《汽车库、修车库、停车场设计防火规范》GB 50067-2014，规定了汽车库高位水箱容积。

【条文】

5.2.6 高位消防水箱应符合下列规定：

1 高位消防水箱的有效容积、出水、排水和水位等，应符合本规范第4.3.8条和第4.3.9条的规定；

2 高位消防水箱的最低有效水位应根据出水管喇叭口和防止旋流器的淹没深度确定，当采用出水管喇叭口时，应符合本规范第5.1.13条第4款的规定；当采用防止旋流器时应根据产品确定，且不应小于150mm的保护高度；

3 高位消防水箱的通气管、呼吸管等应符合本规范第4.3.10条的规定；

4 高位消防水箱外壁与建筑本体结构墙面或其他池壁之间的净距，应满足施工或装配的需要，无管道的侧面，净距不宜小于0.7m；安装有管道的侧面，净距不宜小于1.0m，且管道外壁与建筑本体墙面之间的通道宽度不宜小于0.6m，设有人孔的水箱顶，其顶面与其上面的建筑物本体板底的净空不应小于0.8m；

5 进水管的管径应满足消防水箱8h充满水的要求，但管径不应小于DN32，进水管宜设置液位阀或浮球阀；

6 进水管应在溢流水位以上接入，进水管口的最低点高出溢流边缘的高度应等于进水管管径，但最小不应小于100mm，最大不应大于150mm；

7 当进水管为淹没出流时，应在进水管上设置防止倒流的措施或在管道上设置虹吸破坏孔和真空破坏器，虹吸破坏孔的孔径不宜小于管径的1/5，且不应小于25mm。但当采用生活给水系统补水时，进水管不应淹没出流；

8 溢流管的直径不应小于进水管直径的2倍，且不应小于DN100，溢流管的喇叭口直径不应小于溢流管直径的1.5倍~2.5倍；

9　高位消防水箱出水管管径应满足消防给水设计流量的出水要求，且不应小于DN100；

10　高位消防水箱出水管应位于高位消防水箱最低水位以下，并应设置防止消防用水进入高位消防水箱的止回阀；

11　高位消防水箱的进、出水管应设置带有指示启闭装置的阀门。

【关联条文】

4.3.8　消防用水与其他用水共用的水池，应采取确保消防用水量不作他用的技术措施。

4.3.9　消防水池的出水、排水和水位应符合下列规定：

1　消防水池的出水管应保证消防水池的有效容积能被全部利用；

2　消防水池应设置就地水位显示装置，并应在消防控制中心或值班室等地点设置显示消防水池水位的装置，同时应有最高和最低报警水位；

3　消防水池应设置溢流水管和排水设施，并应采用间接排水。

3.3.6　从生活饮用水管网向下列水池（箱）补水时应符合下列规定：

1　向消防等其他非供生活饮用的贮水池（箱）补水时，其进水管口最低点高出溢流边缘的空气间隙不应小于150mm。（其他款略）

【释读】

5.2.6条第6款，应注意不要违反建水标准第3.3.6条第1款的要求，从生活饮用水管网向消防中水和雨水回用水等其他用水的出水池补水时，其进水管口最低点高出溢流边缘的空气间隙不应小于150毫米。本款允许由生活饮用水管道向消防水箱供水，未提出两路供水的要求，但若是分区供水常高压系统的消防水池，必须采用两路供水。5.2.6条第10款要求出水管采用底部出水形式，不推荐使用侧面出水方式。

上述3条关联条文节自《建筑给水排水设计标准》GB 50015-2019是对"消水规"的重要补充。3.3.6要求空气间隙150mm，严格程度强于"消水规"。4.3.9则要求设置就地水位显示装置，溢流管和排水管采用间接排水。

【条文】

5.2.4　高位消防水箱的设置应符合下列规定：

1　当高位消防水箱在屋顶露天设置时，水箱的人孔以及进出水管的阀门等应采取锁具或阀门箱等保护措施；

2　严寒、寒冷等冬季冰冻地区的消防水箱应设置在消防水箱间内，其他地区宜设置在室内，当必须在屋顶露天设置时，应采取防冻隔热等安全措施；

3　高位消防水箱与基础应牢固连接。

【释读】

非寒冷地带高位消防水箱可以露天，但要保护，防冻结，有条件时设在消防水箱间。

【关联条文】

6.2.5 采用减压水箱减压分区供水时应符合下列规定：

1 减压水箱的有效容积、出水、排水、水位和设置场所，应符合本规范第4.3.8条、第4.3.9条、第5.2.5条和第5.2.6条第2款的规定；

2 减压水箱的布置和通气管、呼吸管等，应符合本规范第5.2.6条第3款~第11款的规定；

3 减压水箱的有效容积不应小于$18m^3$，且宜分为两格；

4 减压水箱应有两条进、出水管，且每条进、出水管应满足消防给水系统所需消防用水量的要求；

5 减压水箱进水管的水位控制应可靠，宜采用水位控制阀；

6 减压水箱进水管应设置防冲击和溢水的技术措施，并宜在进水管上设置紧急关闭阀门，溢流水宜回流到消防水池。

【释读】

高层建筑中的减压水箱属于高位水箱中一类，可将更高层水箱水通过减压水箱减压，向下方消防系统供水的目的。超高层建筑中除了有减压水箱外，还有承担向水箱上方用户供水的中继转输水箱。本条讨论的是减压水箱。

本条第3款减压水箱宜分为两格：减压水箱最小容积$18\ m^3$，不易固定，宜按有无合用分别考虑，建议取10分钟消防流量，即两个5分钟消防流量。供水系统两根进水管，分别接入减压水箱一格中，每格又各自接出一根出水管，分别连接在出水的环管上，由环管上接出两根立管向下方供水。

减压水箱的进水水源必须从上部水箱引来，不得从上部管网系接；减压水箱的平时补水宜由生活给水提供。

当减压水箱兼做高位消防水箱，同时又作为下区转输减压水箱时，考虑跨分区临界层着火的可能性，水箱容积宜叠加计算，减压水箱只兼做高位消防水箱时，不叠加计算。

【条文】

6.2.3 采用消防水泵串联分区供水时，宜采用消防水泵转输水箱串联供水方式，并应符合下列规定：

1 当采用消防水泵转输水箱串联时，转输水箱的有效储水容积，不应小于$60\ m^3$，转输水箱可作为高位消防水箱；

2 串联转输水箱的溢流管宜连接到消防水池；

3 采用消防水泵直接串联时，应采取确保供水可靠性的措施，且消防水泵从低区到高区应能依次顺序启动；

4 当采用消防水泵直接串联时，应校核系统供水压力，并应在串联消防水泵出水管上设置减压型倒流防止器。

【条文解释】

本条给出了高层建筑中转输水箱用作消防水箱的设置要求，与生活用转输水箱比，供水可靠度要求更高。

本条提出消防分区供水优先采用串联转输水箱的原因是水箱串联安全可靠，也无需考虑并联条件下，高区管材压力强于低区管材压力的不一致性。另一种水泵直接串联方式的分区方式，缺少水箱串联方式的缓冲作用，低区泵及管材依然存在超压问题。另外水箱串联方式控制系统简单，有效，可靠性也强。

转输水箱有效储水容积的确定：设置转输水箱的建筑一般为超高压超高层建筑，按照规范要求，室内消火栓40L/s，自动喷水30L/s，计10分钟的用水量与屋顶水箱18 m^3 之和为60 m^3，故建议转输水箱的有效储水容积按室内消防10分钟用水量与屋顶消防水箱有效储水容积之和确定。

串联转输水箱溢流管的排水能力应按转输流量计，如转出流量包括消火栓系统40 L/s，自喷系统30 L/s，则应按70L/s考虑溢流排水量，当溢流排水量较大时，可采用间接排水方式，在转输水箱附近设一座集水箱，在集水箱底设雨水斗，排放至底层的消防水池。

【条文】

5.3.2 稳压泵的设计流量应符合下列规定：

1 稳压泵的设计流量不应小于消防给水系统管网的正常泄流量和系统自动启动流量；

2 消防给水系统管网的正常泄流量应根据管道材质、接口形式等确定，当没有管网泄漏数据时，稳压泵的设计流量宜按消防给水设计流量的1%~3%计，且不宜小于1 L/s；

3 消防给水系统所采用报警阀压力开关等自动启动流量应根据产品确定。

【释读】

本条规定消防稳压泵的流量设置要求：应同时满足正常泄流量和系统自动启动流量（取大值）。第2款给出了管网的正常泄流量计算方式。本条1款所指系统自动启动流量即为本条第3款所指流量。

本条第1款和5.3.3的第1款在《消防设施通用规范》GB 55037-2022中均已废止，由《消防设施通用规范》中"3.0.13 稳压泵的公称流量不应小于消防给水系统管网的正常泄漏量，且应小于系统自动启动流量，公称压力应满足系统自动启动和管网充满水的要求"替代。

【条文】

5.3.3 稳压泵的设计压力应符合下列要求：

1 稳压泵的设计压力应满足系统自动启动和管网充满水的要求；

2 稳压泵的设计压力应保持系统自动启泵压力设置处的压力，在准工作状态时大于系统设置自动启泵压力值，且增加值宜为 0.07~0.1 MPa；

3 稳压泵的设计压力应保持系统最不利点水灭火设施在准工作状态时的静水压力应大于 0.15 MPa；

【条文解读】

消火栓系统系统控制条文第 11.0.4 条规定，消防水泵应由高位消防水箱出水管上的流量开关，消防水泵出水干管上的压力开关或报警阀压力开关等开关信号直接启动。本条的系统自动启动压力设置点压力，即指泵房内消防水泵出水干管上压力开关压力。

准工作状态是指最不利点消防设施的静水压力满足系统功能要求的状态，对消火栓而言包括满足充实水柱的压力要求，对自喷系统，应保证最不利喷头处压力大于 0.05MPa。结合本条第 3 款，对于消火栓系统，稳压泵的压力应按系统充实水柱的要求计算确定，对于自喷系统，稳压泵的压力则必须满足最不利点喷头的最小 0.15 MPa 静压。

本条解释中的稳压泵压力与设置高位消防水箱所需要的静压要求有一定差距。详见 5.2.2 条：单设高位消防水箱满足最不利点静水压力，对部分高层建筑来说只需要 0.07 MPa，只有在超过 100m 的高层建筑，才要求 0.15 MPa。

【条文】

5.3.6 稳压泵应设置备用泵。

【释读】

本条规定稳压泵应设备用泵。

【条文】

5.3.4 设置稳压泵的临时高压消防给水系统应设置防止稳压泵频繁启停的技术措施，单采用气压水罐时，其调节容积应根据稳压泵，起泵次数不大于 15 次每小时计算确定，但有效储水容积不易小于 150 L。

【释读】

本条规定稳压泵系统应设置气压罐。气压罐的最小容积为 150L。具体容积计算可参考第 1 章"建筑给水排水设计标准"的 3.9.4。

7 消火栓管道系统计算

【条文】

10.1.9 消火栓系统管网的水力计算应符合下列规定：

1 室外消火栓系统的管网在水力计算时不应简化，应根据枝状或事故状态下环状管网进行水力计算；

2 室内消火栓系统管网在水力计算时可简化为枝状管网，室内消火栓系统的竖管流量应根据本规范 8.1.6 条第 1 款规定的可关闭竖管数量最大时剩余一组最不利的竖管确定，该组竖管中每根竖管平均分摊室内消火栓设计流量，且不应小于本规范 3.5.2 规定的竖管流量。

3 室内消火栓系统供水横干管的流量应为室内消火栓设计流量。

【释读】

本条为消火栓管网的水力计算方法。室外消火栓环状管网不简化，但应按最不利的事故状态枝状化后计算。室内消火栓环状管网枝状化同时还需要简化，只留下最不利条件下作用的消火栓，如果计算成果能满足转换后最不利点的供水水压和水量要求，原来环状管网的供水目标可视为完成。

室内环状管网的枝状转化方法见本条的第 2 款。

总结第 2 款和第 3 款的计算方法如下，①根据消水规第 8.1.6 条确定可关闭竖管的最大数量。②选择按数量要求关闭后，将一组最不利竖管平摊室内消火栓设计流量。③横干管计算流量应为室内消火栓设计流量，不是单竖管的支管流量。④竖管流量不应小于消水规表 3.5.2 规定的竖管最小流量。

本条第 3 款特别强调，横干管流计算流量应为室内消火栓设计流量，不是单竖管的枝状管网流量，同时竖管计算所得流量不小于消水规表 3.5.2 条规定的竖管最小流量。

计算步骤如下：

1. 按 8.1.6 确定建筑灭火时需开放使用的最小竖管数量。2. 据泵房位置保留一组最不利竖管，与横干管组成用于计算的枝状管网。3. 平摊室内消火栓设计流量到最不利竖管组合。4. 计算最不利点消火栓为满足充实水柱所需的栓口动水压力，与 7.4.12 比较，取大值。5. 由最不利点位置开始向消防泵方向，按竖管流量不小于 3.5.2 要求，横干管流量按室内消火栓设计流量大小，逐段计算水头损失和消火栓压力。6. 累计水头损失及静扬程高度，得水泵扬程参数。

【条文】

3.5.2 建筑物室内消火栓设计流量不应小于表 3.5.2 的规定。

【释读】

进行建筑消火栓设计计算时，首先确定室内消防设计流量，该值在本条中依据建筑的性质、体积容量等整体危险性特征确定。在室外管网计算和消防水池储水容积计算时，也要用到本表。

表3.5.2 建筑室内消火栓设计流量（民用建筑部分）

建筑物名称			高度h（m）、层数、体积V（m³）、座位数n（个）、火灾危险性	消火栓设计流量（L/s）	同时使用消防水枪数（支）	每根竖管最小流量（L/s）
民用建筑	单层及多层	科研楼、实验楼	V≤10000	10	2	10
			V>10000	15	3	10
		车站、码头、机场的候车（船、机）楼和展览建筑（包括博物馆）等	5000<V≤25000	10	2	10
			25000<V≤50000	15	3	10
			V>50000	20	4	15
		剧场、电影院、会堂、礼堂、体育馆等	800<n≤1200	10	2	10
			1200<n≤5000	15	3	10
			5000<n≤10000	20	4	15
			n>10000	30	6	15
		旅馆	5000<V≤10000	10	2	10
			10000<V≤25000	15	3	10
			V>25000	20	4	15
		商店、图书馆、档案馆等	5000<V≤10000	15	3	10
			10000<V≤25000	25	5	15
			V>25000	40	8	15
		病房楼、门诊楼等	5000<V≤25000	10	2	10
			V>25000	15	3	10
		办公楼、教学楼、公寓、宿舍等其他建筑	高度超过15米或V>10000	15	3	10
		住宅	21<h≤27	5	2	5
	高层	住宅	27<h≤54	10	2	10
			h>54	20	4	10
		二类公共建筑	h≤50	20	4	10
		一类公共建筑	h≤50	30	6	15
			h>50	40	8	15

注：1 丁戊类高层厂房（仓库）室内消火栓的设计流量可按本表减少10L/s，同时使用消防水枪数

量可按本表减少 2 支；

2 消防软管卷盘、轻便消防水龙头及多层住宅楼梯间的干式消防竖管，其消火栓设计流量可不计入室内消防给水设计流量；

3 当一座多层建筑有多种使用功能时，室内消火栓设计流量应分别按本表中不同功能计算，且应取最大值。

【条文】

7.4.12 室内消火栓栓口压力和消防水枪充实水柱，应符合下列规定：

1 消火栓栓口动压力不应大于 0.50MPa；当大于 0.70MPa 时必须设置减压装置；

2 高层建筑、厂房、库房和室内净空高度超过 8m 的民用建筑等场所，消火栓栓口动压不应小于 0.35MPa，且消防水枪充实水柱应按 13m 计算；其他场所，消火栓栓口动压不应小于 0.25MPa，且消防水枪充实水柱应按 10m 计算。

【关联条文】

10.1.4 管道压力，可按下式计算：$P_n = P_t - P_v$。

式中：P_n——管道某一点处压力（MPa）；

P_t——管道某一点处总压力（MPa）；

P_v——管道速度压力（MPa）。

【释读】

消火栓栓口压力是管道系统压力的计算起点，7.4.12 条第 2 款给出了栓口压力的最小要求和目标要求（充实水柱长度）。本条所说 P_n 为动压，即灭火时管道内水流动测得的压力，不包括水流动的动力势能。规范中多处谈到动水压力，如 7.4.12 谈到消火栓栓口动水压力指的也是本计算公式所指压力。

栓口动压应按充实水柱长度所需压力及水带水头损失计算获得，但高层建筑计算所得栓口动压一般会小于 7.4.12 的最小要求（0.25MPa 或 0.35MPa）。如：高层建筑配置 DN65 消火栓、65mm 麻质水带 25m 长、19mm 喷嘴水枪充实水柱按 13m 时，计算可得消火栓栓口压力 H_{xh} 为 0.251 MPa，小于 7.4.12 的最小 0.35 MPa 的要求，最终取定 0.35 MPa。

【条文】

8.1.8 消防给水管道的设计流速不宜大于 2.5m/s，任何消防管道的给水流速不应大于 7 m/s。

【释读】

确定管径先需确定管道流速范围，确定流速和管径时应了解：流速和管径成负相关，因此流速越小，管网造价越高，另外，流速和扬程呈正相关，流速越大，扬程越高，泵要求越高，运行成本越高，设计要在管网造价和泵运行费用中间找到一个平衡。

消防竖管管径可据本条流速要求及3.5.2最小流量要求确定，但最小管径应≥100mm。横管管径可据本条流速及消火栓系统设计流量确定。

【条文】

10.1.2 消防给水管道单位长度管道沿程水头损失应根据管材、水力条件等因素选择，可按下列公式计算：

1 消防给水管道或室外塑料管可采用下列公式计算：

$$i = 10^{-6} \frac{\lambda}{d_i} \frac{\rho v^2}{2}$$

$$\frac{1}{\sqrt{\lambda}} = -2.0\log\left(\frac{2.51}{Re\sqrt{\lambda}} + \frac{\varepsilon}{3.71 d_i}\right)$$

$$Re = \frac{v d_i \rho}{\mu}$$

$$\mu = \rho v$$

$$v = \frac{1.775 \times 10^{-6}}{1 + 0.0337T + 0.000221 T^2}$$

式中：i—— 单位长度管道沿程水头损失（MPa/m）；

d_i—— 管道的内径（m）；

v—— 管道内水的平均流速（m/s）；

ρ—— 水的密度（kg/m³）；

λ—— 沿程损失阻力系数；

ε—— 当量粗糙度，可按表10.1.2取值（m）；

Re—— 雷诺数，无量纲；

μ—— 水的动力黏滞系数（Pa/s）；

υ—— 水的运动黏滞系数（m²/s）；

T—— 水的温度，宜取10℃。

2 内衬水泥砂浆球墨铸铁管可按下列公式计算：

$$i = 10^{-2} \frac{v^2}{C_v^2 R}$$

$$C_v = \frac{1}{n_\varepsilon} R^y$$

$0.1 \leqslant R \leqslant 3.0$ 且 $0.011 \leqslant n_\varepsilon \leqslant 0.040$ 时,

$$y = 2.5\sqrt{n_\varepsilon} - 0.13 - 0.75\sqrt{R}(\sqrt{n_\varepsilon} - 0.1)$$

式中：R —— 水力半径（m）；

C_v —— 流速系数；

n_ε —— 管道粗糙系数，可按表10.1.2取值；

y —— 系数，管道计算时可取1/6。

3 室内外输配水管道可按下式计算：

$$i = 2.9660 \times 10^{-7} \left[\frac{q^{1.852}}{C^{1.852} d_i^{4.87}} \right]$$

式中：C —— 海澄-威廉系数，可按表10.1.2取值；

q —— 管段消防给水设计流量（L/s）。

表10.1.2 各种管道水头损失计算参数 ε、n_ε、C

管材名称	当量粗糙度 ε（m）	管道粗糙系数 n_ε	海澄-威廉系数 C
球墨铸铁管（内衬水泥）	0.0001	0.011~0.012	130
钢管（旧）	0.0005~0.001	0.014~0.018	100
镀锌钢管	0.00015	0.014	120
铜管/不锈钢管	0.00001	—	140
钢丝网骨架PE塑料管	0.000010~0.00003	—	140

【释读】

三个沿程水头损失计算公式，第1、2有一定的使用范围，第3个相对使用更简单。

【条文】

10.1.6 管道局部水头损失宜按下式计算，但资料不全时，局部水头损失可按根据管道沿程水头损失10%~30%估算，消防给水干管和室内消火栓可按10%~20%计，自动喷水等支管较多时可按30%计。

$$P_p = i L_p$$

式中：P_p —— 管件和阀门等局部水头损失（MPa）；

L_p —— 管件和阀门等当量长度，可按表10.1.6-1取值（m）。

【释读】

初步设计时可估算局部水头损失，施工图设计阶段可考虑采用公式计算局部水损。

【条文】

10.1.7 消防水泵或消防给水所需要的设计扬程或设计压力，宜按下式计算：

$$P = k_2\left(\sum P_f + \sum P_p\right) + 0.01H + P_0$$

式中：P —— 消防水泵或消防给水系统所需要的设计扬程或设计压力（MPa）；

k_2 —— 安全系数，可取 1.20 ~ 1.40；宜根据管道的复杂程度和不可预见发生的管道变更所带来的不确定性；

P_f —— 管道沿程水头损失（MPa）；

H —— 当消防水泵从消防水池吸水时，H 为最低有效水位至最不利水灭火设施的几何高差；当消防水泵从市政给水管网直接吸水时，H 为火灾时市政给水管网在消防水泵入口处的设计压力值的高程至最不利水灭火设施的几何高差（m）；

P_0 —— 最不利点水灭火设施所需的设计压力（MPa）。

【释读】

P_0 即为 7.4.12 第 2 款所说的栓口压力。7.4.12 要求高层建筑厂房库房和室内净空高度超过 8 米的民用建筑等场所，消火栓栓口压力不应小于 0.35 兆帕，且充实水柱应按 13 米计算，其他场所栓口动水压力不应小于 0.25 兆帕，充实水柱按 10 米计算。

8　消火栓系统的主要附件

【条文】

8.3.1　消防给水系统的阀门选择应符合下列规定：

1　埋地管道的阀门宜采用带启闭刻度的暗杆闸阀，当设置在阀门井内时可采用耐腐蚀的明杆闸阀；

2　室内架空管道的阀门宜采用蝶阀、明杆闸阀或带启闭刻度的暗杆闸阀等；

3　室外架空管道宜采用带启闭刻度的暗杆闸阀或耐腐蚀的明杆闸阀；

4　埋地管道的阀门应采用球墨铸铁阀门，室内架空管道的阀门应采用球墨铸铁或不锈钢阀门，室外架空管道的阀门应采用球墨铸铁阀门或不锈钢阀门。

【释读】

消防系统阀门应能直观判断开关状态，所以采用明杆阀门或采用带刻度的暗杆阀门。

【条文】

8.3.5　室内消防给水系统由生活生产给水系统管网直接供水时，应在引入管处设置倒流防止器；当消防给水系统采用有空气隔断的倒流防止器时，该倒流防止器应设置在清洁卫生的场所，其排水口应采取防止被水淹没的技术措施。

【释读】

本条为强制性条文，必须严格执行。消防给水系统与生产、生活给水系统合用时，在消防给水管网进水管处应设置倒流防止器，以防长年不用的消防水回流至合用管网，造成污染。倒流防止器有开口与大气相通，为保护水源，应安装在清洁卫生的场所，不应安装在地下阀门井内等可能被水淹没的场所。

【条文】

8.3.2 消防给水系统管道的最高点处宜设置自动排气阀。

【释读】

消防给水系统若长年不用，易在最高点集气，为使用时输水考虑，设置自动排气阀。

【条文】

8.3.3 消防水泵出水管上的止回阀宜采用水锤消除止回阀，但消防水泵供水高度超过24m时，应采用水锤消除器，当消防水泵出水管上设有气囊式气压水罐时，可不设水锤消除设施。

【释读】

消防水泵出水管上应设止回阀等附件。

【条文】

7.4.12 室内消火栓栓口压力和消防水枪充实水柱，应符合下列规定：

1. 消火栓栓口动压力不应大于0.50MPa；当大于0.70MPa时必须设置减压装置；
2. （略）

【释读】

栓口压力超出时0.5MPa用减压孔板或减压消火栓减压。

【条文】

6.2.4 采用减压阀减压分区供水时应符合下列规定：

1. （略）；2. 减压阀应根据消防给水设计流量和压力选择，且设计流量应在减压阀流量压力特性曲线的有效段内，并校核在150%设计流量时，减压阀的出口动压不应小于设计值的65%；3. 每一供水分区应设不小于两组减压阀组，每组减压阀组宜设置备用减压阀。4. （略）；5. （略）；6. （略）。

【释读】

消防给水系统分区减压时采用的减压阀组要求：涉及减压阀的选型（第2款）；设置

两组保证供水可靠性（第3款）；保证特殊状态下的流量压力要求（第2款）。减压阀的出口动压等于出口静压减减压阀水头损失。本条4、5、6款还涉及减压阀选型的具体要求，此处从略。

第4节 消防排水系统

【条文】

9.2.1 下列建筑物和场所应采取消防排水措施：1. 消防水泵房；2. 设有消防给水系统的地下室；3. 消防电梯的井底；4. 仓库。

【释读】

本条规定应设置消防排水系统的场所，可采用明沟、积水坑加潜污泵联合排水。

消防排水设施的排水量可按保护场所内同时作用的所有消防给水水量的80%计算，采用生活排水泵排放消防排水时，可按双泵同时运行的排水方式考虑。

在试验消火栓、喷淋系统末端试水装置、报警阀、检测装置、消防减压阀检测装置和消防电梯井报警阀间、消防水泵房等处应设有消防排水设施。

如消防排水设施需要电力供应，应采用消防电源。

地下室消防集水坑应设2台泵（一用一备），且可同时自动运行，在满足建筑防火隔断及消防排水的前提下，可跨越防火分区借泵排水，但基于一般地下室用于消防排水的明沟和管道不得穿越防火分区，不做借泵措施。

消防电梯井底排水管直接接至室外雨水检查井时，应有防止雨水倒灌的措施。消防电梯井排水设施中集水井不应设在电梯正下方，且应该采用潜污泵作为排水泵，消防电梯及排水集水井不应接纳其他排水。

消防排水量在排水章节中也有描述，此处不再赘述。

【条文】

9.2.2 室内消防排水应符合下列规定：

1 室内消防排水宜排入室外雨水管道；

2 当存有少量可燃液体时，排水管道应设置水封，并宜间接排入室外污水管道；

3 地下室的消防排水设施宜与地下室其他地面废水排水设施共用。

【释读】

消防排水一般不排入污水管道。但火灾可能造成燃油泄漏处的消防排水应设水封将室内排水管网部分和室外部分隔离，同时应通过间接排水的方式进入室外污水管道，而不能直接接入室外污水管道。本条第3款给出了不用专设地下室消防排水的可行性，但如果采用普通地下室排水泵，该地下室普通排水泵应采用消防供电，同时保证消防排水量要求。

【条文】

9.2.3 消防电梯的井底排水设施应符合下列规定：

1 排水泵集水井的有效容量不应小于2m³；

2 排水泵的排水量不应小于10L/s。

【释读】

不通往地下室的消防电梯可将消防排水直接排至室外地面：

可将消防电梯井内底标高设置为集水井排水泵的启泵水位，将集水井内底以上约300mm标高设置为排水泵的停泵水位。

消防电梯井可作消防排水集水井，但不能做吸水井。单独设吸水井于消防电梯井外。

【条文】

9.3.2 试验排水可回收部分，宜排入专用消防水池循环再利用。

【释读】

消防泵可设专用排水管将试验排水导入消防水池。该排水管上应设流量计量和压力附件，用于消防泵验收。

第 7 章 自动喷水灭火系统设计

自动喷水灭火系统是建筑消防中自动灭火系统中的一种，由于扑救效率高、投资省，成为建筑中应用最广泛的一种自动灭火系统。与自动喷水系统相似的自动灭火系统还包括水喷雾灭火系统、细水雾灭火系统，它们均采用水作为灭火剂，依靠自动火情监测或自启动组件触发喷水，发挥灭火功能。水喷雾灭火系统和细水雾灭火系统因其特有的雾状水滴，消防用水量少，对电器设备保护性强，无触电风险，可应用在电气或需要减少水渍的目标场所。不能用水灭火的场所可采用气体自动灭火系统，如 CO_2，但该方式投资高，多用在特殊场所。

自动喷水灭火系统与建筑室内消火栓系统设计理念存在不同：自动喷水灭火系统按场地的危险性考虑布置与否及布置要求，室内消火栓系统则按建筑整体的功能性质考虑布置与否及布置要求；消火栓类型单一，室内消火栓系统的设计参数相对简单，自动喷水灭火系统类型多、参数多，需要考虑的场地特征条件更加复杂。因此，在自动喷水灭火系统（后文不做比较时，简称为自喷系统）设计阶段最重要的是认真研究场地特点，选择正确的设计参数，否则可能出现原则性错误。

自喷系统要求在火灾发生初期启动，将火情扑灭在尚未失去控制之前。因此，及时发现火情，并实现自发启动是自喷系统灭火的关键。火势发展快及顶板较高的场所，还需要自喷系统短时间在限定的空间喷出足够的水量才能控制火情。这些能力都需要通过设置正确参数来实现。

自喷系统启动方式包括闭式感温喷头（高温时破裂，引发喷头喷水）方式，也有通过感温、感烟、红外探头，探测火情发生后，启动灭火的方式。以常见的闭式感温喷头为例，火情出现后，场地上方的喷头感温元件在高温烟气影响下破裂，出水口打开，高位消防水箱在管道内形成的压力水（至少 0.05MPa 压力）喷出喷头，开始灭火，而高位消防水箱出水管处安装的流量控制阀将感应到这一水流的持续单向流动，并将信号传递到消防控制室，中控设备核实信号正确性后，启动消防泵持续供水。除了高位水箱出水管上的流量信号外，系统还安装有能触发中控设备启动消防泵的控制信号，包括报警阀的打开信号（高位水箱水向管网供水必须先经过报警阀，故报警阀会处于开启状态，引发报警信号发往中控）以及自喷消防泵出水管上的压力信号（只限于有稳压泵的稳高压系统中，当高位水箱出水后，水位快速下降，稳压泵无法保持系统压力，将直接导致自喷消防泵出水口处压力下降，当压力下降达到设定值时，压力信号阀传递信号至中控，启动自喷消防泵供水；未设置稳压泵的临时高压系统，自喷消防泵出水管压力高随高位水箱的水位变化，压力变化较小，不适于控制消防泵启动，一般不设压力信号阀）。中控设备一般需要确认以上三个信号中的两个才会启动消防泵。

从上述消防泵启动原理看自喷系统设计，自喷系统的设计关键是保证系统在火情发展初期能及时启动，并喷出足够的灭火用水，随后还需保证自喷消防泵及时启动。因此，闭式系统中，保证闭式感温喷头及时破裂和启动消防泵信号及时出现是系统设计的关键。为保证闭式感温喷头在火灾发生后及时在高温烟气影响下破裂，必须将其安装在能及时收集到热量的建筑区域（一般在顶板下方 75~100 mm 范围），同时避免建筑空间障碍（梁、柱、墙、管道等）对对流传热的影响。另外有效扑救还需控制好火情上方喷水量（一般受单个喷头压力和喷头间距控制），只有足够的喷水量才能保证火场火情得到有效抑制。启动消防泵的报警阀信号依赖高位水箱来水流经报警阀的系列作用，因此应确保高位水箱出水应先流经报警阀后再流向喷头，若高位水箱动水不经报警阀流向喷头，报警阀无法开启，系统缺少报警阀信号，可能造成消防泵启动失败。

自喷系统设置的其他要求：①每个报警阀控制的喷头数量不能太多，不允许超过规范要求；②每个报警阀控制的喷头所在最高楼层与最低楼层的楼层差不能太大，否则会造成低层喷头出水过快，影响系统喷水持续时间，降低效果；③管网布置时应按防火分区布置，以便中控系统的管理人员在接到报警时，及时了解火情发生位置。设计时应在每个防火分区配水干管上设置流量信号阀，当管道内水流动时，流量信号阀向中控发出信号，中控核实地址码，确认对应的火灾区域。

自动喷水灭火系统设计内容主要包括喷头选型与布置，布置连接喷头和供水设备的配水支管、配水管和配水干管，布置报警阀等系统控制附件，选定供水设备及泵房布置等。

喷头选型与布置是自喷系统设计的关键和重点，需要在区分民用建筑类型（仓库、厂房和民用建筑三种类型）及场地危险等级的基础上选定多个设计参数，这些参数存在多种可行的组合形式，需要按可靠性和经济性原则确定。

自动喷水灭火系统的设计参数可以概括为 6 项：①喷头类型，②喷水强度，③作用面积，④喷头间距，⑤最小作用压力，⑥作用时间。在研究场所的建筑特征及危险性之后，设计先确定①喷头类型，再确定②喷水强度和③作用面积，接着按所需喷水强度要求的最大和最小间距要求（喷水强度越大，同类型喷头的布置间距越大），结合场地顶板的梁柱形式（减小梁柱对喷头喷水强度的影响），确定喷头的平面布置情况——确定喷头④实际间距，最后通过计算确定最不利点喷头所需的⑤压力（以满足设计喷水强度为准），同时核实该压力是否满足⑤最小压力要求。自喷系统的⑥作用时间一般为1小时，但个别场地需要更长作用时间，设计者同样需要核实确认。

自动喷水灭火系统设计步骤：

1. 确定建筑性质（厂房、仓库还是其他民用建筑类别，类别不同选用设计参数不同）

2. 确定建筑内需要布设自喷系统的场所（自动喷水灭火系统是按场所危险性来判定设置与否）

3. 检查图纸，确定上述场所与自喷系统设计相关的建筑特征。（如净空高度、防火分区、火灾危险等级）

4. 按上述的建筑类型、场所特征选定自喷系统设计的6个参数（喷头类型、喷水强度、作用面积、喷头间距、持续时间、最小压力）

5. 识读布置场所的柱梁形式（柱帽尺寸，主梁、次梁间距高宽，井字梁高宽和间距等）

6. 按上条确定的柱梁形式在柱梁间均匀布设喷头，同时满足喷头类型的最大、最小间距要求。

7. 统计各防火分区和各自喷分区喷头总数量，按报警阀控制的最大喷头数，确定报警阀数量（同一防火分区的喷头不能跨报警阀设置）。

8. 确定各自喷分区立管的位置。

9. 确定自喷消防泵位置、报警阀位置（消防泵房内，报警阀靠墙设置）

10. 据自喷消防泵后报警阀位置及立管位置通过横干管连接泵房出水管及立管：报警阀等一般安装在泵房靠墙处，自喷泵组通过两个出水管与报警阀环网连接，报警阀出水管经横干管引向本组立管，横干管布置应遵循靠梁、靠墙的布置原则，天花板下安装应在走道上方，避免穿墙、穿梁，尤其是剪力墙（自喷立管设在核心筒剪力墙管道井的例外）。

11. 防火分区内配水干管、配水管和配水支管的布置：①确定各楼层及楼层不同防火分区范围内最不利灭火点位置；②依据建筑梁图、建筑平面图、布置最不利点处配水支管、配水管和配水干管（注意不同管径管能连接的最大湿式喷头数量限制；有主次梁时，建议配水干管跨主梁，配水管跨次梁，配水支管加连接短管与喷头连接；平面空间分块多时，管线可在疏散通道顶板下设置，以避免管线多次穿分隔墙）。

12. 布置各层各分区最不利点处自喷系统的试水试验装置，及试验排水管道。

13. 布置配水干管处流量信号阀、控制阀、泄水阀等阀件。

14. 布设高位水箱下行管至报警阀前，布设该管道上水箱出水口的水流信号阀。

15. 布设水泵结合器及其连至报警阀前的管道。

16. 按设计喷水强度，结合规范 9.1.1 和 9.1.5 计算最不利点喷头实际喷水压力，并校核最小压力要求。

17. 布置矩形状的"计算作用面积"，应包含最不利点，矩形长边方向平行配水支管。

18. 从最不利点开始向泵房方向逐段计算管段流量和水头损失直至计算管段超出作用面积（即计算在作用面积内所有的喷头实际流量总量）。

19. 核实上步计算的流量在作用面积内的平均喷水强度是否大于设计喷水强度，若不足，需增加最不利点喷头压力。

20. 计算"作用面积"外管段至水泵出水口的水头损失（水量按上步作用面积内全部喷头作用后的流量计算）。

21. 据自动喷水灭火系统设计规范 9.2.4 条，补充局部损失完成自喷泵的扬程计算。

22. 选泵。

23. 核算各层横干管入口处压力，若大于 0.4 MPa，补设减压孔板。

本章规范主要节自《自动喷水灭火设计规范》GB 50084-2017，部分条文节自其他规范标识有下划线，释读中载明了其出处。

第 1 节　自动喷水灭火系统的设置条件

建筑内是否设置自喷系统与建筑的火灾危险性及可能的灾害大小有关。2022 年出版的《建筑防火通用规范》GB 55037-2022 中 8.1.9 条对需要设置的场所或建筑做了详细例举，读者可以参考本书第 5 章第 2 节，此处不再赘述。

1　自喷系统设置类型的确定

【条文】

3.0.1　设置场所的火灾危险等级应划分为轻危险级、中危险级（Ⅰ级、Ⅱ级）、严重危险级（Ⅰ级、Ⅱ级）和仓库危险级（Ⅰ级、Ⅱ级、Ⅲ级）。

【释读】

自喷系统设置场所分两类共 8 个等级。民用建筑和厂房归一类，仓库为另一类。

非仓库类中又分轻危险级、中危险级和严重危险级。其中轻危险级是指可燃物品较少、可燃性低和火灾发热量较低、外部增援和疏散人员较容易的场所。

中危险级，是指内部可燃物数量不多，没有易燃性材料，火灾初期不会引起剧烈燃烧的场所。大部分民用建筑和厂房划归为中危险级，此类场所种类多、范围广，又可划分出中危Ⅰ级和中危Ⅱ级。大型商场，物品密集、人员密集，火灾发生频率高，发生大火易造成严重后果，列入中危Ⅱ级。

严重危险级，一般是指火灾危险性大、可燃物品数量多、火灾时容易引起猛烈燃烧并可能迅速蔓延的场所。如摄影棚、舞台葡萄架下部及存在较多数量易燃固体、液体物品工厂的备料和生产车间。

注意自喷系统的危险等级和灭火器设置的危险等级不是同一个危险等级，不能混用。

【条文】

3.0.2 设置场所的火灾危险等级，应根据其用途、容纳物品的火灾荷载及室内空间条件等因素，在分析火灾特点和热气流驱动洒水喷头开放及喷水到位的难易程度后确定，设置场所应按本规范附录A进行分类。

表A 设置场所火灾危险等级分类

火灾危险等级		设置场所分类
轻危险级		住宅建筑、幼儿园、老年人建筑，建筑高度为24m及以下的旅馆、办公楼；仅在走道设置闭式系统的建筑等。
中危险级	Ⅰ级	1) 高层民用建筑：旅馆、办公楼、综合楼、邮政楼、金融电信楼、指挥调度楼、广播电视楼等； 2) 公共建筑（含单多高层）：医院、疗养院、图书馆（书库除外）、档案馆、展览馆、影剧院、音乐厅和礼堂（舞台除外）及其他娱乐场所、火车站、机场、码头的建筑，总建筑面积<5000㎡的商场、总建筑面积<1000㎡的地下商场等； 3) 文化遗产建筑：木结构古建筑、国家文物保护单位； 4) 工业建筑：食品、家电及玻璃制品等工厂的备料与生产车间等；冷藏库、钢屋架等建筑构件。
	Ⅱ级	1) 民用建筑：书库、舞台（葡萄架除外），汽车停车场（库），总建筑面积≥5000㎡的商场，总建筑面积≥1000㎡地下商场，净空≤8m，物品高度≤3.5的超级市场等； 2) 工业建筑：棉毛麻丝及化纤的纺织、织物及其制品，木材木器及胶合板，谷物加工，饮用酒（啤酒除外），皮革及制品，造纸及纸制品、制药等工厂与生产车间等。
严重危险级	Ⅰ级	印刷厂、酒精制品、可燃液体制品等工厂的备料与生产车间，净空≤8m，物品高度>3.5m的超级市场等；
	Ⅱ级	易燃液体喷雾操作区域，固体易燃物品、可燃的气溶胶制品、溶剂清洗、喷涂油漆、沥青制品等工厂的备料与生产车间，摄影棚、舞台葡萄架下部等。

仓库危险级	Ⅰ级	食品、烟酒，木箱、纸箱包装的不燃及难燃物品等；
	Ⅱ级	木材、纸、皮革、谷物及其制品，棉毛麻丝化纤及制品、家用电器、电缆、B组塑料与橡胶及其制品、钢塑混合材料制品、各种塑料瓶盒包装的不燃、难燃物品及各类物品混杂储存的仓库等
	Ⅲ级	A组塑料与橡胶及其制品，沥青制品等

【条文】

4.2.1　自动喷水灭火系统选型应根据设置场所的建筑特征、环境条件和火灾特点等选择相应的开式或闭式系统。露天场所不宜采用闭式系统。

【关联条文】

2.1.2　闭式系统——采用闭式洒水喷头的自动喷水灭火系统。

2.1.3　开式系统——采用开式洒水喷头的自动喷水灭火系统。

【释读】

自动喷水灭火系统分开式和闭式系统两大类，开式系统包括雨淋系统、水喷雾系统、水幕系统。开式系统采用开式喷头，通过开式喷头，系统管网内空气与大气相通。

闭式自动喷水灭火系统按其管网工作状况分：湿式自动喷水灭火系统、干式自动喷水灭火系统、干湿式自动喷水灭火系统和预作用自动喷水灭火系统等四种。闭式系统采用闭式喷头，闭式喷头上的封堵将系统管网内空气与大气分隔，闭式管网系统是常压力系统。

设置场所的建筑特征、环境条件和火灾特点，是合理选择系统类型和确定火灾危险等级的依据。例如：环境温度是确定选择湿式或干式系统的依据；火灾蔓延速度、人员密集程度及疏散条件是确定是否采用快速喷头的因素等。对于室外场所，由于系统受风、雨等气候条件的影响，闭式喷头无法及时感温动作，难以保证灭火和控火效果，故露天场所不适合采用闭式系统。

【条文】

4.2.2　环境温度不低于4℃且不高于70℃的场所，应采用湿式系统。

【关联条文】

2.1.4　湿式系统　准工作状态时配水管道内充满用于启动系统的有压水的闭式系统。

湿式系统适合在温度不低于4℃且不高于70℃的环境中使用。经常低于4℃的场所有管内充水发生冰冻的危险，高于70℃的场所管内充水汽化加剧，有破坏管道的危险。

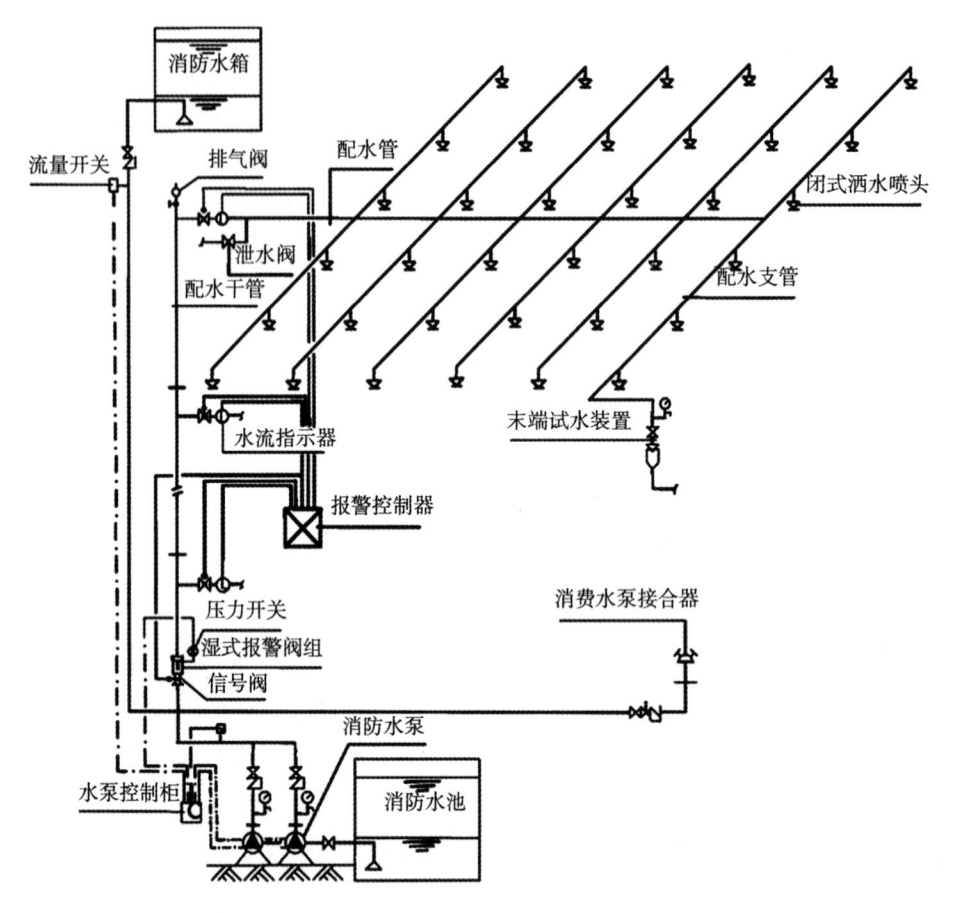

图 7-1 湿式自动喷水灭火系统（临时高压）原理图

【释读】

自动喷水灭火系统按管网内充水与否区分干式系统和湿式系统。设置自动喷水灭火系统的场所，在本条的环境温度下宜设置湿式系统。同样要求可见《消防设施通用规范》GB 55036-2022 条文 4.0.2 第 2 款。

湿式系统是管网充水的压力系统，对比 2.1.2 和 2.1.3 的定义，可知湿式系统为闭式系统，没有开式系统。干式系统则可以采用干式喷头，也可以采用闭式喷头，当采用闭式喷头时，管网内充气带压，不同于湿式系统充水带压。

2 自喷系统组件与配件

【条文】

4.3.2 自动喷水灭火系统应有下列组件、配件和设施：

1 应设有洒水喷头、报警阀组、水流报警装置等组件和末端试水装置，以及管道、供水设施等；

2 控制管道静压的区段宜分区供水或设减压阀，控制管道动压的区段宜设减压孔板或节流管；

3 应设有泄水阀（或泄水口）、排气阀（或排气口）和排污口；

4 干式系统和预作用系统的配水管道应设快速排气阀。有压充气管道的快速排气阀入口前应设电动阀。

【释读】

本条规定了自喷系统的组成部分和必要的配件。设计人员应了解不同系统类型，组成部分存在差异。

第1款规定了自动喷水灭火系统的基本6个组成部分。第2款给出分区供水，设置减压孔板、节流管降低水流动压，或采用减压阀降低管道静压等控制管道压力的方法。第3款要求设置排气阀可使系统管道充水时不存留空气，设置泄水阀则是为了方便检修。排气阀设在其负责区段管道的最高点，泄水阀则设在其负责区段管道的最低点。第4款规定干式系统与预作用系统应设置快速排气阀，以使配水管道尽快排气充水。该快速排气阀为电动阀门，平时常闭，系统充水时打开。

第2节 自动喷水灭火系统设计基础

1 自喷系统设计原则

【条文】

4.1.3 自动喷水灭火系统的设计原则应符合下列规定：

1 闭式洒水喷头或启动系统的火灾探测器，应能有效探测初期火灾；

2 湿式系统、干式系统应在开放一只洒水喷头后自动启动，预作用系统、雨淋系统和水幕系统应根据其类型由火灾探测器、闭式洒水喷头作为探测元件，报警后自动启动；

3 作用面积[3]内开放的洒水喷头[1]，应在规定时间[5]内按设计选定的喷水强度[2]持续喷水；

4 喷头洒水时，应均匀分布[4]，且不应受阻挡。

【释读】

本条提出了自喷系统设计的原则性要求。设置自动喷水灭火系统的目的是为了有效扑救初期火灾。大量的应用和试验证明，为保证和提高自动水灭火系统的可靠性，离不开四个方面的因素，一是闭式系统的洒水喷头或与预作用、雨淋系统和水幕系统配套使用的火灾自动报警系统，能有效地探测初期火灾。二是对于湿式、干式系统，要在开放一只喷头后立即启动系统；预作用系统则应根据其类型由火灾探测器、闭式洒水喷头作为探测元件，报警后自动启动；雨淋系统和水幕系统则是通过火灾探测器报警或传动管控制后自动启动。三是整个灭火进程中，要保证作用面积大于着火区域，且能按设计确定的喷水强度持续喷水。四是要求开放喷头的出水均匀、能覆盖起火范围不受阻挡。以上四个方面的因素缺一不可，系统的设计只有满足了这四个方面的技术要求，才能确保系统的可靠性。

本条3、4款作者用上标特别指出系统设计的五个参数：①洒水喷头（类型）、②喷水强度、③作用面积、④分布距离（均匀分布、不受阻碍）、⑤持续时间（规定时间），需要设计者重点关注，原条文中没有上述上标。另一参数⑥最小喷头压力见后续条文。

2 自喷系统参数的确定

（1）喷头类型确定

【条文】

6.1.1 设置闭式系统的场所，洒水喷头类型和场所的最大净空高度应符合表6.1.1的规定；仅用于保护室内钢屋架等建筑构件的洒水喷头和设置货架内置洒水喷头的场所，可不受此表规定的限制。

表6.1.1 洒水喷头类型和场所净空高度

设置场所	喷头类型			场所净空高度 h (m)
	一只喷头的保护面积	响应时间性能	流量系数 K	
民用建筑	普通场所	标准覆盖面积洒水喷头	快速响应喷头 特殊响应喷头 标准响应喷头	$K \geq 80$	$h \leq 8$
		扩大覆盖面积洒水喷头	快速响应喷头	$K \geq 80$	
	高大空间场所	标准覆盖面积洒水喷头	快速响应喷头	$K \geq 80$	$8 < h \leq 12$
		非仓库型特殊应用喷头			
		非仓库型特殊应用喷头			$12 < h \leq 18$

厂房	标准覆盖面积洒水喷头	特殊响应喷头 标准响应喷头	$K \geqslant 80$	$h \leqslant 8$
	扩大覆盖面积洒水喷头	标准响应喷头	$K \geqslant 80$	
	标准覆盖面积洒水喷头	特殊响应喷头 标准响应喷头	$K \geqslant 115$	$12 < h \leqslant 18$
	非仓库型特殊应用喷头			
仓库	标准覆盖面积洒水喷头	特殊响应喷头 标准响应喷头	$K \geqslant 80$	$h \leqslant 9$
	仓库型特殊应用喷头			$h \leqslant 12$
	早期抑制快速响应喷头			$h \leqslant 13.5$

【释读】

喷头类型参数涉及四个方面：一是响应时间的快慢；二是覆盖面积；三是流量系数 K（单位压力下流量大小）；四是不同场所，不同类型喷头适用不同的净空高度。

表6.1.1概括如下：

按覆盖面积分标准覆盖面积和扩大覆盖面积两类，标准覆盖面积喷头按响应速度分快速响应、特殊响应和标准响应三种，三种喷头快速喷头响应最快，标准喷头响应最慢。流量系数 $K \geqslant 80$ 的，可用于普通净空高度（$\leqslant 8m$，仓库$\leqslant 9m$），流量系数 $K \geqslant 115$ 的用于 $8 < h < 12m$ 的净空高度（净空高度越大，下喷水分散面积越大，扑灭同样的火情，所需水量也越大）。

仓库不采用扩大覆盖面积洒水喷头，标准高度下（$h \leqslant 9m$）可采用标准覆盖配置，但不需配置反应速度太快的快速响应喷头，只需配置特殊响应和标准响应喷头即可，可减少过快响应造成的损失。特别的"早期抑制响应喷头"只用于仓库，且适用 $h \leqslant 13.5m$ 的净空高度，$K \geqslant 161$；仓库型特殊应用喷头也只用于仓库，应用条件 $h \leqslant 12m$，K值范围200～202。

厂房可采用标准覆盖面积洒水喷头和扩大覆盖面积洒水喷头，厂房与仓库类似，不需要快速响应喷头，在标准高度下（h≤8m）采用标准覆盖面积的特殊响应喷头和标准响应喷头即可，若采用扩大覆盖面积洒水喷头，只需标准响应喷头。厂房有独特的非仓库型特殊应用喷头，用在净空高度超过8m，小于12m的条件，K≥161。厂房在超过8m，<12m的条件下还可以采用流量系数K≥115的标准覆盖面积喷头，反应速度适中。

民用建筑在标准净空高度下（≤8m），可采用标准覆盖面积喷头和扩大覆盖面积喷头中流量系数较低的喷头（K≥80），扩大覆盖面积的快速响应喷头标准高度下用在中、轻危险等级场所和保护生命场所。

民用建筑的高大空间分两档，分别为8~12 m和12~18 m，12~18 m档必须采用非仓库特殊应用喷头，8~12m不是标准高度，不能采用扩大覆盖面积喷头，只能采用标准覆盖面积喷头，同时要求响应速度加快（要求采用快速响应喷头），民用建筑也可采用非仓库特殊应用喷头。

上述超过对应喷头应用最大净空的建筑，可以按4.2.6设置雨淋灭火系统（前提是场所需要迅速灭火）或建筑防火设计规范8.3.5条规定设置消防炮灭火系统（有延时机会，不需迅速灭火的场地）。4.2.6具体内容见本章第3节。

【关联条文】

8.3.5 根据本规范要求难以设置自动喷水灭火系统的展览厅、观众厅等人员密集的场所和丙类生产车间、库房等高大空间场所，应设置其他自动灭火系统，并宜采用固定消防炮等灭火系统。

【释读】

《建筑防火通用规范》GB 55037-2022的8.1.11条对需要设置雨淋系统的场所和建筑做了详细列举，详见第5章第2节。该条款规定了7类场所必须设置雨淋系统，不能违反。自动喷水灭火系统设计规范中4.2.6给出的则是设置雨淋系统的原则条件。按4.2.6条第2款要求，若空间净空高度超过6.1.1条规定的范围（12m或18m），不能采用自动喷水灭火系统，如果该空间内需要快速灭火，可设雨淋系统，若该空间不需快速灭火，可考虑按建筑设计防火规范8.3.5条要求设置固定消防炮灭火系统。

喷头选择的一般原则——节自"自动喷水灭火系统设计规范"条文说明

(1) 在无吊顶的场所应采用直立型喷头，在有吊顶的场所应采用下垂型喷头或吊顶型喷头；轻危险等级、中危险Ⅰ级居住（住宅和宾馆）和办公场所可采用边墙型喷头。

(2) 中、轻危险等级场所和保护生命场所宜采用快速响应喷头。如公共娱乐场所、住宅、中庭环廊、医院、疗养院的病房及治疗区域；老年、少儿、残疾人的集体活动场所；

超出水泵接合器供水高度的楼层；地下的商业及仓储用房等。

(3) 严重危险等级场所不应采用快速响应喷头；

(4) 仓库危险场所应采用经专门认证的快速响应喷头，如<u>早期抑制快速响应（ESFR）</u>喷头。

(5) ESFR 喷头仅是仓库专用喷头，不应用于大空间等非仓库场所，但货架内置喷头宜采用快速响应喷头。

(6) 喷头不宜捕捉热量的位置应采用快速响应喷头。

(7) 大水滴喷头是标准型喷头与 ESFR 喷头的过渡产品，通常用于仓库，目前在工程中一般不再采用。

(8) 采用标准喷头时，当保护场所的喷水强度不小于 12 L/(min·m²) 或者经计算喷头的工作压力大于 0.15MPa 时，宜采用流量系数较大的喷头。

(9) 扩大覆盖面积喷头仅用于天花板或吊顶平滑无障碍物的轻危险等级或中危险Ⅰ级的场所，保护面积和间距应经过国家有关机构认证。

(10) 防火分隔水幕应采用开式洒水喷头、水幕喷头，或同时采用以上两种喷头；防护冷却水幕可采用水幕喷头或专用喷头（如玻璃幕墙专用喷头）。

(11) 同一隔间内应采用热敏性能、流量系数相同的喷头，但当局部有热源时允许采用温度等级高的喷头，而在宾馆客房的小走廊允许采用流量系数小的喷头。

(12) 闭式喷头，其公称动作温度宜高于环境最高温度 30℃。

【条文】

6.1.3　湿式系统的洒水喷头选型应符合下列规定：

1　不做吊顶的场所，当配水支管布置在梁下时，<u>应采用直立型洒水喷头</u>；

2　吊顶下布置的洒水喷头，应采用下垂型洒水喷头或吊顶型洒水喷头；

3　顶板为水平面的轻危险级、中危险级Ⅰ级住宅建筑、宿舍、旅馆建筑客房、医疗建筑病房和办公室，可采用边墙型洒水喷头；

4　易受碰撞的部位，应采用带保护罩的洒水喷头或吊顶型洒水喷头；

5　顶板为水平面，且无梁、通风管道等障碍物影响喷头洒水的场所，可采用扩大覆盖面积洒水喷头；

6　住宅建筑和宿舍、公寓等非住宅类居住建筑宜采用家用喷头；

7　不宜选用隐蔽式洒水喷头；确需采用时，应仅适用于轻危险级和中危险级Ⅰ级场所。

【释读】

湿式系统不同类型洒水喷头适用的安装条件不同，选择喷头时应注意相应要求。

【条文】

6.1.4 干式系统、预作用系统应采用直立型洒水喷头或干式下垂型洒水喷头。

【关联条文】

2.1.5 干式系统——准工作状态时配水管道内充满用于启动系统的有压气体的闭式系统。

2.1.6 预作用系统——准工作状态时配水管道内不充水，发生火灾时由火灾自动报警系统、充气管道上的压力开关联锁控制预作用装置和启动消防水泵，向配水管道供水的闭式系统。

【释读】

干式系统和预作用系统应采用直立性湿式闭式喷头，也可以采用干式的下垂型洒水喷头，不能用普通湿式系统用的下垂型喷头。采用这两种喷头的原因是为了便于系统在灭火或维修后恢复准工作状态，排尽管道中的积水，同时方便系统启动时排气。

【条文】

6.1.7 下列场所宜采用快速响应洒水喷头。当采用快速响应洒水喷头时，系统应为湿式系统。

1 公共娱乐场所、中庭环廊；

2 医院、疗养院的病房及治疗区域，老年、少儿、残疾人的集体活动场所；

3 超出消防水泵接合器供水高度的楼层；

4 地下商业场所。

【释读】

快速响应喷头只能用于湿式系统，应用快速响应喷头的原因是即使可能产生误喷，也要对初期火灾及时响应，如在保护生命场所，如公共娱乐场所、住宅、中庭环廊、医院、疗养院的病房及治疗区域；老年、少儿、残疾人的集体活动场所；超出水泵接合器供水高度的楼层；地下的商业及仓储用房等。快速相应喷头喷水强度不大，只适用于中、轻危险等级场所，不得在严重危险等级场所采用；另外，快速响应喷头还适用于不宜捕捉热量的位置。

(2) 民用建筑和厂房喷水强度、作用面积和作用时间的确定

【条文】

5.0.1 民用建筑和厂房采用湿式系统时的设计基本参数不应低于表5.0.1的规定。

表 5.0.1　民用建筑和厂房采用湿式系统的设计基本参数

火灾危险等级		最大净空高度 h（m）	喷水强度 [L/min·m²]	作用面积 （m²）
轻危险级			4	
中危险级	Ⅰ级		6	160
	Ⅱ级	$h \leqslant 8m$	8	
严重危险级	Ⅰ级		12	260
	Ⅱ级		16	

注：系统最不利点处洒水喷头的工作压力不应低于0.05MPa⑥。

【释读】

本条规定了民用建筑和厂房当净空高度 $h \leqslant 8m$ 时湿式系统的3个基本设计参数（喷水强度②、作用面积③和最小喷头压力⑥），没有规定喷头间距④（间距见7.1.2、7.1.3、7.1.4、7.1.5和7.1.6的第4款）以及持续时间⑤（见5.0.16，一般为1小时），喷头类型①未明确，应按6.1.1要求确定。

通常情况下，当发生火灾时，自动喷水灭火系统在消防水泵启动之前由高位消防水箱或其他辅助供水设施提供初期的用水量和水压。当采用高位消防水箱时，如果顶层最不利点处喷头的水压要求为0.1MPa，则屋顶水箱必须比顶层的喷头高出10m以上，给建筑造型和结构处理带来很大困难，因此本条将最不利点处喷头的最小工作压力定为0.05MPa。当系统采用稳压泵，则没有上述问题，必须按照《消防给水及消火栓系统技术规程》5.2.2条第4款保证0.1MPa的压力。

系统的喷水强度与喷头工作压力是相互关联的，湿式系统喷头工作压力应按照喷水强度要求通过计算确定，同时满足本条注中0.05MPa的最低设置要求。

【条文】

9.1.5　系统设计流量的计算，应保证任意作用面积内的平均喷水强度不低于本规范表5.0.1、表5.0.2和表5.0.4-1~表5.0.4-5的规定值。最不利点处作用面积内任意4只喷头围合范围内的平均喷水强度，轻危险、中危险级不应低于本规范表5.0.1规定值的85%；严重危险级和仓库危险级不应低于本规范表5.0.1和表5.0.4-1~表5.0.4-5的规定值。

【释读】

本条规定了任意作用面积内的平均喷水强度及最不利点处作用面积内任意4只喷头围

合范围内的平均喷水强度。按本条规定轻、中危险等级虽然降低了最不利点喷水强度（最不利点喷头压力按平均喷水强度的85%计算），但整个作用面积上的平均喷水强度（自喷设计的关键参数）一般仍能满足本条规定。

【条文】

5.0.2 民用建筑（h≤18m）和厂房（h≤12m）高大空间场所采用湿式系统的设计基本参数不应低于表5.0.2的规定。

表5.0.2 民用建筑和厂房高大空间场所采用湿式系统的设计基本参数

适用场所		最大净空高度 h (m)	喷水强度 [L/min·m²]	作用面积 (m²)	喷头间距 S (m)
民用建筑	中庭、体育馆、航站楼等	8<h≤12	12	160	1.8<S≤3.0
		12<h≤18	15		
	影剧院、音乐厅、会展中心等	8<h≤12	15		
		12<h≤18	20		
厂房	制衣制鞋、玩具、木器、电子生产车间等	8<h≤12	15		
	棉纺厂、麻纺厂、泡沫塑料生产车间等		20		

注：1 表中未列入的场所，应根据本表规定场所的火灾危险性类比确定。

2 当民用建筑高大空间场所的最大净空高度为12m<h≤18m时，应采用非仓库型特殊应用喷头。

【释读】

表5.0.2名字可更换为"民用建筑（8m<净空≤18m）和厂房（8m<净空≤12m）采用湿式系统的设计基本参数"。

本条规定了高大空间的民用建筑采用湿式喷头时的喷水强度②、作用面积③、喷头间距④，未规定持续时间⑤和喷头压力⑥及喷头类型①。持续时间⑤参数见5.0.16，喷头类型①参数见6.1.1，喷头压力⑥参数按9.1.1，由喷水强度②和喷头间距④计算确定。

2.1.23 特殊应用喷头——流量系数$K≥161$，具有较大水滴粒径，在通过标准试验验证后，可用于民用建筑和厂房高大空间场所以及仓库的标准覆盖面积洒水喷头，包括非仓库型特殊应用喷头和仓库型特殊应用喷头。

【条文】

5.0.3 最大净空高度超过8m的超级市场采用湿式系统的设计基本参数应按本规范第5.0.4条和第5.0.5条的规定执行。

【释读】

民用建筑和厂房在自喷系统中危险特征相似，归为一类，仓库为另一类。但本条指出净空超8m的民用建筑超市自喷设计时，按仓库类型选择参数，可采用5.0.4的普通喷头，也可采用5.0.5的快速响应喷头。

【条文】

5.0.16 除本规范另有规定外，自动喷水灭火系统的持续喷水时间应按火灾延续时间不小于1 h确定。

【释读】

自喷系统设计6个重要参数中的持续时间参数，本条规定的持续时间参数适用于民用建筑普通场所和标准高度的厂房，其他大空间场所持续时间按相应规范要求取定，若对应规范未明确指出，再按本条要求取定。

（3）仓库的喷水强度、作用面积、作用时间及最小喷头压力等

通常仓库内堆积的可燃物比厂房及普通民用建筑多，火灾危险大，另外仓库净空高度，物品堆积层数也是影响火灾扑救的重要因素，因此在设计时要准确区分仓库货物的燃烧特性、包装的燃烧性及堆放方式（有货架和无货架——堆垛），在选择不同喷头类型的基础上，确定对应的喷水强度、作用面积。为保证仓库灭火成功，相关规范中同时规定了不同布置形式的作用时间和最小喷头压力。注意，货架仓库的货架内也要随堆积层数增设架内喷头。

【条文】

5.0.4 仓库及类似场所（h≤9m）采用湿式系统的设计基本参数应符合下列要求：

1 当设置场所的火灾危险等级为仓库危险级Ⅰ级~Ⅲ级时，系统设计基本参数不应低于表5.0.4-1~表5.0.4-4的规定；

2 当仓库危险级Ⅰ级、仓库危险级Ⅱ级场所中混杂储存仓库危险级Ⅲ级物品时，系统设计基本参数不应低于表5.0.4-5的规定。

【释读】

表5.0.4-1~表5.0.4-5分别规定了仓库自喷设计时3个危险等级中货架、堆垛两种

存放形式和仓危Ⅲ级储存物的5种存放环境的设计参数，设计人员应注意各表规定了6个参数中的哪些，未规定的参数的又要从哪条中获取（喷头类型参数①见6.1.1，喷头间距参数④则参见7.1.2）。另外本条适用喷头为标准覆盖面积的特殊响应和标准响应喷头，同时按6.1.1要求，本条各表规定的最高空间高度为9米，若设置空间超过9米，需采用仓库型特殊响应喷头和早期抑制快速响应喷头。货架堆放可能需设置货架内喷头，设置要求见5.0.8条。

归纳如下：

表5.0.4-1规定了仓危Ⅰ级货架形式下喷水强度②、作用面积③、持续时间⑤，未规定喷头类型①、间距④及喷头压力⑥；

表5.0.4-2规定仓危Ⅱ级堆垛、货架形式下喷水强度②、作用面积③、持续时间⑤，未规定喷头类型①、间距④及喷头压力⑥；

表5.0.4-3规定仓危Ⅲ级货架形式下喷水强度②、作用面积③、持续时间⑤，未规定喷头类型①、间距④及喷头压力⑥，增加了喷头流量系数的要求⑦；注意本条对危险性高的货架增加了架内喷头。

表5.0.4-4规定仓危Ⅲ级堆垛形式下喷水强度②、作用面积③、持续时间⑤，未规定喷头类型①、间距④及喷头压力⑥；个别增加了货架内喷头。

表5.0.4-5规定仓危Ⅰ、Ⅱ级混杂形式下了喷水强度②、作用面积③、持续时间⑤，未规定喷头类型①、间距④及喷头压力⑥，增加了喷头流量系数的要求⑦；

【条文】

4.2.7 符合下列条件之一的场所，宜采用设置早期抑制快速响应喷头的自动喷水灭火系统。当采用早期抑制快速响应喷头时，系统应为湿式系统，且系统设计基本参数应符合本规范第5.0.5条的规定。

1 最大净空高度不超过13.5m且最大储物高度不超过12.0m，储物类别为仓库危险级Ⅰ、Ⅱ级或沥青制品、箱装不发泡塑料的仓库及类似场所；

2 最大净空高度不超过12.0m且最大储物高度不超过10.5m，储物类别为袋装不发泡塑料、箱装发泡塑料和袋装发泡塑料的仓库及类似场所。

【关联条文】

2.1.22 早期抑制快速响应喷头 early suppression fast response（ESFR）sprinkler－流量系数K≥161，响应时间指数RTI≤28±8 $(m·s)^{0.5}$，用于保护堆垛与高架仓库的标准覆盖面积洒水喷头。

2.1.15 快速响应洒水喷头——响应时间指数RTI≤50 $(m·s)^{0.5}$的闭式洒水喷头。

【释读】

本条对不同储物类型净空高度超过9m，分别达到13.5m和12m的仓库空间或类似空间给出了一个采用早期抑制快速响应喷头的解决方法。超过普通9m净空高度的仓库还可以采用仓库特殊相应喷头，具体参考规范5.0.6。

【条文】

5.0.5 仓库及类似场所采用早期抑制快速响应喷头时，系统的设计基本参数不应低于表5.0.5的规定。

表5.0.5 采用早期抑制快速响应喷头的系统设计基本参数（略）

【释读】

本条适用于标准高度超过9m的仓库。该类仓库可以采用特殊的早期抑制快速响应喷头。此时设计参数按5.0.5要求确定。

本条5.0.5具体规定了仓库采用早期抑制快速响应喷头①的参数要求，规定了喷头间距④、喷头最低压力⑥、喷头作用面积③（以喷头个数规定），未规定持续时间⑤（未规定则按5.0.16的1小时设计），也未规定喷水强度②（无，不需要。该系统的喷水强度是由喷头间距、流量系数、最低工作压力决定，无需单独给出）

【条文】

5.0.8 货架仓库的最大净空高度或最大储物高度超过本规范第5.0.5条的规定时，应设货架内置洒水喷头，且货架内置洒水喷头上方的层间隔板应为实层板。货架内置洒水喷头的设置应符合下列规定：

1 仓库危险级Ⅰ级、Ⅱ级场所应在自地面起每3.0m设置一层货架内置洒水喷头，仓库危险级Ⅲ级场所应在自地面起每1.5m~3.0m设置一层货架内置洒水喷头，且最高层货架内置洒水喷头与储物顶部的距离不应超过3.0m；

2 当采用流量系数等于80的标准覆盖面积洒水喷头①时，工作压力不应小于0.20MPa⑥；当采用流量系数等于115的标准覆盖面积①洒水喷头时，工作压力不应小于0.10MPa⑥；

3 洒水喷头间距不应大于3m，且不应小于2m④。计算货架内开放洒水喷头数量③不应小于表5.0.8的规定；

4 设置2层及以上货架内置洒水喷头时，洒水喷头应交错布置。

表 5.0.8 货架内开放洒水喷头数量

仓库危险级	货架内置洒水喷头的层数		
	1	2	>2
Ⅰ级	6	12	14
Ⅱ级	8	14	
Ⅲ级	10		

注：货架内置洒水喷头超过2层时，计算流量应按最顶层2层，且每层开放洒水喷头数按本表规定值的1/2确定。

【释读】

本条对按照5.0.5采用早期抑制快速响应喷头（ESPR），但净空高度或储物高度超过表5.0.5要求的仓库，提供了解决方法——增加货架内喷头——或者，超过5.0.5高度的仓库可以考虑采用早期抑制快速响应喷头加货架喷头的形式。本条规定了货架内喷头的设计参数，但未规定持续时间⑤（可按5.0.5规定，1小时）和喷水强度②（货架喷头总水量按照作用喷头流量累加，没有喷水强度参数。喷头形式按5.0.5采用ESPR。）

条文第2.3款的上标为作者添加。

【条文】

4.2.8 符合下列条件之一的场所，宜采用设置仓库型特殊应用喷头的自动喷水灭火系统，系统设计基本参数应符合本规范第5.0.6条的规定。

1 最大净空高度不超过12.0m且最大储物高度不超过10.5m，储物类别为仓库危险级Ⅰ、Ⅱ级或箱装不发泡塑料的仓库及类似场所；

2 最大净空高度不超过7.5m且最大储物高度不超过6.0m，储物类别为袋装不发泡塑料和箱装发泡塑料的仓库及类似场所。

【关联条文】

2.1.23 特殊应用喷头 specific application sprinkler——流量系数K≥161，具有较大水滴粒径，在通过标准试验验证后，可用于民用建筑和厂房高大空间场所以及仓库的标准覆盖面积洒水喷头，包括非仓库型特殊应用喷头和仓库型特殊应用喷头。

5.0.6 仓库及类似场所采用仓库型特殊应用喷头时，湿式系统的设计基本参数不应低于表5.0.6的规定。

表5.0.6 采用仓库型特殊应用喷头的湿式系统设计基本参数（略）

【释读】

4.2.8给出超过普通9米净空高度的仓库的另一种自喷系统设置方式：采用仓库型特

殊应用喷头，使用时，参考5.0.6条规定的参数。当然仓库特殊应用喷头在7.5米净空高度下也可以使用——4.2.8条第2款。

5.0.6则给出了采用仓库型特殊应用喷头①时，其他设计参数，如喷头流量系数⑦、最低工作压力⑥、间距④、开放喷头数和持续时间⑤，未规定作用面积②的原因是该参数由喷头间距及开放喷头数确定。同时喷水强度由喷头间距、流量系数、最低工作压力规定，不再是本系统的关键参数。

据上述诸条，仓库内采用喷头时首先考虑仓库高度和储物高度，在仓库高度9米以下时，按5.0.4在天花顶采用普通喷头，个别储物高度较高的增加货架内普通标准覆盖喷头。若仓库高度超过9米，必须采用早期抑制快速响应喷头5.0.5或仓库型特殊响应喷头5.0.6，特别是超过12米的仓库，必须选择早期抑制快速响应喷头加货架喷头的形式。

重点：了解自喷规范应对比6.1.1各喷头适用条件和5.0.1/ 5.0.2/ 5.0.4/ 5.0.5 / 5.0.6各表，熟悉表6.1.1和5.0.1/ 5.0.2/ 5.0.4/ 5.0.5 /5.0.6各表存在对应关系。设计时，先确定建筑类型、燃烧物等级、净空高度和货架或堆垛高度，找到5.0.1/ 5.0.2/ 5.0.4/ 5.0.5 /5.0.6的对应表，按6.1.1选择喷头类型，再按对应表确定自喷设计需要的其他设计参数。

(4) 喷头的平面布置

喷头平面布置原则归纳如下：

ⅰ 满足喷头的水力特性和布水特性的要求，喷头的布置应不超出其最大保护面积。

ⅱ 喷头布置应设在顶板或吊顶下易于接触到火灾热气流并有利于均匀喷洒水量的位置，应防止障碍物屏障热气流和破坏洒水分布。

ⅲ 喷头的布置应均匀洒水和满足设计喷水强度的要求。

ⅳ 喷头的布置应不超出其最大保护面积以及喷头最大和最小间距。最大面积一般由规范或认证确定，而最小面积一般由最低工作压力和最小间距确定。

【条文】

7.1.6 除吊顶型洒水喷头及吊顶下设置的洒水喷头外，<u>直立型、下垂型标准覆盖面积洒水喷头和扩大覆盖面积洒水喷头溅水盘与顶板的距离应为75mm~150mm</u>，并应符合下列规定：

1 当在梁或其他障碍物底面下方的平面上布置洒水喷头时，溅水盘与顶板的距离不应大于300mm，同时溅水盘与梁等障碍物底面的垂直距离应为25mm~100mm。

2 当在梁间布置洒水喷头时，洒水喷头与梁的距离应符合本规范第7.2.1条的规定。确有困难时，溅水盘与顶板的距离不应大于550mm。梁间布置的洒水喷头，溅水盘与顶板距离达到550mm仍不能符合本规范第7.2.1条的规定时,应在梁底面的下方增设洒水喷头。

3 密肋梁板下方的洒水喷头,溅水盘与密肋梁板底面的垂直距离应为25mm~100mm。

4 无吊顶的梁间洒水喷头布置可采用不等距方式,但喷水强度仍应符合本规范表5.0.1、表5.0.2和表5.0.4-1~表5.0.4-5的要求。

【条文解释】

规范规定喷头溅水盘与顶板距离的目的是使喷头热敏元件处于"易于接触热气流"的最佳位置。溅水盘距离顶板太近不易安装维护,且洒水易受影响;太远则升温较慢,甚至不能接触到热烟气流,使喷头不能及时开放。吊顶型喷头和吊顶下安装的喷头,其安装位置不存在远离热烟气流的现象,不受此项规定的限制。

喷头在无梁板下布置最简单,按满足喷水强度的计算间距(最大、最小间距范围内),避开柱布置,控制喷头溅水盘与顶板的距离为75~150 mm即可。但当顶板为有梁板时,梁对顶板集热的影响,会给闭式喷头起爆、系统及时启动产生很大影响。本条就上述问题给出了解决方案。设计中,有梁楼板下布置喷头时,应遵循本条以及7.1.2条对喷头间距范围的要求,不受梁柱影响的喷头可以直接按7.1.2的最大间距要求确定。设计师应理解到布置间距越大,达到同样喷水强度的系统压力也越大,另外,梁的高度大或间距小,顶板下布置喷头的困难也会增大。当然,梁同时也具有挡烟蓄热作用,有利于位于梁间的喷头受热,针对此复杂情况有如7.2.1相关喷头布置的补充规定。

本条第1款针对顶板下梁高或其他障碍物的高度不超过300 mm+(25~100 mm)时的喷头布置要求:直立式喷头布置在梁底平面,即可保证溅水盘与顶板的距离不大于300 mm。当梁的高度超过325~400 mm,梁间布置喷头无法实现溅水盘与顶板300 mm的距离要求,则应按本条第2款将距离调整为550 mm,同时还应满足7.2.1款中喷头与梁的距离要求。

密肋梁纵横方向梁高一致且不大,喷头溅水盘距离顶面的高度按本款第3条要求设置。

对跨度较大的梁,可在各类喷头允许布置间距范围里采用不等距方式布置,前提是喷水强度满足场所防火等级确定的喷水强度要求——此为第4款。

注意:第1款应用要求,即使能保证溅水盘与顶板的距离不大于300mm,也要按照7.2.1的要求,依据喷头距离障碍物的距离(a)调整溅水盘与障碍物底的距离(b)。

【关联条文】

7.2.1 直立型、下垂型喷头与梁、通风管道等障碍物的距离(图7.2.1)宜符合表7.2.1的规定。

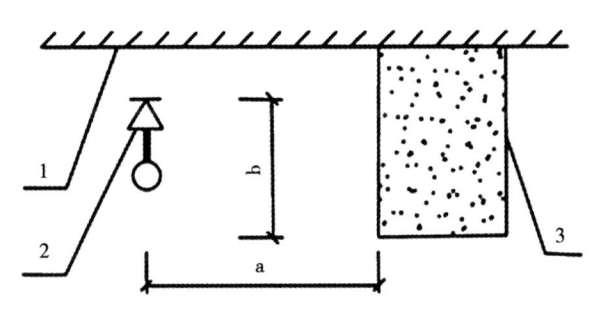

图7-2 喷头与梁、通风管道等障碍物的距离
1-顶板；2-直立型喷头；3-梁（或通风管道）

表7.2.1 喷头与梁、通风管道等障碍物的距离(mm)

喷头与梁、通风管道的水平距离 a	喷头溅水盘与梁或通风管道的底面的垂直距离 b		
	标准覆盖面积洒水喷头	扩大覆盖面积洒水喷头、家用喷头	早期抑制快速响应喷头、特殊应用喷头
$a<300$	0	0	0
$300 \leqslant a<600$	$b \leqslant 60$	0	$b \leqslant 40$
$600 \leqslant a<900$	$b \leqslant 140$	$b \leqslant 30$	$b \leqslant 140$
$900 \leqslant a<1200$	$b \leqslant 240$	$b \leqslant 80$	$b \leqslant 250$
$1200 \leqslant a<1500$	$b \leqslant 350$	$b \leqslant 130$	$b \leqslant 380$
$1500 \leqslant a<1800$	$b \leqslant 450$	$b \leqslant 180$	$b \leqslant 550$
$1800 \leqslant a<2100$	$b \leqslant 600$	$b \leqslant 230$	$b \leqslant 780$
$a \geqslant 2100$	$b \leqslant 880$	$b \leqslant 350$	$b \leqslant 780$

【条文】

7.1.2 直立型、下垂型标准覆盖面积洒水喷头的布置，包括同一根配水支管上喷头的间距及相邻配水支管的间距，应根据设置场所的火灾危险等级、洒水喷头类型和工作压力确定，并不应大于表7.1.2的规定，且不应小于1.8m。

表 7.1.2 直立型、下垂型标准覆盖面积洒水喷头的布置

火灾危险等级	正方形布置的边长（m）	矩形或平行四边形布置的长边边长（m）	一只喷头的最大保护面积（m²）	喷头与端墙的距离（m）最大	喷头与端墙的距离（m）最小
轻危险级	4.4	4.5	20.0	2.2	0.1
中危险级Ⅰ级	3.6	4.0	12.5	1.8	0.1
中危险级Ⅱ级	3.4	3.6	11.5	1.7	0.1
严重危险级、仓库危险级	3.0	3.6	9.0	1.5	0.1

注：1 设置单排洒水喷头的闭式系统，其洒水喷头间距应按地面不留漏喷空白点确定。
    2 严重危险级或仓库危险级场所宜采用流量系数大于80的洒水喷头。

【释读】

本条规定了厂房和民用建筑中标准覆盖面积洒水喷头的间距范围，仓库条文5.0.4中未规定间距的也可按本条设置。

喷头的布置间距是自动喷水灭火系统设计的重要参数，其中设置场所的火灾危险等级对喷头布置起决定性因素。喷头间距过大会影响喷头的开放时间及系统的控、灭火效果，要保持同样的喷水强度必须采用更大的喷头压力；间距过小会造成作用面积内喷头布置过多，喷头间重复保护面积比重加大，系统设计用水量偏大。为控制喷头与起火点之间的距离，保证喷头开放时间，又不致引起喷头开放数过多，本条针对标准覆盖面积喷头提出了相应的布置间距及喷头最大保护面积，其目的是确保喷头既能适时开放，又能使系统按设计选定的强度喷水。

规范随后的7.1.4给出的则是扩大覆盖面积洒水喷头的布置间距，布置间距相应增加，但流量系数不变。

【关联条文】

2.1.19 标准覆盖面积洒水喷头——流量系数 $K \geq 80$，一只喷头的最大保护面积不超过20m²的直立型、下垂型洒水喷头及一只喷头的最大保护面积不超过18m²的边墙型洒水喷头。

【条文】

7.1.4 直立型、下垂型扩大覆盖面积洒水喷头应采用正方形布置，其布置间距不应大于表 7.1.4 的规定，且不应小于 2.4m。

表 7.1.4 直立型、下垂型扩大覆盖面积洒水喷头的布置间距

火灾危险等级	正方形布置的边长（m）	一只喷头的最大保护面积（m²）	喷头与端墙的距离（m） 最大	喷头与端墙的距离（m） 最小
轻危险级	5.4	29.0	2.7	0.1
中危险级Ⅰ级	4.8	23.0	2.4	0.1
中危险级Ⅱ级	4.2	17.5	2.1	0.1
严重危险级	3.6	13.0	1.8	0.1

【释读】

在个别空间内，通过布置扩大覆盖面积洒水喷头，可节省喷头数，是代替标准覆盖面积喷头的一个选项。注意只能正方形布置。

【条文】

7.1.3 边墙型标准覆盖面积洒水喷头的最大保护跨度与间距，应符合表 7.1.3 的规定：

表 7.1.3 边墙型标准覆盖面积洒水喷头的最大保护跨度与间距

火灾危险等级	配水支管上喷头的最大间距（m）	单排喷头的最大保护跨度（m）	两排相对喷头的最大保护跨度（m）
轻危险级	3.6	3.6	7.2
中危险级Ⅰ级	3.0	3.0	6.0

注：1 两排相对洒水喷头应交错布置；
　　2 室内跨度大于两排相对喷头的最大保护跨度时，应在两排相对喷头中间增设一排喷头。

【释读】

标准覆盖面积洒水喷头除了直立型和下垂型，还有一种边墙型，保护空间为布置垂直位置线的一侧。与直立型和下垂型不同，该类喷头只能用于保护轻危险等级和中危中的Ⅰ级场所。边墙型标准喷头也有对应的扩大覆盖面积洒水喷头，其布置要求见 7.1.5。

【条文】

7.1.5 边墙型扩大覆盖面积洒水喷头的最大保护跨度和配水支管上的洒水喷头间距，应按洒水喷头工作压力下能够喷湿对面墙和邻近端墙距溅水盘1.2m高度以下的墙面确定，且保护面积内的喷水强度应符合本规范表5.0.1的规定。

【释读】

边墙型扩大覆盖面积洒水喷头未给出固定的间距参数，设计时，应根据具体样品参数按本条规范要求设置。注意本条和7.1.3适用的喷头类型不同，设计原则也有细微差别，边墙型标准覆盖面积按最大保护跨度即可，边墙扩大覆盖面积喷头必须在工作压力下喷湿对面墙一定高度。

【条文】

6.3.2 仓库内顶板下洒水喷头与货架内置洒水喷头应分别设置水流指示器。

【释读】

按本条要求可推断出：仓库顶板下布置的洒水喷头和货架内布置的喷头应分别用配水管串联，消防供水管在水流指示器前分开。

3 雨淋系统、干式及预作用系统设计参数

【条文】

4.2.6 具有下列条件之一的场所，应采用雨淋系统：

1 火灾的水平蔓延速度快、闭式洒水喷头的开放不能及时使喷水有效覆盖着火区域的场所；

2 设置场所的净空高度超过本规范第6.1.1条的规定，且必须迅速扑救初期火灾的场所；

3 火灾危险等级为严重危险级Ⅱ级的场所。

【释读】

2.1.8 雨淋系统 由开式洒水喷头、雨淋报警阀组等组成，发生火灾时由火灾自动报警系统或传动管控制，自动开启雨淋报警阀组和启动消防水泵，用于灭火的开式系统。

本条规定了雨淋系统适用条件：用于扑救普通自喷系统效果不佳的火情，如第1款所指水平蔓延速度快的火灾，又如第2款所指净空高度超过自动喷水灭火系统所用喷头适合高度的情况。这些场所有比普通火灾更大的危险性：火情蔓延速度快，必须早期及时扑救。再就是第3款所指的严重危险级Ⅱ级的民用建筑和厂房。

【条文】

5.0.10 干式系统和雨淋系统的设计要求应符合下列规定：

1（略）；2 雨淋系统的喷水强度和作用面积应按本规范表5.0.1的规定值确定，且每个雨淋报警阀控制的喷水面积不宜大于表5.0.1中的作用面积。

【释读】

本条第2款规定雨淋系统的设计参数与普通自动喷水灭火系统在净空高度小于8m条件下采用的喷水强度和作用面积参数一致。第1款为干式系统，此处略。

【条文】

4.2.3 环境温度低于4℃或高于70℃的场所，应采用干式系统。

【释读】

干式系统采用开式喷头、雨淋阀。非灭火时期间干式系统管道内没有水，当火灾报警信号开启雨淋阀后，阀前的水通过雨淋阀进入并充满管道系统，经开式洒水喷头喷水灭火。

【条文】

5.0.10 干式系统和雨淋系统的设计要求应符合下列规定：

1. 干式系统的喷水强度应按本规范表5.0.1、表5.0.4-1~表5.0.4-5的规定值确定，系统作用面积应按对应值的1.3倍确定；2.（略）。

【释读】

本条第1款给出了干式系统的喷水强度参数和作用面积参数，干式系统可以用于民用建筑及厂房，也可以用于仓库，喷水强度与湿式系统一致，但干式系统的作用面积参数按5.0.10规定值增加1.3倍。

【条文】

4.2.4 具有下列要求之一的场所，应采用预作用系统：

1 系统处于准工作状态时严禁误喷的场所；

2 系统处于准工作状态时严禁管道充水的场所；

3 用于替代干式系统的场所。

【释读】

2.1.6 预作用系统 准工作状态时配水管道内不充水，发生火灾时由火灾自动报警系统、充气管道上的压力开关联锁控制预作用装置和启动消防水泵，向配水管道供水的闭式系统。

预作用系统和干式系统都可以防止误喷，减少经济损失。两者的区别在于，预作用系统采用闭式喷头，通过空压机在管道内充满空气并形成正压，日常需维持该正压，干式系统采用开式喷头、管道开口与大气相通。预作用系统需要火灾监测报警系统和气体压力管道上的压力开关同时反馈，才能形成有效的启动信号。这一启动机制可防止火警误报，但也带来了初期火情蔓延的风险。管道不能充水的冰库等特殊场所可以布置预作用系统或干式系统。预作用系统采用预作用报警阀。

【条文】

5.0.11 预作用系统的设计要求应符合下列规定：

1 系统的喷水强度应按本规范表5.0.1、表5.0.4-1~表5.0.4-5的规定值确定；

2 当系统采用仅由火灾自动报警系统直接控制预作用装置时，系统的作用面积应按本规范表5.0.1、表5.0.4-1~表5.0.4-5的规定值确定；

3 当系统采用由火灾自动报警系统和充气管道上设置的压力开关控制预作用装置时，系统的作用面积应按本规范表5.0.1、表5.0.4-1~表5.0.4-5规定值的1.3倍确定。

【释读】

本条给出了预作用系统的设计参数，第1款表明预作用系统可用于普通民用建筑和厂房，也可以用于仓库。使用的参数与普通民用建筑、厂房和仓库使用自动喷水灭火系统时所用参数一致。

本条第2、3款规定了预作用系统两种控制模式下，作用面积参数的差异——当如第3款采用两道控制开关的启动预作用系统时，作用面积比第2款直接由报警系统启动的模式增加0.3倍，其原因是，采用两道控制开关，火情时，系统启动相对更谨慎，火灾发展面积更大，作用面积增加。

第3节 自动喷水灭火系统管网与报警阀设置基础

1 基本概念与管材

【条文】

2.1.25 配水干管——报警阀后向配水管供水的管道。

2.1.24 配水管——向配水支管供水的管道。

2.1.27 配水支管——直接或通过短立管向洒水喷头供水的管道。

2.1.28 配水管道——配水干管、配水管及配水支管的总称。

【释读】

注意区分上述管道的不同,规范内常用到这些定义,理解不能出错。

【条文】

8.0.2 配水管道可采用内外壁热镀锌钢管、涂覆钢管、铜管、不锈钢管和氯化聚氯乙烯(PVC-C)管。当报警阀入口前管道采用不防腐的钢管时,应在报警阀前设置过滤器。

【释读】

本条规定报警阀后的配水管道(配水干管、支管、配水管)可用塑料管。报警阀前的可采用不防腐钢管。

【条文】

8.0.3 自动喷水灭火系统采用氯化聚氯乙烯(PVC-C)管材及管件时,设置场所的火灾危险等级应为轻危险级或中危险级Ⅰ级,系统应为湿式系统,并采用快速响应洒水喷头,且氯化聚氯乙烯(PVC-C)管材及管件应符合下列要求:

1 应符合现行国家标准《自动喷水灭火系统 第19部分塑料管道及管件》GB/T 5135.19的规定;

2 应用于公称直径不超过DN80的配水管及配水支管,且不应穿越防火分区;

3 当设置在有吊顶场所时,吊顶内应无其他可燃物,吊顶材料应为不燃或难燃装修材料;

4 当设置在无吊顶场所时,该场所应为轻危险级场所,顶板应为水平、光滑顶板,且喷头溅水盘与顶板的距离不应大于100mm。

【释读】

本条给出了非金属的塑料管材——氯化聚氯乙烯(PVC-C)管材在消防自喷系统中应用时的特殊要求:3个条件(湿式、快速响应喷头及中危Ⅰ级及以下),用在配水管和配水支管上,吊顶内物可燃材料、顶板水平、光滑。消火栓管道系统不用塑料管。

2 喷头与管道布置

【条文】

8.0.8 配水管两侧每根配水支管控制的标准流量洒水喷头数量,轻危险级、中危险级场所不应超过8只,同时在吊顶上下设置喷头的配水支管,上下侧均不应超过8只。严重危险级及仓库危险级场所均不应超过6只。

【释读】

本条限制了配水支管上的喷头数量。配水支管是与喷头连接的管道（通过 DN25 短管）。

【条文】

8.0.9 轻危险级、中危险级场所中配水支管、配水管控制的标准流量洒水喷头数量，不宜超过表8.0.9的规定。

表8.0.9 轻、中危险级场所中配水支管、配水管控制的标准流量洒水喷头数量

公称管径（mm）	控制的喷头数（只）	
	轻危险级	中危险级
25	1	1
32	3	3
40	5	4
50	10	8
65	18	12
80	48	32
100	—	64

【释读】

控制配水管道上设置的喷头数以及限制各种直径管道控制的喷头数，目的是为了控制配水支管的长度，保证系统的可靠性和尽量均衡系统管道的水力性能，避免水头损失过大。但这两条要求仅适用于标准流量洒水喷头，当采用其他类型喷头时，管道的直径仍应通过水力计算确定。

【条文】

8.0.13 水平设置的管道宜有坡度，并应坡向泄水阀。充水管道的坡度不宜小于2‰，准工作状态不充水管道的坡度不宜小于4‰。

【释读】

本条要求自动喷水灭火系统的管道应有坡度坡向泄水管，以便充水时排气，维修时排水。配水干管泄水阀可设在水流指示器后，也可设在干管起端信号蝶阀和水流指示器之间。

34 报警阀设置

【条文】

6.2.1 自动喷水灭火系统应设报警阀组。保护室内钢屋架等建筑构件的闭式系统,应设独立的报警阀组。水幕系统应设独立的报警阀组或感温雨淋报警阀。

【释读】

报警阀组为自动喷水灭火系统的必备组件。为钢屋架等建筑构件提供保护的闭式系统,功能异于用于扑救地面火灾的闭式系统,为便于管理,应单独设置报警阀组。水幕系统类似,也需单独设置报警阀组或感温雨淋报警阀。

【条文】

6.2.6 报警阀组宜设在安全及易于操作的地点,报警阀距地面的高度宜为 1.2m。设置报警阀组的部位应设有排水设施。

【释读】

系统启动和功能试验时,报警阀组将排放出一定量的水,故要求在设计时相应设置足够能力的排水设施。

【条文】

6.2.3 一个报警阀组控制的洒水喷头数应符合下列规定:

1 湿式系统、预作用系统不宜超过 800 只;干式系统不宜超过 500 只;

2 当配水支管同时设置保护吊顶下方和上方空间的洒水喷头时,应只将数量较多一侧的洒水喷头计入报警阀组控制的洒水喷头总数。

【释读】

本条第 1 款给出一个报警阀组可控制的最大喷头数,既是为了保证维修时,受影响的范围不致过大,也是为了提高系统的可靠性。

当配水支管同时安装有喷头在吊顶上方、下方空间时,由于吊顶材料的耐火性能要求一侧发生火灾时,火势不蔓延到吊顶的另一侧。因此,对同时安装保护吊顶两侧空间共用配水支管的喷头,报警阀组控制的喷头总数中,只计入数量较多一侧的喷头数。

【条文】

6.2.4 每个报警阀组供水的最高与最低位置洒水喷头,其高程差不宜大于 50m。

【释读】

本条给出报警阀组供水的最高与最低位置喷头之间的最大位差。其目的是为了控制高、低位置喷头间的工作压力，防止因压差过大，造成较低位置喷头因工作压力过大形成过大的流量，是一种流量均衡措施。

【条文】

10.1.4 当自动喷水灭火系统中设有2个及以上报警阀组时，报警阀组前应设环状供水管道。环状供水管道上设置的控制阀应采用信号阀；当不采用信号阀时，应设锁定阀位的锁具。

【释读】

本条要求系统有多个报警阀组时，报警阀组前应设环状供水管道，以提高供水保证率。报警阀前控制阀对于确保系统正常供水至关重要，应采用信号阀或设置锁定阀位的锁具，可以防止阀门误关闭，导致系统供水中断。

【条文】

6.5.1 每个报警阀组控制的最不利点洒水喷头处应设末端试水装置，其他防火分区、楼层均应设直径为25mm的试水阀。

6.5.2 末端试水装置应由试水阀、压力表以及试水接头组成。试水接头出水口的流量系数，应等同于同楼层或防火分区内的最小流量系数洒水喷头。末端试水装置的出水，应采取孔口出流的方式排入排水管道，排水立管宜设伸顶通气管，且管径不应小于75mm。

【释读】

试水阀和末端试水装置的设置要求。末端试水装置设置在最不利点，用于消防验收时测压、测水量（水量较大，需要专设排水管道）。试水阀设置在其他楼层，用于验证本层喷头的启动功能正常，勿需测水压和水量（仍需排水）。

【条文】

6.3.1 除报警阀组控制的洒水喷头只保护不超过防火分区面积的同层场所外，每个防火分区、每个楼层均应设水流指示器。

【释读】

本条对系统中水流指示器的设置部位做出了规定：每个防火分区和每个楼层均应设水流指示器。特别的，当一个湿式报警阀组仅控制一个防火分区或一个楼层的喷头时，由于报警阀组的水力警铃和压力开关已能发挥报告火灾部位的作用，可不设水流指示器。

【条文】

6.3.3 当水流指示器入口前设置控制阀时，应采用信号阀。

【释读】

开关情况可向控制室传递信号，避免误关闭。

第4节　自动喷水灭水系统管网及加压、稳压

自动喷水灭火管道系统尽管分湿式和干式两类，但两类系统喷水时均为压力状态，因此其管道布置可按给水压力管道的布置原则开展，但其设计流量与生活给水及消火栓给水计算方法存在差异，本节将整理流量计算及后续的加压、稳压设计的主要规范条文展开探讨。

1　管道的设计流量计算

【条文】

9.1.3　系统的设计流量，应按最不利点处作用面积内喷头同时喷水的总流量确定，且应按下式计算：

$$Q = \frac{1}{60}\sum_{i=1}^{n} q_i$$

式中：Q——系统设计流量（L/s）；

q_i——最不利点处作用面积内各喷头节点的流量（L/min）；

n——最不利点处作用面积内的洒水喷头数。

【释读】

系统设计流量为包括最不利点的规定作用面积范围内喷头全数开放时，达到满足作用面积内平均设计喷水强度要求或个数要求的总流量。作用面积大小参考相关表，如5.0.1，作用面积划分要求参照条文9.1.2。

【条文】

9.1.2　水力计算选定的最不利点处作用面积宜为矩形，其长边应平行于配水支管，其长度不宜小于作用面积平方根的1.2倍。

【释读】

关于作用面积的确定：应在最不利点附近取矩形，矩形长宽比宜>1.2，最小1.2，矩形长边一般沿配水支管（直接连接喷头的配水管道）布置。

【条文】

9.1.1　系统最不利点处喷头的工作压力应计算确定，喷头的流量应按下式计算：

$$q = K\sqrt{10P}$$

式中：q——喷头流量（L/min）；

P——喷头工作压力（MPa）；

K——喷头流量系数。

【释读】

公式表明喷头流量由喷头特性（流量系数）和工作压力决定。设计中除了使用该公式通过喷头压力计算喷头流量外，还使用该公式在已知最不利点设计喷头流量条件下推算最不利点喷头压力，并与系统最小压力对比，以两者大值作为系统最不利点的最终设计压力——即系统的工作压力应在满足最不利点喷水强度的最小计算压力和规范要求的最低工作压力间取大值。

【条文】

5.0.12 仅在走道设置洒水喷头的闭式系统，其作用面积应按最大疏散距离所对应的走道面积确定。

【释读】

走道处喷头间距按建筑喷水强度要求、最小工作压力确定喷头间距，一次覆盖面积不大于建筑内布置系统喷头走道的最大疏散距离。

【条文】

5.0.1 民用建筑和厂房采用湿式系统时的设计基本参数不应低于表5.0.1的规定。

表5.0.1 民用建筑和厂房采用湿式系统的设计基本参数

火灾危险等级		最大净空高度 h（m）	喷水强度 [L/min·m²]	作用面积（m²）
轻危险级			4	
中危险级	Ⅰ级		6	160
	Ⅱ级	$h \leq 8m$	8	
严重危险级	Ⅰ级		12	260
	Ⅱ级		16	

注：系统最不利点处洒水喷头的工作压力不应低于0.05MPa。

【条文】

9.1.5 系统设计流量的计算，应保证任意作用面积内的平均喷水强度不低于本规范表5.0.1、表5.0.2和表5.0.4-1~表5.0.4-5的规定值。最不利点处作用面积内任意4只喷头围合范围内的平均喷水强度，轻危险、中危险级不应低于本规范表5.0.1规定值的85%；严重危险级和仓库危险级不应低于本规范表5.0.1和表5.0.4-1~表5.0.4-5的规定值。

【释读】

本条对任意作用面积内的平均喷水强度及最不利点处作用面积内任意4只喷头围合范围内的平均喷水强度提出了要求。对轻、中危险等级最不利点喷头压力可按平均喷水强度的85%计算喷水强度，但整个作用面积上仍能满足平均喷水强度。注意本条涉及两个喷水强度，一个是作用面积内的平均喷水强度，一个是最不利点位置作用面积内，4个喷头的平均喷水强度，两个区别很大。表9.1.5略。自喷系统设计在喷头布置时涉及喷头的布置间距和最不利点喷头工作压力的计算。设计应先布置喷头，再确定间距和作用面积，再据设计喷水强度计算工作压力。

【条文】

5.0.5 仓库及类似场所采用早期抑制快速响应喷头时，系统的设计基本参数不应低于表5.0.5的规定。

【释读】

表5.0.5 采用早期抑制快速响应喷头的系统设计基本参数（见本章第2节，此处略）

【条文】

5.0.6 仓库及类似场所采用仓库型特殊应用喷头时，湿式系统的设计基本参数不应低于表5.0.6的规定。

【释读】

表5.0.6 采用仓库型特殊应用喷头的湿式系统设计基本参数（见本章第2节，此处略）

【条文】

9.1.7 建筑内设有不同类型的系统或有不同危险等级的场所时，系统的设计流量应按其设计流量的最大值确定。

【释读】

建筑内多个自喷系统存在时，按一个着火点确定设计流量，不用多点累加，但当一个着火点可能引发多个自喷系统时，该着火点的设计流量则为上述多个系统的累加，如同时设置了自喷系统、水幕系统及防火卷帘保护系统的建筑。

2 管道管径及加压设备压力计算

【条文】

9.2.1 管道内的水流速度宜采用经济流速,必要时可超过5m/s,但不应大于10m/s。

<u>8.1.8 消防给水管道的设计流速不宜大于2.5m/s,自动水灭火系统管道设计流速,应符合现行国家标准《自动喷水灭火系统设计规范》GB 50084、《泡沫灭火系统设计规范》GB 50151、《水喷雾灭火系统设计规范》GB 50219和《固定消防炮灭火系统设计规范》GB 50338的有关规定,但任何消防管道的给水流速不应大于7m/s。</u>

【释读】

8.1.8节自《消防给水及消火栓系统技术规范》,其中规定室内消火栓管道的流速不超过2.5m/s,但应核算阻力损失,如入口压力过高,那么即使不超2.5m/s,也应调大管径;自动喷淋管道也宜采用经济流速,即5m/s以下,必要时也可以超过5m/s,但不应大于10m/s,一般情况下,流速越高,压力和出流量越难控制,还需要增加减压孔板设置。

9.2.1条要求按<5m/s控制管径,设计时还要注意满足8.0.1(系统工作压力小于1.2MPa)和8.0.7的压力要求(配水管入口压力小于0.4MPa)。

【条文】

9.2.4 水泵扬程或系统入口的供水压力应按下式计算:

$$H = (1.20 \sim 1.40)\sum P_p + P_0 + Z - h_c$$

式中:H——水泵扬程或系统入口的供水压力(MPa);

$\sum P_p$——管道沿程和局部水头损失的累计值(MPa),报警阀的局部水头损失应按照产品样本或检测数据确定。当无上述数据时,湿式报警阀取值0.04MPa、干式报警阀取值0.02MPa、预作用装置取值0.08MPa、雨淋报警阀取值0.07MPa、水流指示器取值0.02MPa;

P_0——最不利点处喷头的工作压力(MPa);

Z——最不利点处喷头与消防水池的最低水位或系统入口管水平中心线之间的高程差,当系统入口管或消防水池最低水位高于最不利点处喷头时,Z应取负值(MPa);

h_c——从城市市政管网直接抽水时城市管网的最低水压(MPa);当从消防水池吸水时,h_c取0。

【释读】

校核完作用面积内喷水强度后，可从最不利喷头向加压泵方向逆水流方向逐个管段计算流量、水损，累计水损，喷头压力，直至泵的出水口。作用面积范围外的配水管流量取作用面积内所有喷头累计流量。

【条文】

9.2.2 管道单位长度的沿程阻力损失应按下式计算：

$$i = 6.05 \left(\frac{q_g^{1.85}}{C_h^{1.85} d_j^{4.87}} \right) \times 10^7$$

式中：i——管道单位长度的水头损失（kPa/m）；

d_j——管道计算内径（mm）；

q_g——管道设计流量（L/min）；

C_h——海澄-威廉系数，见表9.2.2。

表9.2.2 不同类型管道的海澄-威廉系数

管道类型	C_h值
镀锌钢管	120
钢管、不锈钢管	140
涂覆钢管、氯化聚氯乙烯（PVC-C）管	150

9.2.3 管道的局部水头损失宜采用当量长度法计算，且应符合本规范附录C的规定。

【释读】

上述规范所定计算公式同《消防给水及消火栓系统技术规范》GB 50974。

3 系统的压力要求与减压控制措施

【条文】

8.0.1 配水管道的工作压力不应大于1.20MPa，并不应设置其他用水设施。

【释读】

若报警阀后配水管道的入口工作压力大于1.2MPa，则应在阀前分区或减压。

【关联条文】

9.3.5 减压阀的设置应符合下列规定：

1. 应设在报警阀组入口前；2. 入口前应设过滤器，且便于排污；3. 当连接两个及以上报警阀组时，应设置备用减压阀；4. 垂直设置的减压阀，水流方向宜向下；5. 比例式减压阀宜垂直设置，可调式减压阀宜水平设置；6. 减压阀前后应设控制阀和压力表，当减压阀主阀体自身带有压力表时，可不设置压力表；7. 减压阀和前后的阀门宜有保护或锁定调节配件的装置。

【释读】

减压阀前后附件及减压阀的设置要求：配置过滤器、备用阀门，标识水流方向、阀门锁定保护装置。

【条文】

8.0.7 管道的直径应经水力计算确定。配水管道的布置，应使配水管入口的压力均衡。轻危险级、中危险级场所中各配水管入口的压力均不宜大于0.40MPa。

【释读】

向配水支管供水的配水管入口压力大于0.4MPa时需要减压。减压附件可采用减压孔板、节流管。

【关联条文】

9.3.1 减压孔板应符合下列规定：

1. 应设在直径不小于50mm的水平直管段上，前后管段的长度均不宜小于该管段直径的5倍；2. 孔口直径不应小于设置管段直径的30%，且不应小于20mm；3. 应采用不锈钢板材制作。

9.3.2 节流管应符合下列规定：

1. 直径宜按上游管段直径的1/2确定；2. 长度不宜小于1m；3. 节流管内水的平均流速不应大于20m/s。

4 系统的加压、稳压措施

【条文】

10.2.1 采用临时高压给水系统的自动喷水灭火系统，宜设置独立的消防水泵，并应按一用一备或二用一备，及最大一台消防水泵的工作性能设置备用泵。当与消火栓系统合用消防水泵时，系统管道应在报警阀前分开。

【释读】

本条规定，采用临时高压给水系统的自动喷水灭火系统宜设置独立消防水泵，以保证系统供水的可靠性，并防止干扰。一用一备或二用一备的消防泵设置，合理且便于管理。

独立设置消防泵确有困难的场所，本条规定可与消火栓系统合用消防水泵，但合用时，系统管道应在报警阀前分开，并采取措施确保消火栓系统用水不影响自喷系统用水。

【条文】

10.2.2　按二级负荷供电的建筑，宜采用柴油机泵作备用泵。

【释读】

消防电源保证率高于普通电源，对无法从室外引入的二级负荷供电建筑，可设置柴油机泵（发电供水一体）。

【条文】

10.2.3　系统的消防水泵、稳压泵，应采用自灌式吸水方式。采用天然水源时，消防水泵的吸水口应采取防止杂物堵塞的措施。

10.2.4　每组消防水泵的吸水管不应少于2根。报警阀入口前设置环状管道的系统，每组消防水泵的出水管不应少于2根。消防水泵的吸水管应设控制阀和压力表；出水管应设控制阀、止回阀和压力表，出水管上还应设置流量和压力检测装置或预留可供连接流量和压力检测装置的接口。必要时，应采取控制消防水泵出口压力的措施。

【释读】

10.2.3及10.2.4对消防水泵出水管的布置形式及其管道上的阀门设置提出了具体要求。

【条文】

11.0.1　湿式系统、干式系统应由消防水泵出水干管上设置的压力开关、高位消防水箱出水管上的流量开关和报警阀组压力开关直接自动启动消防水泵。

11.0.2　预作用系统应由火灾自动报警系统、消防水泵出水干管上设置的压力开关、高位消防水箱出水管上的流量开关和报警阀组压力开关直接自动启动消防水泵。

11.0.3　雨淋系统和自动控制的水幕系统，消防水泵的自动启动方式应符合下列要求：

1. 当采用火灾自动报警系统控制雨淋报警阀时，消防水泵应由火灾自动报警系统、消防水泵出水干管上设置的压力开关、高位消防水箱出水管上的流量开关和报警阀组压力开关直接自动启动；2. 当采用充液（水）传动管控制雨淋报警阀时，消防水泵应由消防水泵出水干管上设置的压力开关、高位消防水箱出水管上的流量开关和报警阀组压力开关直接启动。

【释读】

11.0.1、11.0.2、11.0.3分别规定了不同类型自喷水系统消防水泵的可用启动方式。

它们并不要求各系统设置所有可用启泵方式，而是要求任意一种方式均应能直接启动消防水泵。

对湿式与干式系统，报警阀压力开关存在易堵塞、启泵时间长等缺点。因此，第11.0.1条给出了采用消防水泵出水干管上设置压力开关、高位消防水箱出水管上流量开关直接启泵的方式。两种系统的3种启动开关方式保证了系统扑救的可靠性。

对比湿式与干式系统，预作用系统多出自动报警系统直接自动启动消防水泵的方式。

对雨淋系统及自动控制的水幕系统，由于其有火灾自动报警系统控制和充液（水）传动管控制两种类型，第11.0.3条分别规定了这两种类型系统的启泵方式。

【条文】

10.3.1 采用临时高压给水系统的自动喷水灭火系统，应设高位消防水箱。自动喷水灭火系统可与消火栓系统合用高位消水箱，其设置应符合现行国家标准《消防给水及消火栓系统规范》GB50974的要求。

【释读】

设置高位消防水箱除了可以利用水位差为系统提供准工作状态下所需的水压，使管道内的充水保持一定压力，还可以提供系统启动初期的用水量和水压，在消防水泵启动前或出现故障的情况下应急供水，确保喷头开放后立即喷水，控制初期火灾，为外援灭火争取时间。

第5节 高位水箱及稳压设备

【条文】

10.3.1 采用临时高压给水系统的自动喷水灭火系统，应设高位消防水箱。自动喷水灭火系统可与消火栓系统合用高位消防水箱，其设置应符合现行国家标准《消防给水及消火栓系统技术规范》GB 50974的要求。

10.3.2 高位消防水箱的设置高度不能满足系统最不利点处喷头处的工作压力时，系统应设置增压稳压设施，增压稳压设施的设置符合现行国家标准《消防给水及消火栓系统技术规范》GB 50974的规定。

【关联条文】

3.0.13 稳压泵的公称流量不应小于消防给水系统管网的正常泄漏量，且应小于系统自动启动流量，公称压力应满足系统自动启动和管网充满水的要求。

【释读】

自喷系统的高位水箱大多数设置条件可参考《消防给水及消火栓系统技术规范》。其中5.3.2和5.3.3条分别就流量和压力做了详细规定,详见本书第6章第3节第6部分。

3.0.13条来自《消防设施通用规范》用于取代《消防给水及消火栓系统技术规范》中5.3.2和5.3.3条各自的第1款。5.3.3条如下。

<u>5.3.3 稳压泵的设计压力应符合下列要求:</u>

<u>1. 稳压泵的设计压力应满足系统自动启动和管网充满水的要求;2. 稳压泵的设计压力应保持系统自动启泵压力设置点处的压力在准工作状态时大于系统设置自动启泵压力值,且增加值宜为0.07MPa~0.10MPa;3. 稳压泵的设计压力应保持系统最不利点处水灭火设施在准工作状态时的静水压力应大于0.15MPa。</u>

【条文】

10.3.3 采用临时高压给水系统的自动喷水灭火系统,当按现行国家标准《消防给水及消火栓系统技术规范》GB50974的规定可不设置高位消防水箱时,系统应设气压供水设备。气压供水设备的有效水容积,应按系统最不利处4只喷头在最低工作压力下的5min用水量确定。干式系统、预作用系统设置的气压供水设备应同时满足配水管道的充水要求。

【释读】

本条给出了自喷系统中气压给水设备的储水容量。

【条文】

10.3.4 高位消防水箱的出水管应符合下列规定:

1. 应设止回阀,并应与报警阀入口前管道连接;2. 出水管管径应经计算确定,且不应小于100mm。

【释读】

高位消防水箱的出水设置要求。按系统控制要求还应设置水流信号阀,详见本章第5节第3部分11.0.1。